内 容 简 介

本书为高等院校概率统计系本科生“测度论与概率论基础”课程的教材。测度论内容旨在“短平快”地为初等概率论与公理化的概率论之间搭起一座桥梁。本书通过精选在抽象分析中为建立概率论公理化系统所必需的测度论内容，在此基础上，着重讲述那些在初等概率论中没有解释清楚或不可能解释清楚的概念和公式。全书共分六章，内容包括：可测空间和可测函数、测度空间、积分、符号测度、乘积空间、独立随机变量序列等。本书选材少而精，叙述由浅入深，通俗易懂，难点分散，论证严谨。为了满足非数学专业出身而又必须学习公理化概率论的读者的需要，本书对于概念的解释和定理的证明都尽量做得精细，使之便于自学。每章配有适量习题，书末给出大部分习题的解答或提示。

本书可作为综合性大学、理工科大学和高等师范院校数学系、概率统计系本科生和研究生的教材，也可作为从事经济学和金融学的研究生和科技工作者的参考书。本书是大学生学习“高等概率论”、“高等统计学”和“随机过程”等课程之前的必修内容。

作 者 简 介

程士宏　北京大学数学科学学院教授、博士生导师，1963 年毕业于北京大学数学力学系，长期从事概率论和数理统计的教学科研工作，主要研究方向是概率论的极限定理和极值理论。

北京市高等教育精品教材立项项目

北京大学数学教学系列丛书

测度论与概率论基础

程士宏　编著

北京大学出版社
·北　京·

图书在版编目(CIP)数据

测度论与概率论基础/程士宏编著.—北京:北京大学出版社,2004.2

(北京大学数学教学系列丛书)

(北京市高等教育精品教材立项项目)

ISBN 978-7-301-06345-3

Ⅰ.测… Ⅱ.程… Ⅲ.①测度论-高等学校-教材 ②概率论-高等学校-教材 Ⅳ.①O174.12 ②O211

中国版本图书馆 CIP 数据核字(2003)第 044278 号

书　　名:测度论与概率论基础
著作责任者:程士宏　编著
责 任 编 辑:刘　勇
标 准 书 号:ISBN 978-7-301-06345-3/O·0568
出 版 发 行:北京大学出版社
地　　址:北京市海淀区成府路 205 号　100871
网　　址:http://www.pup.cn
电　　话:邮购部 62752015　发行部 62750672　理科编辑部 62752021
出版部 62754962
电 子 邮 箱:zpup@pup.pku.edu.cn
印 刷 者:北京大学印刷厂
经 销 者:新华书店
890 毫米×1240 毫米　A5　8 印张　230 千字
2004 年 2 月第 1 版　2008 年 6 月第 4 次印刷
印　　数:11001—14000 册
定　　价:15.00 元

序　言

自 1995 年以来，在姜伯驹院士的主持下，北京大学数学科学学院根据国际数学发展的要求和北京大学数学教育的实际，创造性地贯彻教育部“加强基础，淡化专业，因材施教，分流培养”的办学方针，全面发挥我院学科门类齐全和师资力量雄厚的综合优势，在培养模式的转变、教学计划的修订、教学内容与方法的革新，以及教材建设等方面进行了全方位、大力度的改革，取得了显著的成效。2001 年，北京大学数学科学学院的这项改革成果荣获全国教学成果特等奖，在国内外产生很大反响。

在本科教育改革方面，我们按照加强基础、淡化专业的要求，对教学各主要环节进行了调整，使数学科学学院的全体学生在数学分析、高等代数、几何学、计算机等主干基础课程上，接受学时充分、强度足够的严格训练；在对学生分流培养阶段，我们在课程内容上坚决贯彻“少而精”的原则，大力压缩后续课程中多年逐步形成的过窄、过深和过繁的教学内容，为新的培养方向、实践性教学环节，以及为培养学生的创新能力所进行的基础科研训练争取到了必要的学时和空间。这样既使学生打下宽广、坚实的基础，又充分照顾到每个人的不同特长、爱好和发展取向。与上述改革相适应，积极而慎重地进行教学计划的修订，适当压缩常微、复变、偏微、实变、微分几何、抽象代数、泛函分析等后续课程的周学时。并增加了数学模型和计算机的相关课程，使学生有更大的选课余地。

在研究生教育中，在注重专题课程的同时，我们制定了 30 多门研究生普选基础课程(其中数学系 18 门)，重点拓宽学生的专业基础和加强学生对数学整体发展及最新进展的了解。

教材建设是教学成果的一个重要体现。与修订的教学计划相配合，我们进行了有组织的教材建设。计划自1999年起用8年的时间修订、编写和出版40余种教材。这就是将陆续呈现在大家面前的《北京大学数学教学系列丛书》。这套丛书凝聚了我们近十年在人才培养方面的思考，记录了我们教学实践的足迹，体现了我们教学改革的成果，反映了我们对新世纪人才培养的理念，代表了我们新时期的数学教学水平。

经过20世纪的空前发展，数学的基本理论更加深入和完善，而计算机技术的发展使得数学的应用更加直接和广泛，而且活跃于生产第一线，促进着技术和经济的发展，所有这些都正在改变着人们对数学的传统认识。同时也促使数学研究的方式发生巨大变化。作为整个科学技术基础的数学，正突破传统的范围而向人类一切知识领域渗透。作为一种文化，数学科学已成为推动人类文明进化、知识创新的重要因素，将更深刻地改变着客观现实的面貌和人们对世界的认识。数学素质已成为今天培养高层次创新人才的重要基础。数学的理论和应用的巨大发展必然引起数学教育的深刻变革。我们现在的改革还是初步的。教学改革无禁区，但要十分稳重和积极；人才培养无止境，既要遵循基本规律，更要不断创新。我们现在推出这套丛书，目的是向大家学习。让我们大家携起手来，为提高中国数学教育水平和建设世界一流数学强国而共同努力。

张继平

2002年5月18日

于北京大学蓝旗营

前　言

若干年来，我多次担任北京大学概率统计系本科生测度论及相关课程的教学工作。几经改革，最后确定下来这门本科生课程的安排是每周 3 学时，一个学期讲完，总计约 54 个学时。1996 年，在积累起来的讲稿的基础上，我应命编写了一份《测度论讲义》，后来上这门课的同志都把它当作教材使用；来北京大学攻读概率统计硕士学位的同学们往往在本科生阶段没有学过测度论，这样，在学习高等概率论、高等统计学和随机过程等课程之前，就需要用尽可能短的时间把测度论的知识补上，因而这些同学也使用这份讲义；听测度论课的同志除了数学学院的同学外，还有北大其他院系，甚至外校的学生，他们自然也接触过这份讲义；另外，我还为北京大学光华管理学院开过高等概率论课，以该讲义作为参考资料。目前本书就是在《测度论讲义》的基础上，吸取了使用过该讲义同志们的意见经过补充编写而成的。

有过一定数学基本训练的同志在学习初等概率论的时候，常有一种“不过瘾”的感觉，其原因是在那里许多基本概念都没有严格定义，许多定理也没有严格的证明。从事经济学和金融学的同学在谈到他们阅读专业文献的时候，也常常发现他们学过的概率论和文献中的概率论有点“不一样”。这说明在初等概率论和公理化的概率论之间搭起一座桥梁是十分必要的。这座桥梁就是测度论。我们希望通过本书“短平快”地建立起这座桥梁。作为一门专业基础课，学生必须学习到基本的知识，接受到基本的训练。因此，为了“短平快”而损害数学的严格性是不可取的，只能在选材少而精的原则上下功夫。本书内容的测度论方面将只牵涉到抽象分析中那些建立概率论公理化系统所必需的内容。在此基础上，着重解释那些在初等概率论中没有解释清楚或不可能解释清楚的概念和公式。所以，本书最后定名为《测度论与概率论基础》。

测度论是实变函数论的提高和抽象。因此，我们常常提到测度论和实变函数概念和方法之间的一些联系。但是这并不意味着实变函数的知识是学习本课程的前提。本书内容的安排完全是自成体系的。只不过对于学过实变函数的同志，这样做有助于加深他们对课程内容的理解。

一本数学书什么地方应该写得简略些,什么地方应该详细些,从来都是很难掌握的。为了便于自学,也为了满足那些非数学专业出身而又必须学习公理化概率论的同志们的需要,本书对于概念的解释和定理的证明,都尽量做得细致一些。每一章的后面都留有一些习题。这些习题的目的也是为了加深对概念的理解和对基本方法的掌握。虽然附录中提供了题目的答案,但我们还是希望同学们能撇开它们而独立地去解答。

从使用《测度论讲义》的实际情况看,按照前面所说的教学安排,一个学期讲完没有 * 号的章节是不成问题的。如果时间不够的话,带 * 号的章节可以作为自学或介绍性质的材料。众所周知,独立随机变量序列的经典理论在初等概率论中是提不清楚,更不可能进行讨论的。读一读带 * 号的第六章,至少可以使同学们了解:公理化的概率论的建立为概率论研究的广度和深度提供了新的前景。

陈家鼎同志和我交替地开过测度论的有关课程。我们曾多次讨论过课程的基本内容。本书吸取了他的许多宝贵建议。在审阅书稿以后,他又提出了不少具体修改意见。在此表示衷心的感谢。在制作习题解答的过程中,还得到了周晨同学的帮助。

在本书的编写过程中,参考了下列著作:

P. R. Halmos, Measure Theory, van Nostrand, 1950。

严士健、王隽骧、刘秀芳,概率论基础,科学出版社,1982。

P. Billingsley, Probability and Measure, John Wiley & Sons, 1986。

汪嘉冈,现代概率论基础,复旦大学出版社,1988。

R. M. Dudley, Real Analysis and Probability, Wadsworth & Brooks, 1989。

严加安,测度论讲义,科学出版社,2000。

虽然编写本书的想法也许是好的,而且本书的原形《测度论讲义》也经过几度的实践,但是由于作者的水平限制,缺点、错误定然不少,敬请读者批评指正。

程 士 宏

2004 年元月于北大燕北园

目　录

第一章　可测空间和可测映射

简而言之,测度论可以理解为在抽象空间建立类似于实变函数中测度、积分和导数那样的分析系统.因此,首先要简单回忆一下集合的基本运算,并讨论抽象空间中的可测集和可测函数等最基本的概念.

§1　集合及其运算

考虑一个任意非空集合 X,称之为**空间**. X 的子集以大写英文字母 $A,B,C,\cdots$ 等记之,称之为这个空间的**集合**.空集记为$\varnothing$. X 的成员称为**元素**.元素 x 属于集合 A,记作 $x\in A$;反之,元素 x 不属于集合 A,则用记号 $x\notin A$ 来表示.空间 X 上定义的实函数

$$I_A(x)=\begin{cases}1, & x\in A,\\ 0, & x\notin A\end{cases}$$

称为 A 的**指示函数**.集合

$$A^c\overset{\text{def}}{=\!=\!=}\{x:\ x\notin A\}$$

称为集合 A 的**余**.如果

$$x\in A\Longrightarrow x\in B,$$

则说集合 A **被集合** B **包含**,或集合 B **包含**集合 A,或 A 是 B 的**子集**,记为 $A\subset B$ 或 $B\supset A$.如果 $A\subset B$ 且 $B\subset A$,则称集合 A **等于**集合 B,记为 $A=B$.

给定集合 A 和 B,集合

$$A\cup B\overset{\text{def}}{=\!=\!=}\{x:\ x\in A\text{ 或 }x\in B\},$$

$$A\cap B\overset{\text{def}}{=\!=\!=}\{x:\ x\in A\text{ 且 }x\in B\},$$

$$A\backslash B\overset{\text{def}}{=\!=\!=}\{x:\ x\in A\text{ 且 }x\notin B\}$$

和

$$A\Delta B \xlongequal{\text{def}} (A\backslash B) \cup (B\backslash A)$$

分别称为集合 A 和 B 的**并**，**交**，**差**和**对称差**. 如 $B\subset A$，则 $A\backslash B$ 也称为 A 和 B 的**真差**. 集合的并和交的运算满足**交换律**和**结合律**，还满足下面两个**分配律**：

$$(A \cup B) \cap C = (A \cap C) \cup (B \cap C);$$

$$(A \cap B) \cup C = (A \cup C) \cap (B \cup C).$$

两个集合 A 和 B 如满足 $A\cap B=\varnothing$，称它们为**不交的**.

并和交的概念和运算规则可以推广到任意多个集合的情形. 对于一族集合 $\{A_t, t\in T\}$ (T 表示一个集合，它的元素用 t 表示. $\{A_t, t\in T\}$ 意味着每一个 T 中的元素 t，都对应着 X 中的一个集合 A_t)，集合

$$\bigcup_{t\in T} A_t \xlongequal{\text{def}} \{x: \exists\ t \in T \text{ 使 } x \in A_t\}$$

称为它们的**并**；集合

$$\bigcap_{t\in T} A_t \xlongequal{\text{def}} \{x: x \in A_t, \forall\ t \in T\}$$

称为它们的**交**. 如果对任何 $s, t\in T$，均有 $A_s\cap A_t=\varnothing$，那么称这族集合 $\{A_t, t\in T\}$ 是**两两不交的**. 注意，反映并和交运算之间关系的有下列的 De-Morgan 法则：

$$\left\{\bigcup_{t\in T} A_t\right\}^c = \bigcap_{t\in T} A_t^c; \quad \left\{\bigcap_{t\in T} A_t\right\}^c = \bigcup_{t\in T} A_t^c.$$

设 $\{A_n, n=1,2,\cdots\}$ 是一个集合序列. 如果对每个 $n=1,2,\cdots$，有

$$A_n \subset A_{n+1},$$

则称 A_n 为**非降的**，记为 $A_n\uparrow$，并把集合 $\lim\limits_{n\to\infty} A_n \xlongequal{\text{def}} \bigcup\limits_{n=1}^{\infty} A_n$ 叫做它的**极限**；如果对每个 $n=1,2,\cdots$，有

$$A_n \supset A_{n+1},$$

则称 A_n 为**非增的**，记为 $A_n\downarrow$，并称 $\lim\limits_{n\to\infty} A_n \xlongequal{\text{def}} \bigcap\limits_{n=1}^{\infty} A_n$ 为它的**极限**. 非降或非增的集合序列统称为**单调序列**. 因此，**单调集合序列总有极限**. 对于任意给定的一个集合序列 $\{A_n, n=1, 2, \cdots\}$，集合序列

$\left\{\bigcap_{k=n}^{\infty}A_k, n=1,2,\cdots\right\}$和$\left\{\bigcup_{k=n}^{\infty}A_k, n=1,2,\cdots\right\}$分别是非降和非增的，因而分别有极限

$$\liminf_{n\to\infty} A_n \xlongequal{\text{def}} \bigcup_{n=1}^{\infty}\bigcap_{k=n}^{\infty}A_k \text{ 和 } \limsup_{n\to\infty} A_n \xlongequal{\text{def}} \bigcap_{n=1}^{\infty}\bigcup_{k=n}^{\infty}A_k.$$

我们将把 $\liminf_{n\to\infty} A_n$ 和 $\limsup_{n\to\infty} A_n$ 分别叫做$\{A_n, n=1,2,\cdots\}$的**下极限**和**上极限**. 显然，记号 $x\in\limsup_{n\to\infty} A_n$ 意味着元素 x 属于序列$\{A_n, n=1,2,\cdots\}$中的无穷多个集合，而记号 $x\in\liminf_{n\to\infty} A_n$ 则表明除去$\{A_n, n=1,2,\cdots\}$中的有限个集合外，元素 x 属于该序列的其余集合. 于是我们有

$$\liminf_{n\to\infty} A_n \subset \limsup_{n\to\infty} A_n.$$

如果 $\liminf_{n\to\infty} A_n=\limsup_{n\to\infty} A_n$，我们将认为$\{A_n, n=1,2,\cdots\}$的**极限存在**，并把

$$\lim_{n\to\infty} A_n \xlongequal{\text{def}} \liminf_{n\to\infty} A_n = \limsup_{n\to\infty} A_n$$

称为它的**极限**.

§2 集 合 系

以空间 X 中的一些集合为元素组成的集合称为 X 上的**集合系**. 换句话说，集合组成的集合就是集合系. 集合系一般用花体字母 $\mathscr{A}$，$\mathscr{B}$，…来表示. 为什么不仅要讨论集合，还要讨论集合系呢？道理和实变函数中的情形一样：为了建立测度，必须确定出一些**可测集**，而这些可测集的全体就组成了一个集合系. 下面，我们就给出在抽象空间确定可测集时所必须引进的一些特殊集合系.

π 系：如果 X 上的非空集合系 $\mathscr{P}$ 对交的运算是**封闭的**，即

$$A,B\in\mathscr{P}\Longrightarrow A\cap B\in\mathscr{P},$$

则称 $\mathscr{P}$ 为 π **系**.

例 1 以 $\boldsymbol{R}$ 记全体实数组成的集合，对任何 $a\in\boldsymbol{R}$，令

$$(-\infty,a]=\{x\in\boldsymbol{R}: -\infty<x\leqslant a\},$$

则

$$\mathscr{P}_{\boldsymbol{R}} \xlongequal{\text{def}} \{(-\infty, a]:\ a \in \boldsymbol{R}\}$$

对有限交的运算是封闭的,因而组成一个实数空间 $\boldsymbol{R}$ 上的 π 系.

半环: 满足下列条件的 π 系 $\mathscr{Q}$ 称为**半环**: 对任意的 $A,B\in\mathscr{Q}$ 且 $A\supset B$,存在有限个两两不交的 $\{C_k\in\mathscr{Q},k=1,\cdots,n\}$,使得

$$A\backslash B=\bigcup_{k=1}^{n} C_k.$$

例 2　对任何 $a,b\in\boldsymbol{R}$,令

$$(a,b)=\{x\in\boldsymbol{R}:\ a<x<b\};$$
$$(a,b]=\{x\in\boldsymbol{R}:\ a<x\leqslant b\};$$
$$[a,b)=\{x\in\boldsymbol{R}:\ a\leqslant x<b\};$$
$$[a,b]=\{x\in\boldsymbol{R}:\ a\leqslant x\leqslant b\},$$

它们分别称为 $\boldsymbol{R}$ 中的**开区间**、**左开右闭区间**、**左闭右开区间**和**闭区间**. 容易看出,由开区间全体组成的集合系、由左开右闭区间全体组成的集合系、由左闭右开区间全体组成的集合系和由闭区间全体组成的集合系都是 π 系. 记由左开右闭区间全体组成的集合系为

$$\mathscr{Q}_{\boldsymbol{R}} \xlongequal{\text{def}} \{(a,b]:\ a,b\in\boldsymbol{R}\},$$

则对任何$(a,b],(c,d]\in\mathscr{Q}_{\boldsymbol{R}}$,容易验证$(a,b]\backslash(c,d]$可表成 $\mathscr{Q}_{\boldsymbol{R}}$ 中至多两个不交集合之并. 因此,它是 $\boldsymbol{R}$ 上的半环.

例 3　如果 $X=\{x_1,\cdots,x_n\}$是由有限个元素组成的集合,则由 X 上的所有单点集组成的集合系 $\mathscr{P}=\{\varnothing,\{x_1\},\cdots,\{x_n\}\}$是一个 π 系,也是一个半环.

环: 如果非空集合系 $\mathscr{R}$ 对并和差的运算是**封闭的**,即

$$A,B\in\mathscr{R}\Longrightarrow A\cup B,\ A\backslash B\in\mathscr{R},$$

则称 $\mathscr{R}$ 为**环**.

例 4　不难验证

$$\mathscr{R}_{\boldsymbol{R}} \xlongequal{\text{def}} \bigcup_{n=1}^{\infty}\left\{\bigcup_{k=1}^{n}(a_k,b_k]:\ a_k,b_k\in\boldsymbol{R}\right\}$$

是 $\boldsymbol{R}$ 上的环.

例 5　由有限个元素组成的集合 X 的一切子集组成的集合系 $\mathscr{T}$ 形成一个环.

域：满足下列条件的 π 系 $\mathscr{A}$ 称为**域**：

$$X \in \mathscr{A};\ A \in \mathscr{A} \Rightarrow A^c \in \mathscr{A}.$$

有的文献中，也把域叫做**代数**.

从上述诸定义可以看出：半环必是 π 系. 如果 $\mathscr{R}$ 是一个环，则

$$A, B \in \mathscr{R} \Rightarrow A \cup B,\ A \backslash B,\ B \backslash A \in \mathscr{R}$$
$$\Rightarrow A \cap B = (A \cup B) \backslash [(A \backslash B) \cup (B \backslash A)] \in \mathscr{R},$$

可见它也满足半环的要求. 因此，环必是半环. 如果 $\mathscr{A}$ 是一个域，则

$$A, B \in \mathscr{A} \Rightarrow A \cup B = (A^c \cap B^c)^c \in \mathscr{A}$$

和

$$A, B \in \mathscr{A} \Rightarrow A \backslash B = A \cap B^c \in \mathscr{A},$$

因而域必是环. 我们把以上的结论总结成

命题 1.2.1 半环必是 π 系；环必是半环；域必是环.

以上的 π 系、环和域都是针对有限运算定义的. 对于建立测度来说，只有有限运算是不够的. 因此，还必须引进一些在可列运算下封闭的集合系.

单调系：如果对集合系 $\mathscr{M}$ 中的任何单调序列 $\{A_n, n=1,2,\cdots\}$ 均有 $\lim\limits_{n\to\infty} A_n \in \mathscr{M}$，则把 $\mathscr{M}$ 叫做**单调系**.

λ 系：集合系 $\mathscr{L}$ 称为 **λ 系**，如果它满足下列条件：

$$X \in \mathscr{L};$$
$$A, B \in \mathscr{L} \text{ 且 } A \supset B \Rightarrow A \backslash B \in \mathscr{L};$$
$$A_n \in \mathscr{L} \text{ 且 } A_n \uparrow \Rightarrow \bigcup_{n=1}^{\infty} A_n \in \mathscr{L}.$$

σ 域：满足下列三个条件的集合系 $\mathscr{F}$ 称为 **σ 域**：

$$X \in \mathscr{F};$$
$$A \in \mathscr{F} \Rightarrow A^c \in \mathscr{F};$$
$$A_n \in \mathscr{F},\ n = 1,2,\cdots \Rightarrow \bigcup_{n=1}^{\infty} A_n \in \mathscr{F}.$$

有的文献中，也把 σ 域叫做 **σ 代数**. 有两个很特殊的 σ 域，它们分别是 X 上含集合最少的 σ 域 $\{\varnothing, X\}$ 和 X 上含集合最多的 σ 域 $\mathscr{T} \xlongequal{\text{def}} \{A: A \subset X\}$. 因此，例 5 中那个环也是 σ 域. 但是，沿着例 1、例 2 和例 4 那条线出来的 σ 域讨论起来比较复杂，要在下一节才能

说清楚.

设 $\mathscr{F}$ 是一个 σ 域. 那么由 σ 域定义的第二条和第三条推知

$$A_n \in \mathscr{F},\ n=1,2,\cdots \Longrightarrow \bigcap_{n=1}^{\infty} A_n = \left\{\bigcup_{n=1}^{\infty} A_n^c\right\}^c \in \mathscr{F},$$

故它对可列交也是封闭的. 这一事实加上定义的第一条又进一步推出

$$A,B \in \mathscr{F} \Longrightarrow A \cap B = A \cap B \cap X \cap \cdots \in \mathscr{F}.$$

因此, **σ 域是域**. 下面, 我们来讨论单调系, λ 系和 σ 域三者之间的关系.

命题 1.2.2　λ 系是单调系; σ 域是 λ 系.

证明　设 $\mathscr{L}$ 是 λ 系. 如果对每个 $n=1,2,\cdots$ 有 $A_n \in \mathscr{L}$ 而且 $A_n \downarrow$, 则由 λ 系的定义知

$$\bigcap_{n=1}^{\infty} A_n = \left\{\bigcup_{n=1}^{\infty} A_n^c\right\}^c \in \mathscr{L}.$$

这一事实加上定义的第三条便说明了 $\mathscr{L}$ 是单调系.

设 $\mathscr{F}$ 是一个 σ 域. 则 $\mathscr{F}$ 显然满足 λ 系定义的第一条和第三条. 由于 σ 域是域, 所以它也满足 λ 系定义的第二条. 因此, σ 域必是 λ 系. □

总结以上的讨论, 我们得到了所定义的七个集合系之间由宽松到严紧的下列顺序:

π 系 ⟶ 半环 ⟶ 环 ⟶ 域 ⟶ σ 域;

单调系 ⟶ λ 系 ⟶ σ 域.

这些集合系的核心是 σ 域; 它的成员就是我们常说的可测集. 换句话说, 我们最终是要在 σ 域上建立测度. 今后, 非空集合 X 和它上面的一个 σ 域 $\mathscr{F}$ 放在一起写成的 $(X,\mathscr{F})$ 将称为**可测空间**.

至于什么时候其他的集合系能成为 σ 域, 有如下两个命题.

命题 1.2.3　一个既是单调系又是域的集合系必是 σ 域.

证明　把这个集合系记为 $\mathscr{F}$. 由于 $\mathscr{F}$ 是域, 故它对有限并是封闭的. 又由于 $\mathscr{F}$ 是单调系, 故它对非降序列的极限也是封闭的. 因此,

$$A_n \in \mathscr{F},\quad n=1,2,\cdots$$

$$\Longrightarrow \bigcup_{k=1}^{n} A_k \in \mathscr{F}, \quad n = 1,2,\cdots$$

$$\Longrightarrow \bigcup_{n=1}^{\infty} A_n = \bigcup_{n=1}^{\infty} \bigcup_{k=1}^{n} A_k = \lim_{n\to\infty} \bigcup_{k=1}^{n} A_k \in \mathscr{F},$$

可见 $\mathscr{F}$ 确是 σ 域. □

命题 1.2.4 一个既是 λ 系又是 π 系的集合系必是 σ 域.

证明 记此集合系为 $\mathscr{F}$. 由于 $\mathscr{F}$ 是 λ 系,从 λ 系定义的前两条易见

$$X \in \mathscr{F};$$

$$A \in \mathscr{F} \Longrightarrow A^c = X \backslash A \in \mathscr{F}.$$

此结论加上 $\mathscr{F}$ 又是 π 系,即知 $\mathscr{F}$ 是域. 此外, $\mathscr{F}$ 还是单调系(命题 1.2.2),故由命题 1.2.3 得知 $\mathscr{F}$ 是 σ 域. □

除了上面的七个集合系之外,今后还要用到的一个集合系是 σ 环: 称非空集合系 $\mathscr{R}$ 是一个 **σ 环**,如果

$$A,B \in \mathscr{R} \Longrightarrow A \backslash B \in \mathscr{R};$$

$$A_n \in \mathscr{R},\ n = 1,2,\cdots \Longrightarrow \bigcup_{n=1}^{\infty} A_n \in \mathscr{R}.$$

易见: **一个对可列并运算封闭的环是 σ 环; 一个包含 X 的 σ 环是 σ 域.**

§3 σ域的生成

考虑更深入的问题: 如何由简单的集合系生成复杂的集合系? 首先来明确一下生成这个概念.

定义 1.3.1 称 $\mathscr{S}$ 为由集合系 $\mathscr{E}$ **生成**的环(或单调系,或 λ 系,或 σ 域),如果下列条件被满足:

(1) $\mathscr{S} \supset \mathscr{E}$;

(2) 对任一环(或单调系、或 λ 系,或 σ 域) $\mathscr{S}'$ 均有

$$\mathscr{S}' \supset \mathscr{E} \Longrightarrow \mathscr{S}' \supset \mathscr{S}.$$

由集合系 $\mathscr{E}$ 生成的环(或单调系,或 λ 系,或 σ 域),也就是**包含 $\mathscr{E}$ 的最小的环**(或单调系,或 λ 系,或 σ 域). 下列命题是展开进一步讨论的理论依据.

命题 1.3.1　由任意集合系 $\mathscr{E}$ 生成的环,单调系、λ 系和 σ 域均存在.

证明　我们将只对环来证明,其他三种情况的证明可完全类似地进行. 以 $\mathscr{T}$ 记由 X 中的全体集合所组成的集合系. 前已说明, $\mathscr{T}$ 是一个 σ 域. 因此 $\mathscr{T}$ 是环而且 $\mathscr{T}\supset\mathscr{E}$. 把包含集合系 $\mathscr{E}$ 的环的全体记作 $\mathbf{A}$,则 $\mathscr{T}\in\mathbf{A}$ 因而 $\mathbf{A}$ 非空. 不难看出, $\mathscr{S}\overset{\text{def}}{=\!=}\bigcap\limits_{\mathscr{A}\in\mathbf{A}}\mathscr{A}$ 还是一个环而且满足定义 1.3.1 所要求的两条性质. □

把由集合系 $\mathscr{E}$ 生成的环、单调系、λ 系和 σ 域分别记作 $r(\mathscr{E})$, $m(\mathscr{E})$, $l(\mathscr{E})$ 和 $\sigma(\mathscr{E})$. 本节的主要结论是下面三个定理.

定理 1.3.2　如果 $\mathscr{Q}$ 是半环,则

$$r(\mathscr{Q})=\bigcup_{n=1}^{\infty}\left\{\bigcup_{k=1}^{n}A_k:\ \{A_k\in\mathscr{Q},k=1,\cdots,n\}\ \text{两两不交}\right\}. \tag{1.3.1}$$

证明　由于环对于有限并的运算是封闭的,故 $r(\mathscr{Q})\supset$(1.3.1)式等号的右端. 因此要完成定理的证明,只需证 $r(\mathscr{Q})\subset$(1.3.1)式等号的右端. 为此,又只需证明:(1.3.1)式等号的右端是一个环. 设 $A,B\in$(1.3.1)等号的右端,则存在两两不交的 $\{A_i\in\mathscr{Q},i=1,\cdots,n\}$ 和两两不交的 $\{B_j\in\mathscr{Q},j=1,\cdots,m\}$ 使

$$A=\bigcup_{i=1}^{n}A_i\quad\text{和}\quad B=\bigcup_{j=1}^{m}B_j.$$

注意对每 (i,j),存在 $k_{i,j}$ 个两两不交的集合 $\{C_l^{i,j}\in\mathscr{Q},l=1,\cdots,k_{i,j}\}$ 使

$$A_i\backslash(A_i\cap B_j)=\bigcup_{l=1}^{k_{i,j}}C_l^{i,j},$$

便可把 $A\backslash B$ 按下列方式表成 $\mathscr{Q}$ 中有限个两两不交集合的并:

$$\begin{aligned}A\backslash B&=A\cap B^c=\bigcup_{i=1}^{n}(A_i\cap B^c)=\bigcup_{i=1}^{n}\bigcap_{j=1}^{m}(A_i\cap B_j^c)\\&=\bigcup_{i=1}^{n}\bigcap_{j=1}^{m}[A_i\backslash(A_i\cap B_j)]=\bigcup_{i=1}^{n}\bigcap_{j=1}^{m}\bigcup_{l=1}^{k_{i,j}}C_l^{i,j}\\&=\bigcup_{i=1}^{n}\bigcup_{\substack{l_1=1,\cdots,k_{i,1}\\ \cdots\cdots\\ l_m=1,\cdots,k_{i,m}}}(C_{l_1}^{i,1}\cap\cdots\cap C_{l_m}^{i,m}).\end{aligned}$$

这表明(1.3.1)的右端对差的运算是封闭的. 在此基础上,又可把 $A\cup B$ 按下列方式表成 $\mathscr{Q}$ 中有限个两两不交集合的并:

$$A\cup B=B\cup(A\backslash B)$$

$$=\left\{\bigcup_{j=1}^{m}B_j\right\}\cup\left\{\bigcup_{i=1}^{n}\bigcup_{\substack{l_1=1,\cdots,k_{i,1}\\ \cdots\cdots\\ l_m=1,\cdots,k_{i,m}}}(C_{l_1}^{i,1}\cap\cdots\cap C_{l_m}^{i,m})\right\}.$$

可见(1.3.1)式的右端对有限并也是封闭的. 这样,我们就证明了(1.3.1)式的右端确实是一个环. □

定理 1.3.3　如果 $\mathscr{A}$ 是域,则 $\sigma(\mathscr{A})=m(\mathscr{A})$.

证明　由于 $\sigma(\mathscr{A})$ 是包含 $\mathscr{A}$ 的 σ 域因而也是包含 $\mathscr{A}$ 的单调系(命题 1.2.2),而 $m(\mathscr{A})$ 是包含 $\mathscr{A}$ 的最小单调系,故 $\sigma(\mathscr{A})\supset m(\mathscr{A})$. 以下证 $\sigma(\mathscr{A})\subset m(\mathscr{A})$. 为此,只需证 $m(\mathscr{A})$ 是一个域(命题 1.2.3). 注意到 $X\in\mathscr{A}\subset m(\mathscr{A})$,欲证 $m(\mathscr{A})$ 是一个域,又只需证它是一个环(参阅习题 1 第 6 题). 对任何 $A\in\mathscr{A}$,令

$$\mathscr{G}_A=\{B:B,\ A\cup B,\ A\backslash B\in m(\mathscr{A})\}.$$

容易验证: $\mathscr{G}_A$ 是一个单调系, $\mathscr{G}_A\supset\mathscr{A}$ 因而 $\mathscr{G}_A\supset m(\mathscr{A})$. 这表明

$$A\in\mathscr{A},\ B\in m(\mathscr{A})\Longrightarrow A\cup B,\ A\backslash B\in m(\mathscr{A}).\tag{1.3.2}$$

对任何 $B\in m(\mathscr{A})$,再令

$$\mathscr{H}_B=\{A:A,\ A\cup B,\ A\backslash B\in m(\mathscr{A})\}.$$

容易验证: $\mathscr{H}_B$ 还是一个单调系. 由已证得的(1.3.2)又知 $\mathscr{H}_B\supset\mathscr{A}$. 因此, $\mathscr{H}_B\supset m(\mathscr{A})$,即

$$A,B\in m(\mathscr{A})\Longrightarrow A\cup B,\ A\backslash B\in m(\mathscr{A}).$$

由此可见 $m(\mathscr{A})$ 确是一个环. □

在实际应用的时候,常把定理 1.3.3 写成下面的等价形式:

推论 1.3.4　如果 $\mathscr{A}$ 是域, $\mathscr{M}$ 是单调系,则

$$\mathscr{A}\subset\mathscr{M}\Longrightarrow\sigma(\mathscr{A})\subset\mathscr{M}.$$

定理 1.3.5　如果 $\mathscr{P}$ 是 π 系,则 $\sigma(\mathscr{P})=l(\mathscr{P})$.

证明　由于 $\sigma(\mathscr{P})$ 是包含 $\mathscr{P}$ 的 σ 域因而也是包含 $\mathscr{P}$ 的 λ 系(命题 1.2.2),又由于 $l(\mathscr{P})$ 是包含 $\mathscr{P}$ 的最小 λ 系,故 $\sigma(\mathscr{P})\supset l(\mathscr{P})$. 以

下证 $\sigma(\mathscr{P})\subset l(\mathscr{P})$. 为此,只需证 $l(\mathscr{P})$ 是一个 π 系(命题 1.2.4). 对任何 $A\in\mathscr{P}$,令

$$\mathscr{G}_A=\{B:B,\ A\cap B\in l(\mathscr{P})\},$$

则易证 $\mathscr{G}_A$ 是一个 λ 系, $\mathscr{G}_A\supset\mathscr{P}$ 从而 $\mathscr{G}_A\supset l(\mathscr{P})$. 这说明

$$A\in\mathscr{P}\text{ 且 }B\in l(\mathscr{P})\Longrightarrow A\cap B\in l(\mathscr{P}).\qquad(1.3.3)$$

再对任何 $B\in l(\mathscr{P})$,令

$$\mathscr{H}_B=\{A:A,\ A\cap B\in l(\mathscr{P})\},$$

则容易验证, $\mathscr{H}_B$ 是一个 λ 系且由(1.3.3)式推知 $\mathscr{H}_B\supset\mathscr{P}$. 于是 $\mathscr{H}_B\supset l(\mathscr{P})$,即

$$A,B\in l(\mathscr{P})\Longrightarrow A\cap B\in l(\mathscr{P}).$$

这就证明了 $l(\mathscr{P})$ 确是一个 π 系. □

该定理的等价形式是:

推论 1.3.6　如果 $\mathscr{P}$ 是 π 系, $\mathscr{L}$ 是 λ 系,则

$$\mathscr{P}\subset\mathscr{L}\Longrightarrow\sigma(\mathscr{P})\subset\mathscr{L}.$$

由简单集合系生成的 σ 域的一个重要例子是

$$\mathscr{B}_{\boldsymbol{R}}\xlongequal{\text{def}}\sigma(\mathscr{Q}_{\boldsymbol{R}})=\sigma(\mathscr{P}_{\boldsymbol{R}}).$$

按文献中通用的称谓, $\mathscr{B}_{\boldsymbol{R}}$ 叫做 $\boldsymbol{R}$ 上的 **Borel 集合系**,其中的集合称为 $\boldsymbol{R}$ 中的 **Borel 集**,以 $\mathscr{O}_{\boldsymbol{R}}$ 记由 $\boldsymbol{R}$ 中开集组成的集合系,则容易证明 $\mathscr{B}_{\boldsymbol{R}}=\sigma(\mathscr{O}_{\boldsymbol{R}})$. 由此出发,可以把 Borel 集的概念一般化:对于拓扑空间 X,以 $\mathscr{O}$ 记其开集系,我们将把

$$\mathscr{B}\xlongequal{\text{def}}\sigma(\mathscr{O})$$

称为 X 上的 **Borel 集合系**,其中的集合称为 X 中的 **Borel 集**,而 $(X,\mathscr{B})$ 则叫做**拓扑可测空间**.

§4　可测映射和可测函数

设 X 和 Y 是任意给定的集合. 如果对每个 $x\in X$,存在惟一的 $f(x)\in Y$ 与之对应,则称对应关系 f 是**从 X 到 Y 的映射**或**定义在 X 上取值于 Y 的函数**. 对任何 $x\in X$, $f(x)$ 称为映射 f 在 x 处的**值**. 显然,映射 f 由它在所有的 $x\in X$ 处的值 $f(\cdot)\xlongequal{\text{def}}\{f(x):x\in X\}$ 决

定. 因此,映射 f 也常常记为 $f(\cdot)$.

对任何 $B\subset Y$,称

$$f^{-1}B \xlongequal{\text{def}} \{f\in B\}=\{x: f(x)\in B\}$$

为**集合 B 在映射 f 下的原像**. 对任何 Y 上的集合系 $\mathscr{E}$,称

$$f^{-1}\mathscr{E} \xlongequal{\text{def}} \{f^{-1}B: B\in\mathscr{E}\}$$

为**集合系 $\mathscr{E}$ 在映射 f 下的原像**. 关于映射的原像,有下面两个命题.

命题 1.4.1 集合的原像有下列性质:

$$f^{-1}\varnothing=\varnothing;\quad f^{-1}Y=X;$$
$$B_1\subset B_2\Longrightarrow f^{-1}B_1\subset f^{-1}B_2;$$
$$(f^{-1}B)^c=f^{-1}B^c,\quad \forall\, B\subset Y.$$

又对任何集合 T,有

$$f^{-1}\bigcup_{t\in T}A_t=\bigcup_{t\in T}f^{-1}A_t,\quad \forall\,\{A_t\subset Y,\ t\in T\};$$
$$f^{-1}\bigcap_{t\in T}A_t=\bigcap_{t\in T}f^{-1}A_t,\quad \forall\,\{A_t\subset Y,\ t\in T\}.$$

证明 请读者作为习题证明之. □

命题 1.4.2 对 Y 上的任何集合系 $\mathscr{E}$,有

$$\sigma(f^{-1}\mathscr{E})=f^{-1}\sigma(\mathscr{E}).$$

证明 由命题 1.4.1 易见 $f^{-1}\sigma(\mathscr{E})$是一个 σ 域,故 $\sigma(f^{-1}\mathscr{E})\subset f^{-1}\sigma(\mathscr{E})$. 另一方面,令

$$\mathscr{G}=\{B\subset Y: f^{-1}B\in\sigma(f^{-1}\mathscr{E})\},$$

则 $\mathscr{G}$ 是一个 σ 域且 $\mathscr{E}\subset\mathscr{G}$,因而 $\sigma(f^{-1}\mathscr{E})\supset f^{-1}\sigma(\mathscr{E})$. □

给定可测空间$(X,\mathscr{F})$和$(Y,\mathscr{S})$以及 X 到 Y 的映射 f. 如果

$$f^{-1}\mathscr{S}\subset\mathscr{F},$$

就把 f 叫做从$(X,\mathscr{F})$到$(Y,\mathscr{S})$的**可测映射**或**随机元**,而 $\sigma(f)\xlongequal{\text{def}} f^{-1}\mathscr{S}$ 叫做**使映射 f 可测的最小 σ 域**. 关于可测映射,有两个重要定理. 定理 1.4.3 用于给出可测映射的简单判别法,定理 1.4.4 则说明了复合映射的可测性.

定理 1.4.3 设 $\mathscr{E}$ 是 Y 上的任给集合系. 则 f 是$(X,\mathscr{F})$到$(Y,\sigma(\mathscr{E}))$的可测映射当且仅当

$$f^{-1}\mathscr{E}\subset\mathscr{F}.$$

证明 由命题 1.4.2 易得. □

定理 1.4.4 设 g 是可测空间 $(X,\mathscr{F})$ 到 $(Y,\mathscr{S})$ 的可测映射，f 是 $(Y,\mathscr{S})$ 到可测空间 $(Z,\mathscr{Z})$ 的可测映射，则 $(f\circ g)(\cdot)\overset{\text{def}}{=\!=\!=}f(g(\cdot))$ 是 $(X,\mathscr{F})$ 到 $(Z,\mathscr{Z})$ 的可测映射.

证明 对任何 $C\in\mathscr{Z}$，有

$$\begin{aligned}(f\circ g)^{-1}C &= \{x\in X: f(g(x))\in C\}\\ &= \{x\in X: g(x)\in f^{-1}C\}\\ &= g^{-1}(f^{-1}C).\end{aligned}$$

由 f 可测知 $f^{-1}C\in\mathscr{S}$. 由 g 可测和 $f^{-1}C\in\mathscr{S}$ 又推出

$$(f\circ g)^{-1}C = g^{-1}(f^{-1}C)\in\mathscr{F}. \quad \square$$

下面转向测度论中的另一个重要概念——**可测函数**. 为此，要引进所谓的广义实数集 $\overline{\boldsymbol{R}}\overset{\text{def}}{=\!=\!=}\boldsymbol{R}\cup\{-\infty\}\cup\{\infty\}$. 今后 $\overline{\boldsymbol{R}}$ 中的元素将称为**广义实数**. 关于 $\overline{\boldsymbol{R}}$ 中元素的**顺序**，除实数按原有顺序外，规定

$$-\infty<a<\infty, \quad \forall\, a\in\boldsymbol{R}.$$

根据这种顺序，又可以定义出 $\overline{\boldsymbol{R}}$ 中的区间：对任何 $a,b\in\overline{\boldsymbol{R}}$，令

$$(a,b)=\{x\in\overline{\boldsymbol{R}}: a<x<b\};$$

$$[a,b)=\{x\in\overline{\boldsymbol{R}}: a\leqslant x<b\};$$

$$(a,b]=\{x\in\overline{\boldsymbol{R}}: a<x\leqslant b\};$$

$$[a,b]=\{x\in\overline{\boldsymbol{R}}: a\leqslant x\leqslant b\}.$$

关于 $\overline{\boldsymbol{R}}$ 中元素的运算，规定

$$\begin{aligned}(\pm\infty)+a=a+(\pm\infty)&=a-(\mp\infty)\\ &=\pm\infty, \quad \forall\, a\in\boldsymbol{R};\end{aligned}$$

$$(\pm\infty)+(\pm\infty)=(\pm\infty)-(\mp\infty)=\pm\infty;$$

$$\frac{a}{\pm\infty}=0, \quad \forall\, a\in\boldsymbol{R};$$

$$\begin{aligned}a\cdot(\pm\infty)&=(\pm\infty)\cdot a\\ &=\begin{cases}\pm\infty, & 0<a\leqslant\infty,\\ 0, & a=0,\\ \mp\infty, & -\infty\leqslant a<0.\end{cases}\end{aligned}$$

注意：诸如 $(\pm\infty)-(\pm\infty)$，$(\pm\infty)/(\pm\infty)$，…等是没有定义的. 对

任何 $a\in\overline{\boldsymbol{R}}$,记

$$a^+=\max(a,0) \quad 和 \quad a^-=\max(-a,0),$$

并把它们分别叫做 a 的**正部**和**负部**. 易见 $a=a^+-a^-$. 另外,还记

$$\mathscr{B}_{\overline{\boldsymbol{R}}} \xlongequal{\text{def}} \sigma(\mathscr{B}_{\boldsymbol{R}},\{-\infty\},\{\infty\}).$$

命题 1.4.5 下列等式成立:

$$\begin{aligned}\mathscr{B}_{\overline{\boldsymbol{R}}} &= \sigma([-\infty,a):\ a\in\boldsymbol{R})\\ &=\sigma([-\infty,a]:\ a\in\boldsymbol{R})\\ &=\sigma((a,\infty]:\ a\in\boldsymbol{R})\\ &=\sigma([a,\infty]:\ a\in\boldsymbol{R}).\end{aligned} \tag{1.4.1}$$

证明 对任何 $a\in\boldsymbol{R}$,我们有

$$[-\infty,a)=\{-\infty\}\cup(-\infty,a)\in\mathscr{B}_{\overline{\boldsymbol{R}}},$$

故 $\sigma([-\infty,a):\ a\in\boldsymbol{R})\subset\mathscr{B}_{\overline{\boldsymbol{R}}}$;又由

$$\{-\infty\}=\bigcap_{n=1}^{\infty}[-\infty,-n)\in\sigma([-\infty,a):\ a\in\boldsymbol{R}),$$

$$\{\infty\}=\bigcap_{n=1}^{\infty}[n,\infty]=\bigcap_{n=1}^{\infty}[-\infty,n)^c\in\sigma([-\infty,a):\ a\in\boldsymbol{R}),$$

$$(-\infty,a)=[-\infty,a)\setminus\{-\infty\}\in\sigma([-\infty,a):\ a\in\boldsymbol{R}),$$

和

$$\mathscr{B}_{\boldsymbol{R}}=\sigma((-\infty,a):\ a\in\boldsymbol{R})\subset\sigma([-\infty,a):\ a\in\boldsymbol{R})$$

推知 $\sigma([-\infty,a):\ a\in\boldsymbol{R})\supset\mathscr{B}_{\overline{\boldsymbol{R}}}$. 于是命题的第一个等式成立. 容易看出,对任 $a\in\boldsymbol{R}$,单点集 $\{a\}$ 属于(1.4.1)式中后四个集合系中的任何一个. 因此,命题的后三个等式也成立. □

定义 1.4.1 从可测空间 $(X,\mathscr{F})$ 到 $(\overline{\boldsymbol{R}},\mathscr{B}_{\overline{\boldsymbol{R}}})$ 的可测映射称为 $(X,\mathscr{F})$ 上的**可测函数**. 特别地,从 $(X,\mathscr{F})$ 到 $(R,\mathscr{B}_{\boldsymbol{R}})$ 的可测映射称为 $(X,\mathscr{F})$ 上的**有限值可测函数**或**随机变量**.

由于 $\mathscr{B}_{\overline{\boldsymbol{R}}}$ 和 $\mathscr{B}_{\boldsymbol{R}}$ 的结构相当复杂,所以可测函数和随机变量按定义验证起来是很困难的. 但是利用定理 1.4.3 却可以给出简单判别方法如下.

定理 1.4.6 下列说法等价:

(1) f 是 $(X,\mathscr{F})$ 上的可测函数(或随机变量);

(2) $\{f<a\}\in\mathscr{F}$, $\forall\ a\in\boldsymbol{R}$;

(3) $\{f\leqslant a\}\in\mathscr{F}$, $\forall\ a\in\boldsymbol{R}$;

(4) $\{f>a\}\in\mathscr{F}$, $\forall\ a\in\boldsymbol{R}$;

(5) $\{f\geqslant a\}\in\mathscr{F}$, $\forall\ a\in\boldsymbol{R}$.

证明　由命题 1.4.5(或 $\mathscr{B}_{\boldsymbol{R}}$的定义)和定理 1.4.3 易得. □

推论 1.4.7　如果 f,g 是可测函数,则

$$\{f<g\},\ \{f\leqslant g\},\ \{f=g\}\in\mathscr{F}.$$

特别地, $\{f=a\}\in\mathscr{F}$, $\forall\ a\in\overline{\boldsymbol{R}}$.

证明　以 $\boldsymbol{Q}$ 记 $\boldsymbol{R}$ 中的有理数集(今后亦如此),则由定理 1.4.6 知

$$\{f<g\}=\bigcup_{\gamma\in\boldsymbol{Q}}\{\{f<\gamma\}\cap\{g>\gamma\}\}\in\mathscr{F}.$$

这又推出 $\{f\leqslant g\}=\{g<f\}^c\in\mathscr{F}$ 并进而得

$$\{f=g\}=\{f\leqslant g\}\backslash\{f<g\}\in\mathscr{F}.\ \square$$

利用定理 1.4.3 和定理 1.4.6 极易验证下列可测函数的例子.

例 1　设 $\mathscr{T}$ 是由 X 的一切子集组成的 σ 域; $(Y,\mathscr{S})$是任意可测空间. 那么 X 到 Y 的任何一个映射都是可测的.

例 2　设 $a\in\overline{\boldsymbol{R}}$. 可测空间$(X,\mathscr{F})$上的常数函数 $f\equiv a$(即 $f(x)=a$, $\forall\ x\in X$)是可测函数.

例 3　可测空间$(X,\mathscr{F})$上集合 $A\in\mathscr{F}$ 的指示函数 I_A 是可测函数.

例 4　对任何 $a,b\in\overline{\boldsymbol{R}}$ 和不交的 $A,B\in\mathscr{F}$, aI_A+bI_B 是可测函数.

§5　可测函数的运算

可测函数是一种特殊的映射,其像空间 $\overline{\boldsymbol{R}}$ 中的元素,按前一节的说明,是可以进行运算的. 因此,一个十分自然而又重要的问题是:定义在可测空间$(X,\mathscr{F})$上的可测函数,在经过 $\overline{\boldsymbol{R}}$中的运算以后其可测性是否仍然可以保持? 本节将回答这个问题.

首先,讨论可测函数的四则运算.

定理 1.5.1 如果 f,g 是可测函数,则

(1) 对任何 $a\in\overline{\boldsymbol{R}}$, af 是可测函数;

(2) 如 $f+g$ 有意义,即对每个 $x\in X$, $f(x)+g(x)$ 均有意义,则它是可测函数;

(3) fg 是可测函数;

(4) 如果 $g(x)\neq 0,\forall\ x\in X$,则 f/g 是可测函数.

证明 按顺序来加以证明.

(1) 当 $a=-\infty$, 0 或 ∞ 时,分别有

$$af=-\infty\cdot I_{\{f>0\}}+\infty\cdot I_{\{f<0\}},\quad 0$$

或

$$\infty\cdot I_{\{f>0\}}+(-\infty)\cdot I_{\{f<0\}},$$

因而由 §4 例 4 知 af 可测. 当

$$a\in\boldsymbol{R}^{+}\stackrel{\text{def}}{=\!=}(0,\infty)\ \text{或}\ a\in\boldsymbol{R}^{-}\stackrel{\text{def}}{=\!=}(-\infty,0)$$

时,对任何 $b\in\boldsymbol{R}$,分别有

$$\{af\leqslant b\}=\{f\leqslant b/a\}\in\mathscr{F}\ \text{或}\ \{af\leqslant b\}=\{f\geqslant b/a\}\in\mathscr{F},$$

因而由定理 1.4.6 知 af 可测.

(2) 如果 $f+g$ 有意义,则对任意 $a\in\boldsymbol{R}$,有

$$\{f+g<a\}=A_1\cup A_2\cup A_3,$$

其中

$$\begin{aligned}A_1&\stackrel{\text{def}}{=\!=}\{f+g<a,\min\{f,g\}=-\infty,\max\{f,g\}<\infty\}\\&=\{f=-\infty,g<\infty\}\cup\{f<\infty,g=-\infty\}\in\mathscr{F};\\A_2&\stackrel{\text{def}}{=\!=}\{f+g<a,\max\{f,g\}=\infty,\min\{f,g\}>-\infty\}\\&=\varnothing\in\mathscr{F};\\A_3&\stackrel{\text{def}}{=\!=}\{f+g<a,-\infty<f,g<\infty\}\\&=\{f<a-g\}\cap\{-\infty<f,g<\infty\}\\&=\bigcup_{\gamma\in\boldsymbol{Q}}[\{f<\gamma\}\cap\{g<a-\gamma\}]\cap\{-\infty<f,g<\infty\}\\&\in\mathscr{F}.\end{aligned}$$

于是由定理 1.4.6 知 $f+g$ 可测.

(3) 对任意 $a\in\boldsymbol{R}$,我们有 $\{fg<a\}=A_1\cup A_2$,而且

$$A_1 \xlongequal{\text{def}} \{fg < a\} \cap \{g = 0\}$$
$$= \begin{cases} \varnothing \in \mathscr{F}, & a \leqslant 0, \\ \{g = 0\} \in \mathscr{F}, & a > 0; \end{cases}$$
$$\begin{aligned} A_2 \xlongequal{\text{def}} & \{fg < a\} \cap \{g \neq 0\} \\ &= \{fg < a\} \cap (\{g > 0\} \cup \{g < 0\}) \\ &= [\{f < ag^{-1}\} \cap \{g > 0\}] \\ &\quad \cup [\{f > ag^{-1}\} \cap \{g < 0\}] \\ &= \Big[\{g > 0\} \cap \bigcup_{\gamma \in \mathbf{Q}} \{f < \gamma, \gamma g < a\}\Big] \\ &\quad \cup \Big[\{g < 0\} \cap \bigcup_{\gamma \in \mathbf{Q}} \{f > \gamma, \gamma g < a\}\Big] \in \mathscr{F}, \end{aligned}$$

其中$\{\gamma g<a\}\in\mathscr{F}$是因为(1)中已证明$\gamma g$是可测函数. 于是由定理1.4.6知$fg$可测.

(4) 如果对每个$x\in X$均有$g(x)\neq 0$,则由定理1.4.6及本定理已证之(1)得

$$\begin{aligned} \{g^{-1} < a\} = & \{g^{-1} < a\} \cap (\{g > 0\} \cup \{g < 0\}) \\ &= [\{ag > 1\} \cap \{g > 0\}] \\ &\quad \cup [\{ag < 1\} \cap \{g < 0\}] \in \mathscr{F}, \end{aligned}$$

即g^{-1}可测. 于是,利用已证之(3)便知f/g可测. □

其次,讨论可测函数的极限运算.

定理 1.5.2 如果$\{f_n, n=1,2,\cdots\}$是可测函数列,则

$$\inf_n f_n, \quad \sup_n f_n, \quad \liminf_{n\to\infty} f_n \quad \text{和} \quad \limsup_{n\to\infty} f_n$$

仍是可测函数.

证明 注意对任意$a\in\boldsymbol{R}$,

$$\{\inf_n f_n \geqslant a\} = \bigcup_{n=1}^{\infty} \{f_n \geqslant a\};$$
$$\{\sup_n f_n \leqslant a\} = \bigcap_{n=1}^{\infty} \{f_n \leqslant a\};$$
$$\{\liminf_{n\to\infty} f_n > a\} = \bigcup_{k=1}^{\infty} \bigcup_{n=1}^{\infty} \bigcap_{m=n}^{\infty} \{f_m > a + 1/k\};$$
$$\{\limsup_{n\to\infty} f_n < a\} = \bigcup_{k=1}^{\infty} \bigcup_{n=1}^{\infty} \bigcap_{m=n}^{\infty} \{f_m < a - 1/k\}.$$

可见定理中的四个函数都是可测函数. □

第三,讨论可测函数的结构.

为此,要引进一些术语和概念. 有限个两两不交的集合$\{A_i\subset X, i=1,\cdots,n\}$如满足$\bigcup_{i=1}^{n} A_i=X$,就把它称为空间 X 的一个**有限分割**. 如对每个$i=1,2,\cdots,n$有$A_i\in\mathscr{F}$,则 X 的有限分割$\{A_i, i=1,2,\cdots,n\}$称为可测空间$(X,\mathscr{F})$的**有限可测分割**. 对于可测空间$(X,\mathscr{F})$上的函数 $f: X\to\boldsymbol{R}$,如果存在有限可测分割$\{A_i\in\mathscr{F}, i=1,\cdots,n\}$和实数$\{a_i, i=1,\cdots,n\}$使

$$f=\sum_{i=1}^{n} a_i I_{A_i},$$

则称之为**简单函数**. 由定理 1.5.1 可见:简单函数总是可测的. 又易见,简单函数的线性组合还是简单函数. 此外,我们还作如下约定:对可测函数 f,如果存在 $M>0$ 使$|f(x)|\leqslant M, \forall x\in X$,则称之为有界的;一个可测函数 f 的正部 f^+和负部 f^-定义为

$$f^{\pm}(x)=[f(x)]^{\pm}, \quad \forall x\in X;$$

一串可测函数$\{f_n, n=1,2,\cdots\}$当 $n\to\infty$时点点收敛到可测函数 f,即

$$f_n(x)\to f(x), \quad \forall x\in X,$$

则记为 $f_n\to f$;…;如此等等.

定理 1.5.3 下列命题成立:

(1) 对任何非负可测函数 f,存在非负简单函数列$\{f_n, n=1,2,\cdots\}$使 $f_n\uparrow f$;如果 f 是非负有界可测的,则存在非负简单函数列$\{f_n, n=1,2,\cdots\}$使 $f_n(x)\uparrow f(x)$对 $x\in X$ 一致成立.

(2) 对任何可测函数 f,存在简单函数列$\{f_n, n=1,2,\cdots\}$使 $f_n\to f$;如果 f 是有界可测的,则存在简单函数列$\{f_n, n=1,2,\cdots\}$使 $f_n(x)\to f(x)$对 $x\in X$ 一致成立.

证明 设 f 非负可测. 对每个 $n=1,2,\cdots$,令

$$f_n=\sum_{k=0}^{n2^n-1}\frac{k}{2^n}I_{\left\{\frac{k}{2^n}\leqslant f<\frac{k+1}{2^n}\right\}}+nI_{\{f\geqslant n\}},$$

则 f_n 非负非降且

$$\begin{aligned} &0\leqslant f(x)-f_n(x)\leqslant 1/2^n, && \text{当 } f(x)<n, \\ &n=f_n(x)\leqslant f(x), && \text{当 } f(x)\geqslant n. \end{aligned}$$

可见 $\lim\limits_{n\to\infty} f_n(x)=f(x)$对每个 $x\in X$ 成立. 如果 f 还有界，则对充分大的 n 有

$$0\leqslant f(x)-f_n(x)\leqslant 1/2^n,\quad \forall\, x\in X,$$

从而 $\lim\limits_{n\to\infty} f_n(x)=f(x)$在 X 上一致成立. 这证明了(1). 为证(2)，只需利用表达式 $f=f^+-f^-$并对 f^+和 f^-分别用(1)的结论即可. □

第四，给出一个关于复合可测函数的定理，它的必要性部分有点像是定理 1.4.4 在特殊情况下的逆命题.

定理 1.5.4　设 g 是$(X,\mathscr{F})$到$(Y,\mathscr{S})$的可测映射. 则 h 是$(X,g^{-1}\mathscr{S})$上的可测函数(或随机变量，或有界可测函数)当且仅当存在$(Y,\mathscr{S})$上的可测函数(或随机变量，或有界可测函数)f 使 $h=f\circ g$.

证明　定理的“当”部分是定理 1.4.4 的特例，故只需证明定理的“仅当”部分.

首先，考虑 h 是$(X,g^{-1}\mathscr{S})$上的简单函数，即存在 X 的有限可测分割$\{A_i\in g^{-1}\mathscr{S},\ i=1,\cdots,n\}$和实数$\{a_i,\ i=1,\cdots,n\}$使 $h=\sum\limits_{i=1}^{n} a_iI_{A_i}$的情形. 对每个 $i=1,\cdots,n$，取 $C_i\in\mathscr{S}$ 使 $A_i=g^{-1}C_i$，则对 $B_i=C_i\Big\backslash\bigcup\limits_{k=1}^{i-1}C_k$ $\Big($这里，我们把 $\bigcup\limits_{k=1}^{0}C_k$ 理解为$\varnothing$，今后亦如此$\Big)$有

$$A_i=A_i\Big\backslash\Big(\bigcup_{k=1}^{i-1}A_k\Big)=(g^{-1}C_i)\Big\backslash\Big(\bigcup_{k=1}^{i-1}g^{-1}C_k\Big)=g^{-1}B_i.$$

于是 $f=\sum\limits_{i=1}^{n} a_iI_{B_i}$是$(Y,\mathscr{S})$上的简单函数且

$$h(x)=\sum_{i=1}^{n} a_iI_{A_i}(x)=\sum_{i=1}^{n} a_iI_{g^{-1}B_i}(x)$$

$$=\sum_{i=1}^{n} a_iI_{B_i}(g(x))=(f\circ g)(x)$$

对每个 $x\in X$ 成立. 这说明当 h 是简单函数时定理的结论是成立的，而且 f 还可以取为简单函数.

再考虑$(X,g^{-1}\mathscr{S})$上的一般可测函数(或随机变量，或有界可测函数)h. 这时，可以取简单函数列$\{h_n,n=1,2,\cdots\}$使 $\lim\limits_{n\to\infty} h_n=h$(定理

1.5.3). 根据对简单函数已经得到的结论，对每个 $n=1,2,\cdots$，存在 $(Y,\mathscr{S})$ 上的简单函数 f_n 使 $h_n=f_n\circ g$. 如果 $\lim\limits_{n\to\infty}f_n(y)$ 存在（或存在且有限，或存在且有界），令 $f(y)=\lim\limits_{n\to\infty}f_n(y)$；其他情况下令 $f(y)=0$. 则 f 是 $(Y,\mathscr{S})$ 上的可测函数（或随机变量，或有界可测函数）且

$$\begin{aligned} h(x) &= \lim_{n\to\infty}h_n(x) = \lim_{n\to\infty}f_n(g(x)) \\ &= f(g(x)), \quad \forall\, x = X. \quad \Box \end{aligned}$$

请注意定理 1.5.4 证明过程中具有典型意义的方法！在测度论和概率论中，为了证明一个关于可测函数的命题，常常分解为如下几个比较容易的步骤来进行：

(1) 证明该命题对最简单的函数——指示函数成立.

(2) 证明该命题对非负简单函数——指示函数的线性组合成立.

(3) 证明该命题对非负可测函数——非降非负简单函数列的极限成立.

(4) 证明命题对一般可测函数——两个非负可测函数，即它的正部和负部之差成立.

按上述步骤证明命题的方法叫做测度论中的**典型方法**. 典型方法符合人们的认识过程，是一种具有普遍意义的、行之有效的方法，必须熟练掌握.

把典型方法分别和推论 1.3.4 和推论 1.3.6 结合起来，可以得到下面两个用于讨论关于可测函数命题的定理.

定理 1.5.5 设 $\mathscr{A}$ 是一个域，$\mathscr{M}$ 是一个由 X 上的非负广义实值函数组成的**单调类**，即它是 X 上具有下列性质的由非负广义实值函数组成的集合：

(1) 对任何 $f,g\in\mathscr{M}$ 和实数 $a,b\geqslant 0$，有 $af+bg\in\mathscr{M}$；

(2) 对任何 $\{f_n\in\mathscr{M},\ n=1,2,\cdots\}$，如果 $f_n\uparrow f$，则 $f\in\mathscr{M}$.

如果对每个 $A\in\mathscr{A}$ 均有 $I_A\in\mathscr{M}$，则一切 $(X,\sigma(\mathscr{A}))$ 上的非负可测函数均属于 $\mathscr{M}$.

证明 令 $\mathscr{G}=\{A: I_A\in\mathscr{M}\}$，则由单调类的定义之(2)知 $\mathscr{G}$ 是一个单调系；又从定理的条件知 $\mathscr{G}\supset\mathscr{A}$. 因此，$\mathscr{G}\supset\sigma(\mathscr{A})$（推论

1.3.4)，即 $I_A\in\mathscr{M}$ 对每个 $A\in\sigma(\mathscr{A})$ 成立. 由此及单调类的定义之(1)又可见：一切 $(X,\sigma(\mathscr{A}))$ 上的非负简单函数均属于 $\mathscr{M}$. 但是，每一个 $(X,\sigma(\mathscr{A}))$ 上的非负可测函数均可表为一串非降非负简单函数的极限(定理 1.5.3). 因此，由单调类的定义之(2)进而推得一切 $(X,\sigma(\mathscr{A}))$ 上的非负可测函数均属于 $\mathscr{M}$. □

定理 1.5.6 设 $\mathscr{P}$ 是一个 π 系，$\mathscr{L}$ 是一个由 X 上的非负广义实值函数组成的 λ **类**，即它是 X 上具有下列性质的非负广义实值函数组成的集合：

(1) $1\in\mathscr{L}$；

(2) 对任何 $f,g\in\mathscr{L}$ 和 $\alpha,\beta\in\boldsymbol{R}$，如果 $af+bg\geqslant 0$，则

$$af+bg\in\mathscr{L};$$

(3) 对任何 $\{f_n\in\mathscr{L},n=1,2,\cdots\}$，如果 $f_n\uparrow f$，则 $f\in\mathscr{L}$.

如果对每个 $A\in\mathscr{P}$ 均有 $I_A\in\mathscr{L}$，则一切 $(X,\sigma(\mathscr{P}))$ 上的非负可测函数均属于 $\mathscr{L}$.

证明 令 $\mathscr{G}=\{A: I_A\in\mathscr{L}\}$，则由 λ 类的定义知 $\mathscr{G}$ 是一个 λ 系. 又定理的条件表明 $\mathscr{G}\supset\mathscr{P}$. 这样，我们就得到 $\mathscr{G}\supset\sigma(\mathscr{P})$ (推论 1.3.6)，从而 $I_A\in\mathscr{L}$ 对一切 $A\in\sigma(\mathscr{P})$ 成立. 由此及 λ 类定义之(2)又可见：一切 $(X,\sigma(\mathscr{P}))$ 上的非负简单函数均属于 $\mathscr{L}$. 更进一步，由 λ 类定义之(3)又推得：一切 $(X,\sigma(\mathscr{P}))$ 上的非负可测函数均属于 $\mathscr{L}$. □

习 题 1

1. 证明下列指示函数的性质：

(1) $I_{A\cap B}=I_AI_B$；

(2) 如果 $A\cap B=\varnothing$，则 $I_{A\cup B}=I_A+I_B$；

(3) 如果 $A\supset B$，则 $I_{A\setminus B}=I_A-I_B$；

(4) $I_{A\Delta B}=I_A(1-I_B)+I_B(1-I_A)$；

(5) 如果 $\{A_n,n=1,2,\cdots\}$ 单调，则 $I_{\lim\limits_{n\to\infty}A_n}=\lim\limits_{n\to\infty}I_{A_n}$；

(6) $I_{\liminf\limits_{n\to\infty}A_n}=\liminf\limits_{n\to\infty}I_{A_n}$，$I_{\limsup\limits_{n\to\infty}A_n}=\limsup\limits_{n\to\infty}I_{A_n}$.

2. 设$\{A_n, n=1,2,\cdots\}$两两不交. 证明：$\lim\limits_{n\to\infty} A_n=\varnothing$.

3. 证明空集属于半环.

4. 证明：如果$\mathscr{Q}$是一个半环且$A,B\in\mathscr{Q}$，则$A\backslash B$可表成$\mathscr{Q}$中有限个不交集之并.

5. 证明：$\mathscr{R}_{\boldsymbol{R}}$是$\boldsymbol{R}$上的环.

6. 证明：如果$\mathscr{R}$是一个环(或σ环)而且$X\in\mathscr{R}$，则它也是域(或σ域).

7. 证明：如果$\mathscr{R}$是一个环，则$\mathscr{F}=\mathscr{R}\cup\{A^c: A\in\mathscr{R}\}$是域.

8. 证明：如果域对可列不交并运算是封闭的，则它是σ域.

9. 证明：(1) $\mathscr{Q}_{\boldsymbol{R}}$是$\boldsymbol{R}$上的半环；

(2) $\mathscr{Q}=\{(a,b),(a,b],[a,b),[a,b]: a,b\in\boldsymbol{R}, a\leqslant b\}$是$\boldsymbol{R}$上的半环；

(3) 所有开区间组成的集合系$\mathscr{O}_{\boldsymbol{R}}=\{(a,b): a,b\in\boldsymbol{R}, a\leqslant b\}$不是$\boldsymbol{R}$上的半环；

(4) $\sigma(\mathscr{Q}_{\boldsymbol{R}})=\sigma(\mathscr{O}_{\boldsymbol{R}})$.

10. 设$\{\varnothing, E_n, n=1,2,\cdots\}$是$X$中两两不交的集合. 证明它是一个半环. 求由这个半环生成的σ域.

11. 设X是一可列集. 令$\mathscr{E}=\{\{x\}: x\in X\}$. 求$\sigma(\mathscr{E})$.

12. 设$\mathscr{Q}$是一个半环. 证明$\sigma(\mathscr{Q})=\sigma(r(\mathscr{Q}))$.

13. 设A是X中的非空集合，$\mathscr{F}$是X上的σ域. 试证明：$(A, A\cap\mathscr{F})$是一个可测空间，这里，对任何集合系$\mathscr{E}$，记

$$A\cap\mathscr{E}=\{A\cap E: E\in\mathscr{E}\}.$$

14. 设$\varnothing\neq A\subset X$，$\mathscr{E}$是$X$上的集合系. 试问$m(A\cap\mathscr{E})=A\cap m(\mathscr{E})$是否成立？

15. 证明：定理 1.3.3 等价于推论 1.3.4；定理 1.3.5 等价于推论 1.3.6.

16. 证明命题 1.4.1.

17. 设D是$\boldsymbol{R}$中的可数稠集. 证明定理 1.4.6 中把“$\forall\ a\in\boldsymbol{R}$”改为“$\forall\ a\in D$”以后，结论仍然成立.

18. 证明：对任何$a,b\in\overline{\boldsymbol{R}}$和任何$A,B\in\mathscr{F}$，只要$a+b$有意义，则$aI_A+bI_B$是可测函数.

19. 如果 f 是可测空间$(X,\mathscr{F})$上的可测函数，则它是简单函数当且仅当其值域是有限个实数组成之集.

20. 设 $A_1,\cdots,A_n$ 是空间 X 的一个有限分割. 令 $\mathscr{F}=\sigma(A_1,\cdots,A_n)$，求$(X,\mathscr{F})$上的全体可测函数.

21. 证明：实轴上的实值单调函数是$(\boldsymbol{R},\mathscr{B}_{\boldsymbol{R}})$上的随机变量.

22. 证明：实轴上的实值连续函数是$(\boldsymbol{R},\mathscr{B}_{\boldsymbol{R}})$上的随机变量.

23. 设$(X,\mathscr{F})$和$(Y,\mathscr{S})$是两可测空间，f 是 X 到 Y 的映射，$A_1,\cdots,A_n$ 是$(X,\mathscr{F})$的一个有限可测分割. 定义 A_i 到 Y 的映射

$$f_i(x)=f(x),\quad \forall\ x\in A_i.$$

证明：f 是$(X,\mathscr{F})$到$(Y,\mathscr{S})$的可测映射当且仅当对每个 $i=1,\cdots,n$，f_i 都是$(A_i,A_i\cap\mathscr{F})$到$(Y,\mathscr{S})$的可测映射.

24. 设$\{f_n,n=1,2,\cdots\}$是可测空间$(X,\mathscr{F})$上的可测函数列. 证明：$\{\lim\limits_{n\to\infty}f_n\ \exists\}\in\mathscr{F}$；又对$(X,\mathscr{F})$上的任一可测函数 f，$\{\lim\limits_{n\to\infty}f_n=f\}\in\mathscr{F}$.

25. 设 $f_1,\cdots,f_n$ 是可测空间$(X,\mathscr{F})$上的随机变量. 对每个 $x\in X$，把 $f_1(x),\cdots,f_n(x)$ 按从小到大的顺序排列成 $f_{(1)}(x)\leqslant\cdots\leqslant f_{(n)}(x)$（如果有两个相等的，那就随便规定它们的顺序）. 这样定义出来的函数 $f_{(1)},\cdots,f_{(n)}$ 称为 $f_1,\cdots,f_n$ 的**次序统计量**. 证明：对任何 $k=1,\cdots,n$，$f_{(k)}$ 还是可测空间$(X,\mathscr{F})$上的随机变量.

第二章　测度空间

测度，作为实际测量的结果，对我们来说并不陌生. 像线段的长度、平面上某些曲线围成的面积和容器的容积等都是测度. 随着科学技术的发展，人们越来越认识到，仅仅讨论这些由直接经验建立的测度是远远不够的. 例如，概率从抽象角度看是对形形色色的事件发生的可能性进行测量. 因而只有在抽象空间的集合上建立了测度，才有可能真正解决概率论的问题. 在抽象空间建立测度是没有什么直接经验可循的，只能采用公理化方法. 当然，归根结底，公理化方法中的那些公理也是从实际中提炼出来的.

§1　测度的定义及性质

给定空间 X 上的集合系 $\mathscr{E}$. 定义在 $\mathscr{E}$ 上、取值于 $[0,\infty]$ 的函数将称为**非负集函数**，用希腊字母 $\mu,\nu,\tau,\cdots$ 等记之. 设 μ 是 $\mathscr{E}$ 上的非负集函数. 如果对任意可列个两两不交的集合 $A_1,A_2,\cdots\in\mathscr{E}$，只要 $\bigcup\limits_{n=1}^{\infty}A_n\in\mathscr{E}$，就一定有

$$\mu\left(\bigcup_{n=1}^{\infty}A_n\right)=\sum_{n=1}^{\infty}\mu(A_n),$$

则称 μ 具有**可列可加性**. 测度的公理化定义如下.

定义 2.1.1　设 $\mathscr{E}$ 是 X 上的集合系且 $\varnothing\in\mathscr{E}$. 如果 $\mathscr{E}$ 上的非负集函数 μ 有可列可加性并且满足 $\mu(\varnothing)=0$，则称之为 $\mathscr{E}$ 上的**测度**. 如果对每个 $A\in\mathscr{E}$ 还有 $\mu(A)<\infty$，则称**测度 μ 是有限的**；如果对每个 $A\in\mathscr{E}$，存在满足 $\mu(A_n)<\infty$ 的 $\{A_n\in\mathscr{E},n=1,2,\cdots\}$，使得 $\bigcup\limits_{n=1}^{\infty}A_n\supset A$，则称测度 μ 是 σ **有限的**.

如果对 $\mathscr{E}$ 中任意有限个两两不交而且满足 $\bigcup\limits_{i=1}^{n}A_i\in\mathscr{E}$ 的集合

$A_1,\cdots,A_n$,均有

$$\mu\Big(\bigcup_{i=1}^{n} A_i\Big) = \sum_{i=1}^{n}\mu(A_i),$$

则称非负集函数 μ 有**有限可加性**;如果对任何 $A,B\in\mathscr{E}$,$A\subset B$,$B\backslash A\in\mathscr{E}$,只要 $\mu(A)<\infty$,就有

$$\mu(B\backslash A) = \mu(B) - \mu(A),$$

则称非负集函数 μ 具有**可减性**. 作为一个习题,由测度的定义不难证明:

命题 2.1.1　测度具有有限可加性和可减性.

让我们看一些关于测度的例子.

例 1　设 X 是一非空集合而 $\mathscr{T}$ 是由 X 的一切子集组成的集合系. 以 $\#(A)$记集合 A 中元素的个数并令 $\mu(A)=\#(A)$,$\forall A\in\mathscr{T}$,则 μ 是 $\mathscr{T}$ 上的测度. 如 X 是有限集,则 μ 是有限测度;如 X 是可列集,则 μ 是 σ 有限测度.

例 2　设$(X,\mathscr{E})$是一可测空间. 如果 x 是 X 的一个给定元素,对每个 $A\in\mathscr{E}$,令

$$\delta_x(A) = I_A(x) = \begin{cases}1, & x\in A,\\ 0, & x\notin A,\end{cases}$$

则 δ_x 是 $\mathscr{E}$ 上的测度. 更进一步,如果 $x_1,\cdots,x_n\in X$,则

$$\mu = \sum_{i=1}^{n}\delta_{x_i}$$

还是 $\mathscr{E}$ 上的测度. 这类测度称为**点测度**.

例 3　设 $X=\{1,2,\cdots\}$和 $\mathscr{E}=\{A\subset X:\ \#(A)<\infty$ 或 $\#(A^c)<\infty\}$. 令

$$\mu(A) = \begin{cases}0, & \#(A)<\infty,\\ \infty, & \#(A^c)<\infty,\end{cases}$$

则 μ 具有有限可加性但无可列可加性,因而不是测度.

例 4　直线上线段的长度. 设 $\mathscr{Q}_{\boldsymbol{R}}$是在第一章 §2 中所定义的由直线上线段$(a,b]$组成的半环. 对每个线段$(a,b]$,称 $b-a$ 为它的**长度**,则长度是半环 $\mathscr{Q}_{\boldsymbol{R}}$上的测度.

最后这个例子的结论既在直观上符合人们的实践经验,也可以

按测度公理化定义的要求予以证明. 但是,我们将不就事论事地只证明它,而是去证明一个更一般的重要命题. 事实上,只要在下面的命题中令 $F(x)=x, \forall\ x\in \boldsymbol{R}$,就可以得到例 4 的结论.

命题 2.1.2 设 $X=\boldsymbol{R}, \mathscr{E}=\mathscr{Q}_{\boldsymbol{R}}$,而 F 是 $\boldsymbol{R}$ 上非降右连续的实值函数. 对任意的 $a,b\in \boldsymbol{R}$,令

$$\mu((a,b])=\begin{cases}F(b)-F(a), & a<b,\\ 0, & a\geqslant b,\end{cases}$$

则 μ 是 $\mathscr{E}$ 上的测度.

证明 易见 $\mu(\varnothing)=0$. 因此只需验证 μ 具有可列可加性. 我们把证明的过程分成 4 个小命题:

(1) μ 有限可加. 设 $\{(a_i,b_i]\in\mathscr{Q}_{\boldsymbol{R}},\ i=1,\cdots,n\}$ 两两不交且

$$\bigcup_{i=1}^{n}(a_i,b_i]=(a,b].$$

不失一般性,无妨设 $a\leqslant b$ 并且 $a_i\leqslant b_i$ 对每个 $i=1,\cdots,n$ 成立. 把 $a_1,\cdots,a_n$ 按从小到大的顺序排成 $a_{(1)}\leqslant\cdots\leqslant a_{(n)}$, $b_1,\cdots,b_n$ 按从小到大的顺序排成 $b_{(1)}\leqslant\cdots\leqslant b_{(n)}$,则

$$\begin{aligned}a=a_{(1)}&\leqslant b_{(1)}=a_{(2)}\leqslant b_{(2)}=\cdots\\ &=a_{(n-1)}\leqslant b_{(n-1)}=a_{(n)}\leqslant b_{(n)}=b,\end{aligned}$$

从而

$$\begin{aligned}\mu((a,b])&=F(b)-F(a)=\sum_{i=1}^{n}\left[F(b_{(i)})-F(a_{(i)})\right]\\ &=\sum_{i=1}^{n}\left[F(b_i)-F(a_i)\right]=\sum_{i=1}^{n}\mu((a_i,b_i]).\end{aligned}$$

(2) 如果 $(a_i,b_i)\in\mathscr{Q}_{\boldsymbol{R}}\ (i=1,2,\cdots)$ 两两不交且

$$\bigcup_{i=1}^{\infty}(a_i,b_i]\subset(a,b],$$

则

$$\mu((a,b])\geqslant\sum_{n=1}^{\infty}\mu((a_n,b_n]).$$

无妨设 $a\leqslant b$ 并且 $a_n\leqslant b_n$ 对每个 $n=1,2,\cdots$ 成立. 对每个 $n=1,2,\cdots$,记 $a_{(1)}\leqslant\cdots\leqslant a_{(n)}$ 和 $b_{(1)}\leqslant\cdots\leqslant b_{(n)}$ 如(1),则有

$$a\leqslant a_{(1)}\leqslant b_{(1)}\leqslant a_{(2)}\leqslant b_{(2)}\leqslant\cdots$$

$$\leqslant a_{(n-1)} \leqslant b_{(n-1)} \leqslant a_{(n)} \leqslant b_{(n)} \leqslant b,$$

从而由(1)推得

$$\begin{aligned}\mu((a,b]) &= F(b) - F(a) \\ &= F(a_{(1)}) - F(a) + \sum_{i=1}^{n}[F(b_{(i)}) - F(a_{(i)})] \\ &\quad + \sum_{i=1}^{n-1}[F(a_{(i+1)}) - F(b_{(i)})] + F(b) - F(b_{(n)}) \\ &\geqslant \sum_{i=1}^{n}[F(b_{(i)}) - F(a_{(i)})] = \sum_{i=1}^{n}[F(b_i) - F(a_i)] \\ &= \sum_{i=1}^{n}\mu((a_i,b_i]).\end{aligned}$$

令 $n\to\infty$ 即得所要结论.

(3) 对于满足 $\bigcup_{i=1}^{n}(a_i,b_i]\supset(a,b]$ 的 $(a,b]\in\mathscr{Q}_{\mathbf{R}}$ 和 $\{(a_i,b_i]\in\mathscr{Q}_{\mathbf{R}}, i=1,\cdots,n\}$,总有

$$\mu((a,b]) \leqslant \sum_{i=1}^{n}\mu((a_i,b_i]). \tag{2.1.1}$$

无妨设如(1). 当 $n=1$ 时, (2.1.1)式显然成立. 根据数学归纳法,倘若(2.1.1)式对 $n=k$ 成立,需证它对 $n=k+1$ 也成立. 取整数 i_0 使 $1\leqslant i_0\leqslant k+1$ 且 $b_{i_0}=\max\limits_{1\leqslant i\leqslant k+1} b_i$,易见 $b\leqslant b_{i_0}$. 当 $a\geqslant a_{i_0}$ 时,由(1)直接推得

$$\begin{aligned}\mu((a,b]) &= F(b) - F(a) \leqslant F(b_{i_0}) - F(a_{i_0}) \\ &\leqslant \sum_{i=1}^{k+1}[F(b_i) - F(a_i)] = \sum_{i=1}^{k+1}\mu((a_i,b_i]),\end{aligned}$$

可见(2.1.1)成立. 当 $a<a_{i_0}$ 时,必有 $(a,a_{i_0}]\subset\bigcup\limits_{i\neq i_0}(a_i,b_i]$,从而由归纳法假设推得

$$\begin{aligned}\mu((a,b]) &= F(b) - F(a) \\ &\leqslant F(b_{i_0}) - F(a_{i_0}) + F(a_{i_0}) - F(a) \\ &\leqslant F(b_{i_0}) - F(a_{i_0}) + \mu\Big(\bigcup_{i\neq i_0}(a_i,b_i]\Big)\end{aligned}$$

$$\leqslant F(b_{i_0}) - F(a_{i_0}) + \sum_{i\neq i_0, 1\leqslant i\leqslant k+1} [F(b_i) - F(a_i)]$$

$$= \sum_{i=1}^{k+1} [F(b_i) - F(a_i)] = \sum_{i=1}^{k+1} \mu((a_i, b_i]),$$

可见(2.1.1)式仍然成立.

(4) 如果$\{(a_i,b_i]\in\mathscr{Q}_{\boldsymbol{R}},\ i=1,2,\cdots\}$两两不交且$\bigcup_{i=1}^{\infty}(a_i,b_i]=(a,b]$,则

$$\mu((a,b]) \leqslant \sum_{i=1}^{\infty} \mu((a_i,b_i]).$$

无妨设如(2),对任何$\varepsilon>0$,取$\delta_i>0$使

$$F(b_i+\delta_i) - F(b_i) < \varepsilon/2^i,$$

则对任何$\eta>0$,开区间列$\{(a_i,b_i+\delta_i),i=1,2,\cdots\}$形成闭区间$[a+\eta,b]$的一个开覆盖.因此,存在$n$使

$$\bigcup_{i=1}^{n}(a_i,b_i+\delta_i]\supset[a+\eta,b]\supset(a+\eta,b].$$

于是由(3)得

$$F(b) - F(a+\eta) \leqslant \sum_{i=1}^{n} [F(b_i+\delta_i) - F(a_i)]$$

$$\leqslant \sum_{i=1}^{n} [F(b_i) - F(a_i)] + \sum_{i=1}^{n} \frac{\varepsilon}{2^i}$$

$$\leqslant \sum_{i=1}^{\infty} \mu((a_i,b_i]) + \varepsilon.$$

在上式中先令$\eta\to0$,再令$\varepsilon\to0$即得(4).

易见(2)和(4)结合起来即是命题所要的结论. □

虽然前面在很一般的集合系上定义了测度,但我们的主要目标还是讨论由X的子集形成的某个σ域$\mathscr{F}$上的测度.今后,空间X,加上由它的子集形成的一个σ域$\mathscr{F}$,再加上$\mathscr{F}$上的一个测度μ,三位一体形成的$(X,\mathscr{F},\mu)$称为**测度空间**.如果$N\in\mathscr{F}$而且$\mu(N)=0$,则称N为μ的**零测集**.易见,例1中$(X,\mathscr{T},\mu)$和例2中的$(X,\mathscr{E},\mu)$都是测度空间.如果测度空间$(X,\mathscr{F},P)$满足$P(X)=1$,则称它为**概率空间**,对应的P叫做**概率测度**.在概率空间$(X,\mathscr{F},P)$中,$\mathscr{F}$中的集合A又称为**事件**,而$P(A)$称为**事件A发生的概率**.

例 5　设 $X=\{x_1,x_2,\cdots\}$ 是一个可列集而 $\mathscr{T}$ 是由 X 的一切子集组成的 σ 域. 如果每个 x_i 对应着一个非负实数 a_i,则

$$\mu(A)=\sum_{i\in A}a_i,\quad \forall A\in\mathscr{T}$$

是 $\mathscr{T}$ 上的测度,而 $(X,\mathscr{T},\mu)$ 形成一个测度空间.

例 6　设 X 是一个有限集,$\mathscr{T}$ 是由 X 的一切子集组成的 σ 域. 定义

$$P(A)=\frac{\#(A)}{\#(X)},\quad \forall A\in\mathscr{T},$$

则 $(X,\mathscr{T},P)$ 形成一个概率空间. 这个概率空间就是初等概率论中的**古典概型**.

例 1、例 5 和例 6 都是在比较特殊的 σ 域上的测度. 在一般的 σ 域上建立测度则要复杂得多,通常使用的办法是把半环上的测度扩张到由它生成的 σ 域上去. 实变函数中建立 Lebesgue 测度时就是这样做的;那里所用的半环就是例 4 的那个半环. 为给半环上测度的扩张作必要的准备,需要先讨论半环上非负集函数的性质. 而为了使这些性质的描述更简洁,则要用到下列关于集合系 $\mathscr{E}$ 上的非负集函数 μ 的四个术语:

如果对任何 $A,B\in\mathscr{E}$ 且 $A\subset B$,均有 $\mu(A)\leqslant\mu(B)$,则称 μ 具有**单调性**;

如果对任意可列个集合 $A_1,A_2,\cdots\in\mathscr{E}$,只要 $\bigcup\limits_{n=1}^{\infty}A_n\in\mathscr{E}$,就一定有

$$\mu\Big(\bigcup_{n=1}^{\infty}A_n\Big)\leqslant\sum_{n=1}^{\infty}\mu(A_n),\tag{2.1.2}$$

则称 μ 是**半可列可加**的;

如果对任意 $A_1,A_2,\cdots\in\mathscr{E}$,$A_n\uparrow A\in\mathscr{E}$,均有

$$\mu(A)=\lim_{n\to\infty}\mu(A_n),\tag{2.1.3}$$

则称 μ 是**下连续**的;

如果对任意 $A_1,A_2,\cdots\in\mathscr{E}$,$A_n\downarrow A\in\mathscr{E}$ 且 $\mu(A_1)<\infty$,(2.1.3)式均成立,则称 μ 是**上连续**的.

命题 2.1.3　半环 $\mathscr{Q}$ 上有有限可加性的非负集函数 μ 必有单

调性和可减性.

证明 设 $A,B\in\mathscr{Q}$ 而且 $A\subset B$. 则存在两两不交的集合 $\{C_i\in\mathscr{Q},\ i=1,\cdots,n\}$ 使 $B\backslash A=\bigcup_{i=1}^{n}C_i$. 于是由

$$B=A\cup(B\backslash A)=A\cup\bigcup_{i=1}^{n}C_i$$

及有限可加性推出

$$\mu(B)=\mu(A)+\sum_{i=1}^{n}\mu(C_i)\geqslant\mu(A),$$

单调性得证. 如果 $B\backslash A\in\mathscr{Q}$ 且 $\mu(A)<\infty$, 那么由上式的等式部分再加上

$$\mu(B\backslash A)=\sum_{i=1}^{n}\mu(C_i)$$

就得到可减性. □

命题 2.1.4 半环 $\mathscr{Q}$ 上的非负可列可加集函数 μ 具有半可列可加性、下连续性和上连续性.

证明 由于 $\varnothing\in\mathscr{Q}$, 故由可列可加性推知

$$\mu(\varnothing)=\mu(\varnothing)+\mu(\varnothing)+\cdots,$$

从而 $\mu(\varnothing)=0$ 或 ∞. 如果 $\mu(\varnothing)=\infty$, 那么对任何 $A\in\mathscr{Q}$ 均有

$$\mu(A)=\mu(A)+\mu(\varnothing)+\mu(\varnothing)+\cdots,$$

从而 $\mu(A)=\infty$, 可见命题的结论成立. 于是无妨设 $\mu(\varnothing)=0$, 即 μ 是 $\mathscr{Q}$ 上的测度. 此时命题的结论可逐条证明如下.

下连续性 如果 $A_1,A_2,\cdots\in\mathscr{Q}$, $A_n\uparrow A\in\mathscr{Q}$, 则存在两两不交的集合 $\{C_{n,k}\in\mathscr{Q},\ k=1,\cdots,k_n\}$ 使对每个 $n=1,2,\cdots$ 有

$$A_n\backslash A_{n-1}=\bigcup_{k=1}^{k_n}C_{n,k}$$

(记 $A_0=\varnothing$). 于是由测度的可列可加性和有限可加性得

$$\mu(A)=\mu\left(\bigcup_{n=1}^{\infty}A_n\right)=\mu\left(\bigcup_{n=1}^{\infty}(A_n\backslash A_{n-1})\right)$$

$$=\mu\left(\bigcup_{n=1}^{\infty}\bigcup_{k=1}^{k_n}C_{n,k}\right)=\sum_{n=1}^{\infty}\sum_{k=1}^{k_n}\mu(C_{n,k})$$

$$= \lim_{N\to\infty}\sum_{n=1}^{N}\sum_{k=1}^{k_n}\mu(C_{n,k}) = \lim_{N\to\infty}\mu\Big(\bigcup_{n=1}^{N}\bigcup_{k=1}^{k_n}C_{n,k}\Big)$$

$$= \lim_{N\to\infty}\mu(A_N),$$

可见(2.1.3)式成立.

上连续性　如果 $A_1, A_2, \cdots \in \mathscr{Q}, A_n \downarrow A \in \mathscr{Q}$ 且 $\mu(A_1) < \infty$,则存在两两不交的集合$\{C_{n,k} \in \mathscr{Q},\ k=1,\cdots,k_n\}$使对每个 $n=1,2,\cdots$有

$$A_n \backslash A_{n+1} = \bigcup_{k=1}^{k_n} C_{n,k}.$$

易见

$$\{A,\ C_{n,k} \in \mathscr{Q},\ k = 1,\cdots,k_n,\ n = 1,2,\cdots\}$$

两两不交且 $A_n = \bigcup_{i=n}^{\infty}(A_i \backslash A_{i+1}) \cup A = \bigcup_{i=n}^{\infty}\bigcup_{k=1}^{k_i} C_{n,k} \cup A$,故由可列可加性得

$$\mu(A_n) = \sum_{i=n}^{\infty}\sum_{k=1}^{k_i}\mu(C_{n,k}) + \mu(A) \tag{2.1.4}$$

对每个 $n=1,2,\cdots$成立.特别地在上式中取 $n=1$ 便得

$$\sum_{i=1}^{\infty}\sum_{k=1}^{k_i}\mu(C_{n,k}) \leqslant \mu(A_1) < \infty,$$

从而 $\lim_{n\to\infty}\sum_{i=n}^{\infty}\sum_{k=1}^{k_i}\mu(C_{n,k})=0$. 这样由(2.1.4)式就得到(2.1.3)式.

半可列可加性　如果 $A_1, A_2, \cdots \in \mathscr{Q}$ 且 $\bigcup_{n=1}^{\infty} A_n \in \mathscr{Q}$,则由环的定义知

$$A_1, A_2, \cdots \in \mathscr{Q} \subset r(\mathscr{Q}) \Longrightarrow \bigcup_{i=1}^{n-1} A_i \in r(\mathscr{Q})$$

$$\Longrightarrow A_n \Big\backslash \bigcup_{i=1}^{n-1} A_i \in r(\mathscr{Q})$$

对每个 $n=1,2,\cdots$成立.于是存在两两不交的集合$\{C_{n,k} \in \mathscr{Q},\ k=1,\cdots,k_n\}$使

$$A_n \Big\backslash \bigcup_{i=1}^{n-1} A_i = \bigcup_{k=1}^{k_n} C_{n,k}$$

(定理 1.3.2). 运用同样的推理又知,存在两两不交的集合$\{D_{n,l} \in$

$\mathscr{Q}, l=1,\cdots,l_n\}$使

$$A_n \setminus \bigcup_{k=1}^{k_n} C_{n,k} = \bigcup_{l=1}^{l_n} D_{n,l}.$$

于是我们得到表达式

$$A_n = \bigcup_{k=1}^{k_n} C_{n,k} \cup \bigcup_{l=1}^{l_n} D_{n,l},$$

其中$\{C_{n,1},\cdots,C_{n,k_n},D_{n,1},\cdots,D_{n,l_n},n=1,2,\cdots\}$两两不交. 这样,由 μ 的可列可加性便推得

$$\begin{aligned}
\mu\left(\bigcup_{n=1}^{\infty} A_n\right) &= \mu\left(\bigcup_{n=1}^{\infty}\left(A_n \setminus \bigcup_{i=1}^{n-1} A_i\right)\right) \\
&= \mu\left(\bigcup_{n=1}^{\infty}\bigcup_{k=1}^{k_n} C_{n,k}\right) = \sum_{n=1}^{\infty}\sum_{k=1}^{k_n}\mu(C_{n,k}) \\
&\leqslant \sum_{n=1}^{\infty}\left[\sum_{k=1}^{k_n}\mu(C_{n,k}) + \sum_{l=1}^{l_n}\mu(D_{n,l})\right] \\
&= \sum_{n=1}^{\infty}\mu(A_n),
\end{aligned}$$

故(2.1.2)式亦得证. □

综合以上两个命题,我们得

定理 2.1.5 半环上的测度具有单调性,可减性,半可列可加性,下连续性和上连续性.

命题 2.1.1 表明,测度的可列可加性蕴含着有限可加性. 反过来,有有限可加性的非负集函数什么时候会有可列可加性呢?对于环的情况,有如下的答案.

定理 2.1.6 对于环 $\mathscr{R}$ 上的有限可加非负集函数 μ,有

(1) μ 可列可加

$\Longleftrightarrow$(2) μ 半可列可加

$\Longleftrightarrow$(3) μ 下连续

$\Longrightarrow$(4) μ 上连续

$\Longrightarrow$(5) μ 在$\varnothing$上连续,即对任何满足 $A_n \downarrow \varnothing$和 $\mu(A_1)<\infty$的 $\{A_n\in\mathscr{R},n=1,2,\cdots\}$,有

$$\lim_{n\to\infty}\mu(A_n) = 0.$$

如果 μ 是有限的,则还有(5)$\Longrightarrow$(1).

证明 由于环也是半环,故由定理 2.1.5 知(1)$\Longrightarrow$(2),(3)和(4);又显然有(4)$\Longrightarrow$(5).因此,只需完成下列步骤的证明.

(2)$\Longrightarrow$(1):如果$\{A_n\in\mathscr{R},n=1,2,\cdots\}$两两不交且 $A\xlongequal{\text{def}}\bigcup_{n=1}^{\infty}A_n\in\mathscr{R}$,则由 μ 的单调性(命题 2.1.3)和有限可加性知

$$\mu(A)\geqslant\mu\left(\bigcup_{n=1}^{N}A_n\right)=\sum_{n=1}^{N}\mu(A_n)$$

对每个 $N=1,2,\cdots$成立,从而 $\mu(A)\geqslant\sum_{n=1}^{\infty}\mu(A_n)$. 此式加上 μ 的半可列可加性即得(1).

(3)$\Longrightarrow$(1):如果$\{A_n\in\mathscr{R},n=1,2,\cdots\}$两两不交,则

$$\bigcup_{n=1}^{N}A_n\uparrow\bigcup_{n=1}^{\infty}A_n,$$

从而当$\bigcup_{n=1}^{\infty}A_n\in\mathscr{R}$ 时由下连续性和有限可加性推知

$$\begin{aligned}\mu\left(\bigcup_{n=1}^{\infty}A_n\right)&=\lim_{N\to\infty}\mu\left(\bigcup_{n=1}^{N}A_n\right)=\lim_{N\to\infty}\sum_{n=1}^{N}\mu(A_n)\\&=\sum_{n=1}^{\infty}\mu(A_n).\end{aligned}$$

(5)$\Longrightarrow$(1)(在 μ 有限的条件下):如果$\{A_n\in\mathscr{R},n=1,2,\cdots\}$两两不交且$\bigcup_{n=1}^{\infty}A_n\in\mathscr{R}$,则

$$\bigcup_{n=N+1}^{\infty}A_n=\bigcup_{n=1}^{\infty}A_n\Big\backslash\bigcup_{n=1}^{N}A_n\in\mathscr{R},$$

从而由 $\bigcup_{n=1}^{\infty}A_n=\bigcup_{n=1}^{N}A_n\cup\bigcup_{n=N+1}^{\infty}A_n$ 和有限可加性得

$$\mu\left(\bigcup_{n=1}^{\infty}A_n\right)=\sum_{n=1}^{N}\mu(A_n)+\mu\left(\bigcup_{n=N+1}^{\infty}A_n\right).\tag{2.1.5}$$

但是,μ 有限且在$\varnothing$上连续,故 $\bigcup_{n=N+1}^{\infty}A_n\downarrow\varnothing$蕴含 $\lim_{N\to\infty}\mu\left(\bigcup_{n=N+1}^{\infty}A_n\right)=0$. 这样,在(2.1.5)式的两端令 $N\to\infty$,就在 μ 有限的条件下由(5)推得(1). □

§2 外 测 度

为了把半环上的测度扩张到σ域上去,需要引进外测度的概念并讨论它的性质.

定义 2.2.1 由X的所有子集组成的集合系$\mathscr{T}$到$\overline{\boldsymbol{R}}$的函数$\tau$称为$X$上的**外测度**,如果它满足:

(1) $\tau(\varnothing)=0$;

(2) 对任何$A\subset B\subset X$有$\tau(A)\leqslant\tau(B)$;

(3) 对任何$\{A_n\in\mathscr{T},n=1,2,\cdots\}$有$\tau\left(\bigcup\limits_{n=1}^{\infty}A_n\right)\leqslant\sum\limits_{n=1}^{\infty}\tau(A_n)$.

从定义可见**外测度是$\mathscr{T}$上具有半可列可加性的非负集函数**.这个结论加上定义之(1)又可见**外测度也是半有限可加的**.下面的定理表明,外测度的定义其实十分宽松,几乎随便给定一个集合系以及该集合系上的一个非负集函数,就可以产生一个外测度.在定理的表述中,$\overline{\boldsymbol{R}}$中空集的下确界规定为$\infty$.

定理 2.2.1 设$\mathscr{E}$是一个集合系且$\varnothing\in\mathscr{E}$.如果$\mathscr{E}$上的非负集函数$\mu$满足$\mu(\varnothing)=0$,对每个$A\in\mathscr{T}$,令

$$\tau(A)=\inf\left\{\sum_{n=1}^{\infty}\mu(B_n):\ B_n\in\mathscr{E},\ n\geqslant1;\ \bigcup_{n=1}^{\infty}B_n\supset A\right\}. \tag{2.2.1}$$

则τ是一个外测度,称为**由μ生成的外测度**.

证明 表$\varnothing\subset\varnothing\cup\varnothing\cup\cdots$,由(2.2.1)式立得

$$0\leqslant\tau(\varnothing)\leqslant\mu(\varnothing)+\mu(\varnothing)+\cdots=0,$$

从而定义 2.2.1 之(1)满足.如果$A\subset B$,那么只要$\{B_n\in\mathscr{E},n=1,2,\cdots\}$满足$\bigcup\limits_{n=1}^{\infty}B_n\supset B$,就一定满足$\bigcup\limits_{n=1}^{\infty}B_n\supset A$,从而由(2.2.1)式又得到定义 2.2.1 之(2).以下证τ满足定义 2.2.1 之(3).对每个$n=1,2,\cdots$,设$A_n\in\mathscr{T}$.如果存在正整数n_0使$\tau(A_{n_0})=\infty$,则由已证之(2)得

$$\tau\left(\bigcup_{n=1}^{\infty}A_n\right)\leqslant\infty=\tau(A_{n_0})\leqslant\sum_{n=1}^{\infty}\tau(A_n),$$

可见此时定义 2.2.1 之(3)成立.因此只要在$\tau(A_n)<\infty$对每个$n=1,2,\cdots$都成立的前提下来证明(3).任意给定$\varepsilon>0$,对每个$n=1,$

2,…,取$\{B_{n,k}\in\mathscr{E},\ k=1,2,\cdots\}$使$\bigcup_{k=1}^{\infty}B_{n,k}\supset A_n$且

$$\sum_{k=1}^{\infty}\mu(B_{n,k})<\tau(A_n)+\varepsilon/2^n,$$

便有$\bigcup_{n=1}^{\infty}\bigcup_{k=1}^{\infty}B_{n,k}\supset\bigcup_{n=1}^{\infty}A_n$,从而由(2.2.1)式推出

$$\tau\Big(\bigcup_{n=1}^{\infty}A_n\Big)\leqslant\sum_{n=1}^{\infty}\sum_{k=1}^{\infty}\mu(B_{n,k})\leqslant\sum_{n=1}^{\infty}\tau(A_n)+\varepsilon.$$

由于上式中$\varepsilon>0$是任意的,这就在第二种情况下也得到了(3). □

由测度和外测度的定义可见,每一个$\mathscr{T}$上的测度一定是X上的外测度. 反之,很容易举出例子说明,X上的外测度未必是$\mathscr{T}$上的测度. 那么进一步就可以问:把外测度限制在比$\mathscr{T}$小一些的某个集合系上,它是否会成为测度呢?下面的定理将给出肯定的回答. 设τ是X上的一个外测度. 我们将把满足

$$\tau(D)=\tau(D\cap A)+\tau(D\cap A^c),\quad \forall D\in\mathscr{T}\qquad(2.2.2)$$

的X的子集A称为τ**可测集**;把由全体τ可测集组成的集合系记为$\mathscr{F}_\tau$;而**完全测度空间**的概念则由下列定义给出:

定义 2.2.2　如果μ的任一零测集的子集还属于$\mathscr{F}$,即

$$A\in\mathscr{F},\ \mu(A)=0\Longrightarrow B\in\mathscr{F},\ \forall B\subset A,$$

则称测度空间$(X,\mathscr{F},\mu)$**是完全的**.

定理 2.2.2(Caratheodory 定理)　如果τ是外测度,则$\mathscr{F}_\tau$是一个σ域,$(X,\mathscr{F}_\tau,\tau)$是一个完全测度空间.

证明　这个定理的证明比较长,分为下列几个步骤完成.

(1) $\varnothing\in\mathscr{F}_\tau$,又$A\in\mathscr{F}_\tau\Longrightarrow A^c\in\mathscr{F}_\tau$. 由定义易得此结论.

(2) $A_1,A_2\in\mathscr{F}_\tau\Longrightarrow A_1\cap A_2\in\mathscr{F}_\tau$.

证　对任何$D\in\mathscr{T}$,有

$$\begin{aligned}\tau(D)&=\tau(D\cap A_1)+\tau(D\cap A_1^c)\quad(\text{因为 }A_1\in\mathscr{F}_\tau)\\&=\tau(D\cap A_1\cap A_2)+\tau(D\cap A_1\cap A_2^c)\\&\quad+\tau(D\cap A_1^c)\quad(\text{因为 }A_2\in\mathscr{F}_\tau)\\&=\tau(D\cap A_1\cap A_2)+\tau(D\cap(A_1\cap A_2)^c\cap A_1)\\&\quad+\tau(D\cap(A_1\cap A_2)^c\cap A_1^c)\end{aligned}$$

$$(\text{因为}(A_1 \cap A_2)^c \cap A_1 = A_1 \cap A_2^c$$
$$\text{和 } A_1^c = (A_1 \cap A_2)^c \cap A_1^c)$$
$$= \tau(D \cap A_1 \cap A_2) + \tau(D \cap (A_1 \cap A_2)^c)$$
$$(\text{因为 } A_1 \in \mathscr{F}_\tau).$$

(3) 如$\{B_i \in \mathscr{F}_\tau,\ i=1,\cdots,n\}$两两不交,则对每个$D \in \mathscr{T}$有

$$\tau\left(D \cap \left(\bigcup_{i=1}^n B_i\right)\right) = \sum_{i=1}^n \tau(D \cap B_i). \tag{2.2.3}$$

证 对任何$D \in \mathscr{T}$,有

$$\tau\left(D \cap \left(\bigcup_{i=1}^n B_i\right)\right) = \tau\left(D \cap \left(\bigcup_{i=1}^n B_i\right) \cap B_1\right)$$
$$+ \tau\left(D \cap \left(\bigcup_{i=1}^n B_i\right) \cap B_1^c\right)$$
$$(\text{因为 } B_1 \in \mathscr{F}_\tau)$$
$$= \tau(D \cap B_1) + \tau\left(D \cap \left(\bigcup_{i=2}^n B_i\right)\right)$$
$$(\text{因}\{B_i \in \mathscr{F}_\tau,\ i = 1,\cdots,n\}\text{ 两两不交})$$
$$= \cdots\cdots$$
$$= \sum_{i=1}^n \tau(D \cap B_i).$$

(4) 如果$\{B_n \in \mathscr{F}_\tau, n=1,2,\cdots\}$两两不交,则对每个$D \in \mathscr{T}$有

$$\tau(D) \geqslant \sum_{n=1}^\infty \tau(D \cap B_n) + \tau\left[D \cap \left(\bigcup_{n=1}^\infty B_n\right)^c\right]. \tag{2.2.4}$$

证 由(1)和(2)知$\mathscr{F}_\tau$是一个域,因此对每个$n=1,2,\cdots$均有$\bigcup_{i=1}^n B_i \in \mathscr{F}_\tau$. 于是,对任何$D \in \mathscr{T}$,有

$$\tau(D) = \tau\left(D \cap \left(\bigcup_{i=1}^n B_i\right)\right) + \tau\left[D \cap \left(\bigcup_{i=1}^n B_i\right)^c\right]$$
$$\left(\text{因为 } \bigcup_{i=1}^n B_i \in \mathscr{F}_\tau\right)$$
$$= \sum_{i=1}^n \tau(D \cap B_i) + \tau\left[D \cap \left(\bigcup_{i=1}^n B_i\right)^c\right]$$
$$(\text{由(2.2.3)式})$$

$$\geqslant \sum_{i=1}^{n}\tau(D\cap B_i)+\tau\left[D\cap\left(\bigcup_{i=1}^{\infty}B_i\right)^c\right]$$

(由 τ 的单调性).

在上式中令 $n\to\infty$ 即得(2.2.4)式.

(5) $\mathscr{F}_\tau$ 是一个 σ 域.

证 由于 $\mathscr{F}_\tau$ 已是一个域,故只需再证

$$A_n\in\mathscr{F}_\tau,\ \forall n=1,2,\cdots\Longrightarrow\bigcup_{n=1}^{\infty}A_n\in\mathscr{F}_\tau.$$

对每个 $n=1,2,\cdots$,令 $B_n=A_n\Big\backslash\bigcup_{i=1}^{n-1}A_i$,则 $\{B_n\in\mathscr{F}_\tau,n=1,2,\cdots\}$ 两两不交,且

$$\bigcup_{n=1}^{\infty}B_n=\bigcup_{n=1}^{\infty}A_n.$$

因此由(2.2.4)式得:对任何 $D\in\mathscr{T}$,有

$$\tau(D)\geqslant\sum_{i=1}^{\infty}\tau(D\cap B_i)+\tau\left[D\cap\left(\bigcup_{i=1}^{\infty}B_i\right)^c\right]$$

$$\geqslant\tau\left(D\cap\bigcup_{i=1}^{\infty}B_i\right)+\tau\left[D\cap\left(\bigcup_{i=1}^{\infty}B_i\right)^c\right]$$

(由 τ 的半可列可加性)

$$=\tau\left(D\cap\bigcup_{n=1}^{\infty}A_n\right)+\tau\left[D\cap\left(\bigcup_{i=1}^{\infty}A_i\right)^c\right].$$

但 τ 的半可列可加性又蕴含

$$\tau(D)\leqslant\tau\left(D\cap\bigcup_{n=1}^{\infty}A_n\right)+\tau\left[D\cap\left(\bigcup_{i=1}^{\infty}A_i\right)^c\right],$$

因此

$$\tau(D)=\tau\left(D\cap\bigcup_{n=1}^{\infty}A_n\right)+\tau\left[D\cap\left(\bigcup_{i=1}^{\infty}A_i\right)^c\right],$$

即 $\bigcup_{n=1}^{\infty}A_n\in\mathscr{F}_\tau$.

(6) τ 限制在 $\mathscr{F}_\tau$ 上是测度.

证 如果 $\{B_n\in\mathscr{F}_\tau,n=1,2,\cdots\}$ 两两不交,在(2.2.4)式中取 $D=\bigcup_{n=1}^{\infty}B_n$,便得到

$$\tau\left(\bigcup_{n=1}^{\infty} B_n\right) \geqslant \sum_{n=1}^{\infty} \tau(B_n).$$

此式加上 τ 的半可列可加性即得 τ 的可列可加性，故 τ 是一个测度.

(7) $(X,\mathscr{F}_\tau,\tau)$是完全测度空间.

证 由定义 2.2.1 之(2)，只需证明对任何 $A\in\mathscr{T}$，

$$\tau(A) = 0 \Longrightarrow A \in \mathscr{F}_\tau.$$

为此，注意到当 $\tau(A)=0$ 时，对任何 $D\in\mathscr{T}$ 有

$$\tau(D) \geqslant \tau(D \cap A^c) = \tau(D \cap A) + \tau(D \cap A^c).$$

上式再加上 τ 的半可列可加性即得(2.2.2)式. □

§3 测度的扩张

设 μ 和 τ 分别是集合系 $\mathscr{E}$ 和集合系 $\overline{\mathscr{E}}$ 上的测度，而且 $\mathscr{E}\subset\overline{\mathscr{E}}$. 如果对每个 $A\in\mathscr{E}$ 均有

$$\tau(A) = \mu(A),$$

则称 τ 为 μ 在 $\overline{\mathscr{E}}$ 上的**扩张**. 当然，我们希望测度的扩张是**惟一的**，也就是说，如果 $\overline{\mathscr{E}}$ 上还有一个测度 τ' 使对每个 $A\in\mathscr{E}$，

$$\tau'(A) = \mu(A)$$

也成立，就必须有 $\tau'=\tau$，即 $\tau'(A)=\tau(A)$，$\forall A\in\overline{\mathscr{E}}$.

我们的任务是把一个集合系 $\mathscr{E}$ 上的测度扩张到比它更大的集合系上去. 从表面上看，本章§2 中建立的外测度理论用来解决测度扩张问题是蛮不错的：只要在集合系 $\mathscr{E}$ 上有测度 μ，就可以用定理 2.2.1 在 X 上生成一个外测度 τ，而根据定理 2.2.2，把这个外测度限制在 σ 域 $\mathscr{F}_\tau$ 上就得到了一个测度. 这样岂不是就把 $\mathscr{E}$ 上的测度 μ 扩张出去了吗？不然！请看下面的例子.

例 1 设 $X=\{a,b,c\}$，$\mathscr{E}=\{\varnothing,\{a,b\},\{b,c\},X\}$和

$$\mu(\varnothing) = 0;\quad \mu(\{a,b\}) = 1;$$

$$\mu(\{b,c\}) = 1;\quad \mu(X) = 2.$$

显然 μ 是 $\mathscr{E}$ 上的测度. 但由(2.2.1)式易得

$$\tau(\varnothing) = 0;\quad \tau(X) = \tau(\{a,c\}) = 2;$$

$$\tau(\{a\}) = \tau(\{b\}) = \tau(\{c\})$$

$$= \tau(\{a,b\}) = \tau(\{b,c\}) = 1.$$

于是通过(2.2.2)式不难验证：$\mathscr{F}_\tau = \{\varnothing, X\}$.

这个例子表明：经过上面所说的那种程序，有测度的集合的范围不仅没有扩大，反而缩小了.产生这种现象的原因是，定理2.2.2根本就没有提到 $\mathscr{E}$ 上的测度 μ 和 $\mathscr{F}_\tau$ 上的测度 τ 究竟是什么关系.因此，为了得到测度的扩张，必须对集合系 $\mathscr{E}$ 作某种限制.我们将证明，半环上的 σ 有限测度按上面的程序将可以得到符合要求的扩张.

命题 2.3.1 设 $\mathscr{P}$ 是一个 π 系.如果 $\sigma(\mathscr{P})$ 上的测度 μ,ν 满足

(1) 对每个 $A\in\mathscr{P}$ 有 $\mu(A)=\nu(A)$；

(2) 存在两两不交的 $\{A_n\in\mathscr{P}, n=1,2,\cdots\}$ 使 $\bigcup_{n=1}^{\infty} A_n = X$ 且 $\mu(A_n)<\infty$ 对每个 $n=1,2,\cdots$ 成立，则对任何 $A\in\sigma(\mathscr{P})$ 有

$$\mu(A)=\nu(A).$$

证明 对任何 $B\in\mathscr{P}$ 且 $\mu(B)<\infty$，令

$$\mathscr{L} = \{A\in\sigma(\mathscr{P}): \mu(A\cap B)=\nu(A\cap B)\},$$

则易见 $\mathscr{L}$ 是 λ 系且 $\mathscr{L}\supset\mathscr{P}$.这说明 $\mathscr{L}\supset\sigma(\mathscr{P})$，即对每个 $A\in\sigma(\mathscr{P})$ 和满足 $\mu(B)<\infty$ 的 $B\in\mathscr{P}$ 有

$$\mu(A\cap B)=\nu(A\cap B). \tag{2.3.1}$$

于是，取 $\{A_n\in\mathscr{P}, n=1,2,\cdots\}$ 如(2)，对任何 $A\in\sigma(\mathscr{P})$ 便有

$$\begin{aligned}
\mu(A) &= \mu\left(A\cap\left(\bigcup_{n=1}^{\infty}A_n\right)\right)\\
&= \sum_{n=1}^{\infty}\mu(A\cap A_n)\\
&\quad \text{(因为 } \mu \text{ 是 } \sigma(\mathscr{P}) \text{ 上的测度)}\\
&= \sum_{n=1}^{\infty}\nu(A\cap A_n)\\
&\quad \text{(由 (2.3.1) 式)}\\
&= \nu\left(A\cap\left(\bigcup_{n=1}^{\infty}A_n\right)\right)\\
&\quad \text{(因为 } \nu \text{ 是 } \sigma(\mathscr{P}) \text{ 上的测度)}\\
&= \nu(A). \quad \square
\end{aligned}$$

定理 2.3.2(测度扩张定理) 对于半环 $\mathscr{Q}$ 上的测度 μ,存在 $\sigma(\mathscr{Q})$上的测度 τ 使对每个 $A\in\mathscr{Q}$ 有

$$\tau(A)=\mu(A); \tag{2.3.2}$$

如果命题 2.3.1 之(2)中把 $\mathscr{P}$ 换成 $\mathscr{Q}$ 后成立,则使(2.3.2)式成立的 τ 惟一.

证明 以 τ 记由 μ 通过定理 2.2.1 产生的外测度.按以下顺序来证明.

(1) (2.3.2)式成立.

证 设 $A\in\mathscr{Q}$.对任何满足 $\bigcup_{n=1}^{\infty}A_n\supset A$ 的 $\{A_n\in\mathscr{Q},n=1,2,\cdots\}$,均有

$$\begin{aligned}\mu(A)&=\mu\left(\bigcup_{n=1}^{\infty}(A\cap A_n)\right)\\&\leqslant\sum_{n=1}^{\infty}\mu(A\cap A_n)\quad(\text{命题 }2.1.4)\\&\leqslant\sum_{n=1}^{\infty}\mu(A_n).\end{aligned}$$

因此

$$\begin{aligned}\mu(A)&\leqslant\inf\left\{\sum_{n=1}^{\infty}\mu(A_n):A_n\in\mathscr{Q}\ (n\geqslant1);\ \bigcup_{n=1}^{\infty}A_n\supset A\right\}\\&=\tau(A).\end{aligned}$$

另一方面,取 $B_1=A$ 和 $B_2=B_3=\cdots=\varnothing$,又有

$$\begin{aligned}\mu(A)&=\sum_{n=1}^{\infty}\mu(B_n)\\&\geqslant\inf\left\{\sum_{n=1}^{\infty}\mu(A_n):A_n\in\mathscr{Q}\ (n\geqslant1);\ \bigcup_{n=1}^{\infty}A_n\supset A\right\}\\&=\tau(A).\end{aligned}$$

把所得的两个式子合在一起即为(2.3.2)式.

(2) 对任何 $A,D\in\mathscr{Q}$ 有

$$\tau(D)\geqslant\tau(D\cap A)+\tau(D\cap A^c).$$

证 设 $A,D\in\mathscr{Q}$.表 $D\cap A^c=D\backslash A=\bigcup_{i=1}^{n}B_i$,其中$\{B_i\in\mathscr{Q},i=1,$

$\cdots,n\}$两两不交,则

$$\tau(D)=\mu(D)\quad(\text{由已证之(1)})$$
$$=\mu(D\cap A)+\mu(D\cap A^c)$$
$$=\mu(D\cap A)+\sum_{i=1}^{n}\mu(B_i)$$
(因为 μ 是 $\mathscr{Q}$ 上的测度)
$$\geqslant\mu(D\cap A)+\tau(D\cap A^c)$$
$$\left(\text{由 }\tau\text{ 的定义及 }\bigcup_{i=1}^{n}B_i\supset D\cap A^c\right)$$
$$=\tau(D\cap A)+\tau(D\cap A^c)$$
(由已证之(1) 及 $D\cap A\in\mathscr{Q}$).

(3) $\mathscr{Q}\subset\mathscr{F}_\tau$,即对任何 $A\in\mathscr{Q}$ 和 $D\in\mathscr{T}$ 有
$$\tau(D)=\tau(D\cap A)+\tau(D\cap A^c).$$

证　当 $\tau(D)=\infty$ 时,由外测度的半有限可加性知结论成立. 下设 $\tau(D)<\infty$. 对任给 $\varepsilon>0$,取 $\{B_n\in\mathscr{Q},n=1,2,\cdots\}$ 使 $\bigcup\limits_{n=1}^{\infty}B_n\supset D$ 且

$$\tau(D)+\varepsilon\geqslant\sum_{n=1}^{\infty}\mu(B_n)=\sum_{n=1}^{\infty}\tau(B_n)$$
(由 τ 的定义和(1))
$$\geqslant\sum_{n=1}^{\infty}[\tau(B_n\cap A)+\tau(B_n\cap A^c)]$$
(由(2))
$$=\sum_{n=1}^{\infty}\tau(B_n\cap A)+\sum_{n=1}^{\infty}\tau(B_n\cap A^c)$$
$$\geqslant\tau\left(\bigcup_{n=1}^{\infty}B_n\cap A\right)+\tau\left(\bigcup_{n=1}^{\infty}B_n\cap A^c\right)$$
(由 τ 的半可列可加性)
$$\geqslant\tau(D\cap A)+\tau(D\cap A^c)\ (\tau\text{ 的单调性}).$$

上式中令 $\varepsilon\to0$,再利用 τ 的半可加性即得所要结论.

(4) τ 是 $\sigma(\mathscr{Q})$上的测度.

证　由于 $\mathscr{F}_\tau$ 是 σ 域(定理 2.2.2),故 $\mathscr{Q}\subset\mathscr{F}_\tau\Longrightarrow\sigma(\mathscr{Q})\subset\mathscr{F}_\tau$.

但τ限制在$\mathscr{F}_\tau$上是测度(定理 2.2.2).

(5) 如果命题 2.3.1 之(2)把$\mathscr{P}$换成$\mathscr{Q}$后满足,则τ是使(2.3.2)式成立的$\sigma(\mathscr{Q})$上的惟一测度.

证 由于半环是一个π系,故命题 2.3.1 适用. □

推论 2.3.3 设$\mathscr{Q}$是一个半环且$X\in\mathscr{Q}$. 对于$\mathscr{Q}$上的σ有限测度μ,存在$\sigma(\mathscr{Q})$上的惟一测度τ使(2.3.2)式成立.

证明 略. □

应该指出,定理 2.3.2 中"命题 2.3.1 之(2)"那个条件和推论中对应的"σ有限"条件是不能随便去掉的. 否则,在$\sigma(\mathscr{Q})$上扩张出来的测度可能不惟一. 请看下面的例子.

例 2 令$X=\boldsymbol{Q}$和$\mathscr{Q}=\{X\cap(a,b]:-\infty<a\leqslant b<\infty\}$. 定义$\mathscr{Q}$上测度:$\mu(\varnothing)=0$;对任何$\varnothing\neq A\in\mathscr{Q}$,$\mu(A)=\infty$. 那么对任何$a>0$,$\lambda(A)=a\#(A)$,$\forall A\in\sigma(\mathscr{Q})$都是$\mu$在$\sigma(\mathscr{Q})$上的扩张. 显然,这样的测度有无穷多个.

定理 2.3.2 表明,半环$\mathscr{Q}$上的测度μ可以扩张到$\sigma(\mathscr{Q})$上去. 但是从定理的证明过程来看,它实际上是通过μ产生的外测度τ扩张到了比$\sigma(\mathscr{Q})$范围更大的一个σ域$\mathscr{F}_\tau$上. 作为$\sigma(\mathscr{Q})$上的测度τ和作为$\mathscr{F}_\tau$上的测度τ差别究竟有多大? 以下是这个问题的答案.

定理 2.3.4 设τ是半环$\mathscr{Q}$上测度μ生成的外测度.

(1) 对每个$A\in\mathscr{F}_\tau$,存在$B\in\sigma(\mathscr{Q})$使$B\supset A$且$\tau(A)=\tau(B)$;

(2) 如果命题 2.3.1 之(2)中把$\mathscr{P}$换成$\mathscr{Q}$成立,则对每个$A\in\mathscr{F}_\tau$存在$B\in\sigma(\mathscr{Q})$使$B\supset A$且$\tau(B\backslash A)=0$.

证明 (1) 如果$\tau(A)=\infty$,只要取$B=X$即可. 下设$\tau(A)<\infty$. 对每个$n=1,2,\cdots$,取$\{B_{n,k}\in\mathscr{Q},\ k=1,2,\cdots\}$,使$\bigcup\limits_{k=1}^{\infty}B_{n,k}\supset A$且

$$\sum_{k=1}^{\infty}\mu(B_{n,k})<\tau(A)+1/n,$$

再令$B=\bigcap\limits_{n=1}^{\infty}\bigcup\limits_{k=1}^{\infty}B_{n,k}$. 则$B\in\sigma(\mathscr{Q})$且

$$B\supset A\Rightarrow\tau(B)\geqslant\tau(A).$$

此外,对每个$n=1,2,\cdots$有

$$\tau(B)\leqslant\tau\Big(\bigcup_{k=1}^{\infty}B_{n,k}\Big)\leqslant\sum_{k=1}^{\infty}\mu(B_{n,k})<\tau(A)+1/n.$$

上式再令 $n\to\infty$,又得 $\tau(B)\leqslant\tau(A)$. (1)得证.

(2) 取两两不交的 $\{A_n\in\mathscr{Q},n=1,2,\cdots\}$,使 $\bigcup\limits_{n=1}^{\infty}A_n=X$ 且 $\mu(A_n)<\infty$ 对 $n=1,2,\cdots$成立. 任意给定 $A\in\mathscr{F}_\tau$. 由(1),对每个 $n=1,2,\cdots$,存在 $B_n\in\sigma(\mathscr{Q})$使 $B_n\supset A\cap A_n$ 且

$$\tau(B_n)=\tau(A\cap A_n)<\infty\Longrightarrow\tau(B_n\backslash(A\cap A_n))=0.$$

令 $B=\bigcup\limits_{n=1}^{\infty}B_n$,则由$\{B_n\}$的取法知 $B\supset\bigcup\limits_{n=1}^{\infty}(A\cap A_n)=A,B\in\sigma(\mathscr{Q})$及

$$\begin{aligned}\tau(B\backslash A)&=\tau\Big(\Big(\bigcup_{n=1}^{\infty}B_n\Big)\Big\backslash\Big(\bigcup_{n=1}^{\infty}A\cap A_n\Big)\Big)\\&\leqslant\tau\Big(\bigcup_{n=1}^{\infty}(B_n\backslash(A\cap A_n))\Big)\\&\leqslant\sum_{n=1}^{\infty}\tau(B_n\backslash(A\cap A_n))=0.\end{aligned}$$

(2)得证. □

把讲过的定理用于命题 2.1.2 的例子: $\boldsymbol{R}$ 上非降右连续实值函数 F 在半环 $\mathscr{Q}_{\boldsymbol{R}}$上定义了一个有限测度 μ. 表 $\boldsymbol{R}=\bigcup\limits_{n=-\infty}^{+\infty}(n,n+1]$即可见该测度满足定理 2.3.2 之附加条件. 因此,它在 $\sigma(\mathscr{Q}_{\boldsymbol{R}})=\mathscr{B}_{\boldsymbol{R}}$上有惟一的扩张. 根据定理 2.2.2, μ 的外测度 λ_F 在由它的全体可测集组成的 σ 域 $\mathscr{F}_{\lambda_F}$上也是一个测度. $\mathscr{B}_{\boldsymbol{R}}$上的测度 μ 和 $\mathscr{F}_{\lambda_F}$上的测度 λ_F 之间的关系符合定理 2.3.4(2)之结论. 习惯上,人们把 $\boldsymbol{R}$ 上非降右连续实值函数 F 叫做**准分布函数**;把 $\mathscr{F}_{\lambda_F}$ 中的集合叫做 $\boldsymbol{R}$ 中的 L-S(Lebesgue-Stieljes)**可测集**;把$(\boldsymbol{R},\mathscr{F}_{\lambda_F})$上的可测函数叫做 L-S **可测函数**;把 $\mathscr{F}_{\lambda_F}$上的测度 λ_F 叫做 $\boldsymbol{R}$ 上的 L-S **测度**. 需要注意的是,第一章 § 4 中定义的 Borel 集合系 $\mathscr{B}_{\boldsymbol{R}}$虽然不依赖于 F,但是,对任何 F 均有 $\mathscr{B}_{\boldsymbol{R}}\subset\mathscr{F}_{\lambda_F}$. 因此, $(\boldsymbol{R},\mathscr{B}_R,\lambda_F)$和$(\boldsymbol{R},\mathscr{F}_{\lambda_F},\lambda_F)$都是测度空间. 特别地,当 $F(x)=x,\forall\,x\in\boldsymbol{R}$ 时, $\mathscr{F}_{\lambda_F}$ 中的集合叫做 $\boldsymbol{R}$ 中的 L(Lebesgue)**可测集**; $(\boldsymbol{R},\mathscr{F}_{\lambda_F})$上的可测函数叫做 L **可测函数**; $\mathscr{F}_{\lambda_F}$上的测度 λ_F 叫做 $\boldsymbol{R}$ 上的 L **测度**. 今后我们把 L 可测集记为 $\mathscr{F}_\lambda$;它

上面的 L 测度记为 λ.

域是半环,因而域上的测度也可以扩张到由它生成的 σ 域上去. 下面的定理 2.3.6 将讨论域上的测度与它的扩张之间的关系. 从相反的角度看,这个定理也可以理解为域上测度对它生成的 σ 域上测度的逼近.

命题 2.3.5 设 μ 是域 $\mathscr{A}$ 上的测度; τ 为 μ 产生的外测度. 如果 $A\in\sigma(\mathscr{A})$ 且 $\tau(A)<\infty$,则对任给 $\varepsilon>0$,存在 $B\in\mathscr{A}$ 使 $\tau(A\Delta B)<\varepsilon$.

证明 对任给 $\varepsilon>0$,取 $\{B_n\in\mathscr{A},n=1,2,\cdots\}$ 使 $\bigcup\limits_{n=1}^{\infty}B_n\supset A$ 且

$$\sum_{n=1}^{\infty}\mu(B_n)<\tau(A)+\varepsilon/2.$$

易见:

(1) 对任何正整数 N 有

$$\tau\Big(\bigcup_{n=1}^{N}B_n\backslash A\Big)\leqslant\tau\Big(\bigcup_{n=1}^{\infty}B_n\backslash A\Big)\quad(\tau\text{ 有单调性})$$

$$=\tau\Big(\bigcup_{n=1}^{\infty}B_n\Big)-\tau(A)\qquad(\sigma(\mathscr{A})\text{ 上测度 }\tau\text{ 有可减性})$$

$$\leqslant\sum_{n=1}^{\infty}\mu(B_n)-\tau(A)<\varepsilon/2;$$

(2) 存在充分大的 N 使 $\sum\limits_{n=N+1}^{\infty}\mu(B_n)<\varepsilon/2$,从而

$$\tau\Big(A\Big\backslash\Big(\bigcup_{n=1}^{N}B_n\Big)\Big)\leqslant\tau\Big(\bigcup_{n=1}^{\infty}B_n\Big\backslash\Big(\bigcup_{n=1}^{N}B_n\Big)\Big)\qquad(\tau\text{ 有单调性})$$

$$\leqslant\tau\Big(\bigcup_{n=1}^{\infty}B_n\Big)-\tau\Big(\bigcup_{n=1}^{N}B_n\Big)$$

$(\sigma(\mathscr{A})$ 上测度 τ 有可减性)

$$\leqslant\tau\Big(\bigcup_{n=N+1}^{\infty}B_n\Big)$$

$$\Big(\text{因为 }\tau\Big(\bigcup_{n=1}^{\infty}B_n\Big)\leqslant\tau\Big(\bigcup_{n=1}^{N}B_n\Big)+\tau\Big(\bigcup_{n=N+1}^{\infty}B_n\Big)\Big)$$

$$\leqslant \sum_{n=N+1}^{\infty} \mu(B_n) < \varepsilon/2.$$

令 $B=\bigcup_{n=1}^{N} B_n$，则 $B\in\mathscr{A}$ 且由(1)和(2)得

$$\tau(A\Delta B) \leqslant \tau(A\backslash B) + \tau(B\backslash A) \leqslant \varepsilon. \quad \square$$

定理 2.3.6　设 $\mathscr{A}$ 是一个域，μ 是 $\sigma(\mathscr{A})$ 上的测度且在 $\mathscr{A}$ 上 σ 有限. 如果 $A\in\sigma(\mathscr{A})$ 且 $\mu(A)<\infty$，则对任给 $\varepsilon>0$，存在 $B\in\mathscr{A}$ 使 $\mu(A\Delta B)<\varepsilon$.

证明　以 τ 记 $\mathscr{A}$ 上测度 μ 产生的外测度，则对每个 $C\in\sigma(\mathscr{A})$ 有 $\tau(C)=\mu(C)$. 于是，命题 2.3.5 给出：如 $A\in\sigma(\mathscr{A})$ 且 $\mu(A)<\infty$，则对任给 $\varepsilon>0$，存在 $B\in\mathscr{A}$ 使

$$\mu(A\Delta B) = \tau(A\Delta B) < \varepsilon. \quad \square$$

§4　测度空间的完全化

首先说明，任何一个测度空间都可以被完全化.

定理 2.4.1　对任何测度空间 $(X,\mathscr{F},\mu)$，

$$\widetilde{\mathscr{F}} \overset{\text{def}}{=\!=} \{A\cup N\colon A\in\mathscr{F};\ \exists\, N\subset B\in\mathscr{F} \text{ 使 } \mu(B)=0\}$$

是一个 σ 域；如对每个 $A\cup N\in\widetilde{\mathscr{F}}$，令

$$\widetilde{\mu}(A\cup N) = \mu(A), \tag{2.4.1}$$

则 $(X,\widetilde{\mathscr{F}},\widetilde{\mu})$ 是一完全测度空间且对每个 $A\in\mathscr{F}$ 有

$$\widetilde{\mu}(A) = \mu(A). \tag{2.4.2}$$

证明　在以下的证明中，总是把 $\widetilde{\mathscr{F}}$ 中的集合表示为 $A\cup N$，其中第一个集合 $A\in\mathscr{F}$；对第二个集合 N，存在 $B\in\mathscr{F}$，使 $\mu(B)=0$ 和 $B\supset N$. 证明分以下步骤进行：

(1) $\widetilde{\mathscr{F}}$ 是 σ 域.

证　如果 $A\cup N\in\widetilde{\mathscr{F}}$，则 $B^c\cap A^c\in\mathscr{F}$，$B\cap A^c\cap N^c\subset B$，从而

$$\begin{aligned}(A\cup N)^c &= [B^c\cap(A\cup N)^c]\cup[B\cap(A\cup N)^c] \\ &= (B^c\cap A^c)\cup(B\cap A^c\cap N^c)\in\widetilde{\mathscr{F}}.\end{aligned}$$

如果对每个 $n=1,2,\cdots$ 有 $A_n\cup N_n\in\widetilde{\mathscr{F}}$，则由

$$A \xlongequal{\text{def}} \bigcup_{n=1}^{\infty} A_n \in \mathscr{F}, \quad \mu\left(\bigcup_{n=1}^{\infty} B_n\right) \leqslant \sum_{n=1}^{\infty} \mu(B_n) = 0$$

和 $B \xlongequal{\text{def}} \bigcup_{n=1}^{\infty} B_n \supset \bigcup_{n=1}^{\infty} N_n \xlongequal{\text{def}} N$，又得

$$\bigcup_{n=1}^{\infty}(A_n \cup N_n) = A \cup N \in \widetilde{\mathscr{F}}.$$

(2) 由(2.4.1)式定义的 $\widetilde{\mu}$ 是一意的.

证　如果

$$A_1 \cup N_1 = A_2 \cup N_2 \in \widetilde{\mathscr{F}},$$

则

$$\begin{aligned}\widetilde{\mu}(A_1 \cup N_1) &= \mu(A_1) = \mu(A_1 \cup B_1 \cup B_2) \\ &\geqslant \mu(A_2) = \widetilde{\mu}(A_2 \cup N_2).\end{aligned}$$

同理可证：$\widetilde{\mu}(A_2 \cup N_2) \geqslant \widetilde{\mu}(A_1 \cup N_1)$，故

$$\widetilde{\mu}(A_2 \cup N_2) = \widetilde{\mu}(A_1 \cup N_1).$$

(3) $\widetilde{\mu}$ 是 $\widetilde{\mathscr{F}}$ 上的满足条件(2.4.2)的测度.

证　如果 $\{A_n\cup N_n\in\widetilde{\mathscr{F}},n=1,2,\cdots\}$ 两两不交，那么 $\{A_n\in\mathscr{F},n=1,2,\cdots\}$ 亦两两不交，从而

$$\begin{aligned}\widetilde{\mu}\left(\bigcup_{n=1}^{\infty}(A_n \cup N_n)\right) &= \mu\left(\bigcup_{n=1}^{\infty} A_n\right) = \sum_{n=1}^{\infty} \mu(A_n) \\ &= \sum_{n=1}^{\infty} \widetilde{\mu}(A_n \cup N_n).\end{aligned}$$

(4) $(X,\widetilde{\mathscr{F}},\widetilde{\mu})$ 是完全的测度空间.

证　如果 $A\cup N\in\widetilde{\mathscr{F}}$，$\widetilde{\mu}(A\cup N)=0$ 且 $C\subset A\cup N$，则

$$\mu(A \cup B) \leqslant \widetilde{\mu}(A \cup N) + \mu(B) = 0 \text{ 且 } C \subset A \cup B,$$

可见 $C=\varnothing\cup C\in\widetilde{\mathscr{F}}$. □

上述定理说明，在 σ 域 $\mathscr{F}$ 上补充一些 μ 的零测集的子集以后，就可以在测度空间 $(X,\mathscr{F},\mu)$ 的基础上得到一个完全的测度空间 $(X,\widetilde{\mathscr{F}},\widetilde{\mu})$. 我们将把这个完全的测度空间叫做原来那个**测度空间的完全化**. 关于半环 $\mathscr{Q}$ 上测度 μ 在由它生成的 σ 域 $\sigma(\mathscr{Q})$ 上扩张出

来的测度空间,有下列重要结论.

定理 2.4.2　设 τ 是半环 $\mathscr{Q}$ 上 σ 有限测度 μ 生成的外测度,则 $(X,\mathscr{F}_\tau,\tau)$ 是 $(X,\sigma(\mathscr{Q}),\tau)$ 的完全化.

证明　记 $\mathscr{F}=\sigma(\mathscr{Q})$,只需证明 $\widetilde{\mathscr{F}}=\mathscr{F}_\tau$.

设 $A\in\mathscr{F}_\tau$. 由定理 2.3.4 知存在 $C\in\mathscr{F}$ 使 $C\supset A$ 且 $\tau(C\backslash A)=0$. 对 $C\backslash A\in\mathscr{F}_\tau$ 再用定理 2.3.4 又得: 存在 $B\in\mathscr{F}$ 使 $B\supset C\backslash A$ 且 $\tau(B)=\tau(C\backslash A)=0$. 因此,表

$$
\begin{aligned}
A &= (A\cap B^c)\cup(A\cap B)\\
&= \{[(C\backslash A)\cup A]\cap B^c\}\cup(A\cap B)\\
&\quad (\text{因为 } B\supset C\backslash A)\\
&= (C\cap B^c)\cup(A\cap B)\quad (\text{因为 } C\supset A)
\end{aligned}
$$

并注意 $C\cap B^c\in\mathscr{F}$,$A\cap B\subset B\in\mathscr{F}$ 且 $\tau(B)=0$ 即得 $A\in\widetilde{\mathscr{F}}$. 这表明 $\mathscr{F}_\tau\subset\widetilde{\mathscr{F}}$.

设 $A\in\widetilde{\mathscr{F}}$. 表 $A=A_0\cup N$,其中 $A_0\in\mathscr{F}$,$N\subset B\in\mathscr{F}$ 且 $\tau(B)=0$. 但 $(X,\mathscr{F}_\tau,\tau)$ 是完全测度空间,故必有 $N\in\mathscr{F}_\tau$,从而 $A=A_0\cup N\in\mathscr{F}_\tau$. 这又证明了 $\mathscr{F}_\tau\supset\widetilde{\mathscr{F}}$.　□

把定理 2.4.2 用于§3 的 L-S 测度,我们得到结论: **测度空间 $(\boldsymbol{R},\mathscr{F}_{\lambda_F},\lambda_F)$ 是测度空间 $(R,\mathscr{B}_R,\lambda_F)$ 的完全化.**

§5　可测函数的收敛性

第一章已经定义了可测空间 $(X,\mathscr{F})$ 上的可测函数 f. 如果这个可测空间上有测度 μ, f 就成为测度空间 $(X,\mathscr{F},\mu)$ 上的可测函数,对它的讨论也就增加了许多新的内容. 例如,测度空间 $(X,\mathscr{F},\mu)$ 中关于可测函数的各种收敛性以及这些收敛性之间的关系的讨论就是从理论和应用两方面看都十分重要的事情.

设 f 是测度空间 $(X,\mathscr{F},\mu)$ 上的可测函数. 如果 $\mu(|f|=\infty)=0$,则称它是**几乎处处有限的**;如果存在 $M>0$ 使 $\mu(|f|>M)=0$,则称它是**几乎处处有界的**;当 $\mu(f\neq 0)=0$ 时,则说 f **几乎处处为** 0;

……;如此等等.把这种说法一般化：对于测度空间$(X,\mathscr{F},\mu)$上关于X的元素x的一个命题,如果存在$(X,\mathscr{F},\mu)$中的零测集N使该命题对所有的$x\in N^c$成立,就说这个命题**几乎处处成立**.几乎处处常被简写为a.e.(almost everywhere).例如,f几乎处处有限、几乎处处有界和几乎处处为0分别记成$|f|<\infty$ a.e.,$|f|\leqslant M$ a.e.和$f=0$ a.e.

首先,讨论可测函数列几乎处处收敛的概念.

定义 2.5.1 设$\{f_n,n=1,2,\cdots\}$和f是测度空间$(X,\mathscr{F},\mu)$上的可测函数.如果

$$\mu(\lim_{n\to\infty}f_n\neq f)=0, \tag{2.5.1}$$

则说可测函数列$\{f_n\}$**几乎处处以f为极限**,记为$f_n\xrightarrow{\text{a.e.}}f$;如果$f$ a.e.有限且$f_n\xrightarrow{\text{a.e.}}f$,则说$\{f_n\}$**几乎处处收敛到**$f$.

以后,如果没有特别的说明,符号$f_n\xrightarrow{\text{a.e.}}f$都表示$f$是几乎处处有限的而且$\{f_n\}$几乎处处收敛到$f$.换句话说,$f_n\xrightarrow{\text{a.e.}}f$意味着存在一个$\mu$的零测集$N$,使当$x\notin N$时序列$\{f_n(x),n=1,2,\cdots\}$当$n\to\infty$时收敛到有限值$f(x)$.即对任何$\varepsilon>0$,存在正整数$n_0=n_0(x)$,使

$$|f_n(x)-f(x)|<\varepsilon$$

对一切$n\geqslant n_0$成立.不难看出,对于有限测度空间$(X,\mathscr{F},\mu)$,(2.5.1)式等价于

$$\mu(\lim_{n\to\infty}f_n=f)=\mu(X).$$

几乎处处收敛的判别条件如下.

命题 2.5.1 $f_n\xrightarrow{\text{a.e.}}f$当且仅当对任给的$\varepsilon>0$有

$$\mu\Big(\bigcap_{m=1}^{\infty}\bigcup_{n=m}^{\infty}\{|f_n-f|\geqslant\varepsilon\}\Big)=0, \tag{2.5.2}$$

这里以及今后,对任何$\varepsilon>0$和正整数n,$f_n(x)-f(x)$没有定义的那些$x\in X$也计入集合$\{|f_n-f|\geqslant\varepsilon\}$.

证明 表

$$\{\lim_{n\to\infty}f_n\neq f\}\cup\{|f|=\infty\}=\bigcup_{k=1}^{\infty}\bigcap_{m=1}^{\infty}\bigcup_{n=m}^{\infty}\{|f_n-f|\geqslant 1/k\}$$

即可. □

第二，给出几乎一致收敛的定义及其判别条件.

定义 2.5.2 设$\{f_n, n=1,2,\cdots\}$和 f 都是测度空间$(X,\mathscr{F},\mu)$上的可测函数.如果对任何 $\varepsilon>0$，存在 $A\in\mathscr{F}$ 使 $\mu(A)<\varepsilon$ 且

$$\lim_{n\to\infty}\sup_{x\notin A}|f_n(x)-f(x)|=0,$$

则说可测函数列$\{f_n\}$**几乎一致收敛到** f，记为 $f_n\xrightarrow{\text{a.u.}}f$.

命题 2.5.2 $f_n\xrightarrow{\text{a.u.}}f$ 当且仅当对任给的 $\varepsilon>0$，有

$$\lim_{m\to\infty}\mu\Big(\bigcup_{n=m}^{\infty}\{|f_n-f|\geqslant\varepsilon\}\Big)=0. \tag{2.5.3}$$

证明 必要性 如果 $f_n\xrightarrow{\text{a.u.}}f$，则对任给 $\delta>0$，必有 $A\in\mathscr{F}$，它既满足 $\mu(A)<\delta$，又满足：对任给 $\varepsilon>0$，存在正整数 m，使

$$|f_n(x)-f(x)|<\varepsilon$$

当 $n\geqslant m$ 时对一切 $x\notin A$ 成立.把"存在"后面那段话用式子写出来就是

$$A^c\subset\bigcap_{n=m}^{\infty}\{|f_n-f|<\varepsilon\},$$

即

$$\bigcup_{n=m}^{\infty}\{|f_n-f|\geqslant\varepsilon\}\subset A.$$

因此，整句话的意思若用式子写出来就是：对任给 $\delta>0$ 和 $\varepsilon>0$，

$$\mu\Big(\bigcup_{n=m}^{\infty}\{|f_n-f|\geqslant\varepsilon\}\Big)\leqslant\mu(A)<\delta.$$

于是我们得

$$\limsup_{m\to\infty}\mu\Big(\bigcup_{n=m}^{\infty}\{|f_n-f|\geqslant\varepsilon\}\Big)\leqslant\delta.$$

上式中令 $\delta\to0$ 便得到(2.5.3)式.

充分性 如果(2.5.3)式成立，那么任给 $\delta>0$，对每个 $k=1,2,\cdots$都存在正整数 m_k 使

$$\mu\Big(\bigcup_{n=m_k}^{\infty}\{|f_n-f|\geqslant1/k\}\Big)<\delta/2^k.$$

令 $A=\bigcup\limits_{k=1}^{\infty}\bigcup\limits_{n=m_k}^{\infty}\{|f_n-f|\geqslant1/k\}$，则

$$\mu(A)=\mu\Big(\bigcup_{k=1}^{\infty}\bigcup_{n=m_k}^{\infty}\{|f_n-f|\geqslant 1/k\}\Big)$$

$$\leqslant\sum_{k=1}^{\infty}\mu\Big(\bigcup_{n=m_k}^{\infty}\{|f_n-f|\geqslant 1/k\}\Big)<\delta,$$

而且对每个 $k=1,2,\cdots$，当 $n\geqslant m_k$ 时 $\sup\limits_{x\in A^c}|f_n(x)-f(x)|<1/k$. 这表明 $f_n\xrightarrow{\text{a.u.}}f$. □

第三，定义可测函数列的依测度收敛.

定义 2.5.3 设 $\{f_n,n=1,2,\cdots\}$ 和 f 都是测度空间 $(X,\mathscr{F},\mu)$ 上的可测函数. 如果对每个 $\varepsilon>0$ 均有

$$\lim_{n\to\infty}\mu(|f_n-f|\geqslant\varepsilon)=0, \tag{2.5.4}$$

则说可测函数列 $\{f_n\}$ **依测度收敛到** f，记为 $f_n\xrightarrow{\mu}f$.

易见：(2.5.3)式蕴含(2.5.2)和(2.5.4)式；如果 $\mu(X)<\infty$，则由测度的上连续性又知(2.5.2)式蕴含(2.5.3)式. 因此，把命题 2.5.1 和命题 2.5.2 放在一起就得到了下列定理.

定理 2.5.3 下列结论成立：

(1) $f_n\xrightarrow{\text{a.u.}}f\Longrightarrow f_n\xrightarrow{\text{a.e.}}f$ 和 $f_n\xrightarrow{\mu}f$；

(2) 如果 $\mu(X)<\infty$，则

$$f_n\xrightarrow{\text{a.u.}}f\Longleftrightarrow f_n\xrightarrow{\text{a.e.}}f\Longrightarrow f_n\xrightarrow{\mu}f.$$

除定理 2.5.3 外，三种收敛性的关系还有如下进一步的结果.

定理 2.5.4 $f_n\xrightarrow{\mu}f$ 当且仅当对 $\{f_n\}$ 的任一子列，存在该子列的子列 $\{f_{n'}\}$ 使

$$f_{n'}\xrightarrow{\text{a.u.}}f.$$

证明 必要性 如果 $f_n\xrightarrow{\mu}f$，那么 $\{f_n\}$ 的任一子列也依测度收敛到 f. 因此只需证明：如果 $f_n\xrightarrow{\mu}f$，则存在子列 $\{f_{n_k}\}$ 使得 $f_{n_k}\xrightarrow{\text{a.u.}}f$. 对每个 $k=1,2,\cdots$，取 n_k 使 $\lim\limits_{k\to\infty}n_k=\infty$ 且

$$\mu(|f_{n_k}-f|\geqslant 1/k)<1/2^k,$$

则对每个 $m=1,2,\cdots$，均有

$$\mu\left(\bigcup_{k=m}^{\infty}\{|f_{n_k}-f|\geqslant 1/k\}\right)\leqslant\sum_{k=m}^{\infty}1/2^k=1/2^{m-1}.$$

由此可见：对任给 $\varepsilon>0$ 有

$$\lim_{m\to\infty}\mu\left(\bigcup_{k=m}^{\infty}\{|f_{n_k}-f|\geqslant\varepsilon\}\right)=0,$$

从而由命题 2.5.2 得 $f_{n_k}\xrightarrow{\text{a.u.}}f$.

充分性　设 $f_n\xrightarrow{\mu}f$ 不成立，即存在 $\varepsilon_0>0$ 和 $\delta_0>0$，使

$$\mu(|f_{n_k}-f|\geqslant\varepsilon_0)\geqslant\delta_0$$

对 $\{f_n\}$ 的某一子列 $\{f_{n_k}\}$ 成立. 则对 $\{f_{n_k}\}$ 的任一子列 $\{f_{(n_k)_i}\}$，总有

$$\liminf_{m\to\infty}\mu\left(\bigcup_{i=m}^{\infty}\{|f_{(n_k)_i}-f|\geqslant\varepsilon_0\}\right)\geqslant\delta_0.$$

根据命题 2.5.2，我们就找到了 $\{f_n\}$ 这样的一个子列 $\{f_{n_k}\}$，它的任一子列 $\{f_{(n_k)_i}\}$ 都不可能满足 $f_{(n_k)_i}\xrightarrow{\text{a.u.}}f$，从而导致矛盾. 可见充分性必须成立. □

下面举两个例子. 第一个例子说明：对一般测度空间 $(X,\mathscr{F},\mu)$ 而言，当 $f_n\xrightarrow{\text{a.e.}}f$ 时，$f_n\xrightarrow{\mu}f$ 和 $f_n\xrightarrow{\text{a.u.}}f$ 未必成立. 第二个例子说明：即使 μ 为有限测度，当 $f_n\xrightarrow{\mu}f$ 时，$f_n\xrightarrow{\text{a.e.}}f$，从而 $f_n\xrightarrow{\text{a.u.}}f$ 也有可能不成立.

例 1　定义测度空间 $(\boldsymbol{R},\mathscr{B}_R,\lambda)$ 上的可测函数列

$$f_n(x)=\begin{cases}0, & |x|\leqslant n,\\ 1, & |x|>n,\end{cases}\qquad n=1,2,\cdots.$$

容易看出，$\lim\limits_{n\to\infty}f_n(x)=0,\forall\ x\in\boldsymbol{R}$，因而更有 $f_n\xrightarrow{\text{a.e.}}0$. 但是，$f_n\xrightarrow{\text{a.u.}}0$ 并不成立. 事实上，对于 $\varepsilon=1$，总有

$$\lambda(|f_n-f|\geqslant\varepsilon)=\lambda(|x|>n)=\infty,\quad\forall\, n=1,2,\cdots,$$

故 $f_n\xrightarrow{\lambda}0$ 显然不成立. 据定理 2.5.3 之(1)，这表明 $f_n\xrightarrow{\text{a.u.}}0$ 也不成立.

例 2　取测度空间为 $((0,1],\mathscr{B}_R\cap(0,1],\lambda)$（注意：它也是概率空间）. 易见，对每个正整数 n，存在惟一的正整数 k 和 $i=1,\cdots,k$ 使 $n=(k-1)k/2+i$. 对于正整数 n 的上述表示，令

$$f_n(x)=\begin{cases}1, & x\in((i-1)/k,i/k],\\0, & x\notin((i-1)/k,i/k].\end{cases}$$

不难验证,对任何 $\varepsilon>0$ 有

$$\lambda(|f_n-0|\geqslant\varepsilon)=\lambda(|f_n-0|\geqslant 1)=\frac{1}{n}\to 0,$$

因而 $f_n\xrightarrow{\lambda}0$. 但是,对任何 $x\in(0,1]$,总有无穷多个 n 使 $f_n(x)=0$,同时又有无穷多个 n 使 $f_n(x)=1$. 这表明: 对任何 $x\in(0,1]$, $f_n(x)\to 0$ 都不成立,当然 $f_n\xrightarrow{\text{a.e.}}0$ 和 $f_n\xrightarrow{\text{a.u}}0$ 更不成立.

考虑$(X,\mathscr{F},P)$是概率空间的情形. 它上面定义的随机变量将缩写为 r. v. (random variable). 易见: 对于 r. v. $\{f_n\}$和 f,有

$$f_n\xrightarrow{\text{a.e.}}f\Longleftrightarrow P(\lim_{n\to\infty}f_n=f)=1;$$

$$f_n\xrightarrow{P}f\Longleftrightarrow\lim_{n\to\infty}P(|f_n-f|<\varepsilon)=1,\ \forall\,\varepsilon>0.$$

这时候, $f_n\xrightarrow{\text{a.e.}}f$ 也称为**几乎必然收敛**,记作 $f_n\xrightarrow{\text{a.s.}}f$(a. s. 是 almost sure 的缩写); $f_n\xrightarrow{P}f$ 也不泛泛地用依测度收敛这个词,而称之为$\{f_n\}$**依概率收敛到** f. 初等概率论中学过的 Chebyshev 弱大数律是依概率收敛的一个例子,但是在那里讨论 a. s. 收敛几乎是不可能的.

除了上面对一般测度空间定义过的那些收敛性以外,概率论中还有一种很重要的收敛性,叫做**依分布收敛**. 讨论依分布收敛,必然要牵涉到与分布函数有关的概念和事实. 今后,凡满足

$$F(-\infty)\xlongequal{\text{def}}\lim_{x\to-\infty}F(x)=0\text{ 和 }F(\infty)\xlongequal{\text{def}}\lim_{x\to\infty}F(x)=1$$

的准分布函数 F 称为**分布函数**,简记为 d. f. (distribution function). 不难验证: 如果 f 是概率空间$(X,\mathscr{F},P)$上的随机变量,对每个 $x\in\boldsymbol{R}$,令

$$F(x)=P(f\leqslant x),$$

则 F 是一个分布函数,称为 r. v. f 的分布函数. r. v. f 的分布函数是 F,也常常说成 f **服从** F,记为 $f\sim F$. 设 f 是从概率空间$(X,\mathscr{F},P)$到可测空间$(Y,\mathscr{S})$的随机元. 它在$(Y,\mathscr{S})$上自然导出的

概率测度

$$(Pf^{-1})(B) \xlongequal{\text{def}} P(f^{-1}B), \quad \forall B \in \mathscr{S}$$

称为随机元 f 的**概率分布**或简称**分布**. 容易看出，r. v. f 的 d. f. F 只不过是它的概率分布在 $\mathscr{B}_{\boldsymbol{R}}$ 中的 π 系 $\mathscr{P}_{\boldsymbol{R}}$ 上的值.

设 F 是一个准分布函数. 对每个 $t\in(F(-\infty),F(\infty))$，令

$$F^{\leftarrow}(t) = \inf\{x \in \boldsymbol{R}:\ F(x) \geqslant t\}.$$

我们称 $F^{\leftarrow}$ 为 F 的**左连续逆**. 左连续逆有下列性质.

引理 2.5.5　对任何准分布函数 F，有

(1) $F^{\leftarrow}(t)\in\boldsymbol{R}$, $\forall\, t\in(F(-\infty),F(\infty))$；

(2) $F^{\leftarrow}$左连续；

(3) 对任何 $t\in(F(-\infty),F(\infty))$和 $x\in\boldsymbol{R}$，有

$$F^{\leftarrow}(t) \leqslant x \Longleftrightarrow F(x) \geqslant t.$$

证明　请读者作为习题证之. □

令 X 为 $\boldsymbol{R}$ 中的区间(0,1)，$\mathscr{F}=(0,1)\cap\mathscr{B}_{\boldsymbol{R}}$而 P 为 $\mathscr{F}$ 上的 L 测度，则$(X,\mathscr{F},P)$是一个概率空间. 定义此概率空间上的 r. v. U：

$$U(t) = t, \quad \forall\, t \in (0,1).$$

易见，U 是初等概率论中讲过的在区间(0,1)上均匀分布的随机变量. 因此，对任意给定的 d. f. F，利用引理 2.5.5 之(3)就能推出 r. v. $F^{\leftarrow}\circ U$ 的分布函数为

$$\begin{aligned} P(F^{\leftarrow}\circ U \leqslant x) &= P(\{t \in (0,1):\ F^{\leftarrow}(U(t)) \leqslant x\}) \\ &= P(\{t \in (0,1):\ F^{\leftarrow}(t) \leqslant x\}) \\ &= P(t \in (0,1):\ t \leqslant F(x)) = F(x). \end{aligned}$$

这样我们就证明了一个很有用的命题：**对任何** d. f. F，**必存在一个概率空间**$(X,\mathscr{F},P)$**以及它上面的** r. v. f，**使得** $f\sim F$.

设$\{F_n,n=1,2,\cdots\}$和 F 都是非降实值函数. 如果 $F_n(x)\to F(x)$ 对 F 的每一个连续点 x 均成立，则称$\{F_n\}$**弱收敛到** F，记为 $F_n \xrightarrow{w} F$. 分布函数作为特殊的非降实值函数，当然也可以谈论弱收敛的问题. 从下面的定义可以看出，随机变量列依分布收敛本质上是对应的分布函数列的弱收敛.

定义 2.5.4　设$\{f_n\sim F_n\}$是概率空间$(X,\mathscr{F},P)$上的随机变量

列而 F 是一个分布函数. 如果 $F_n \xrightarrow{w} F$, 则称随机变量列 $\{f_n\}$ **依分布收敛到**分布函数 F, 记为 $f_n \xrightarrow{d} F$; 如果随机变量 $f \sim F$ 而且 $f_n \xrightarrow{d} F$, 则称随机变量列 $\{f_n\}$ **依分布收敛到**随机变量 f, 记为 $f_n \xrightarrow{d} f$.

随机变量列的依分布收敛对我们来说也不是什么陌生的东西, 初等概率论中的**中心极限定理**就是依分布收敛的一个例子. 以

$$\Phi(x) = \frac{1}{\sqrt{2\pi}}\int_{-\infty}^{x} e^{-y^2/2}dy, \quad \forall\, x \in \boldsymbol{R}$$

记**标准正态分布函数**, 如果随机变量列 $\{f_n\}$ 满足 $f_n \xrightarrow{d} \Phi$, 那么在概率论中就称 $\{f_n\}$ 服从中心极限定理.

我们来讨论依分布收敛和其他收敛性之间的关系.

定理 2.5.6 设 $\{f_n, n=1,2,\cdots\}$ 和 f 是概率空间 $(X,\mathscr{F},P)$ 上的随机变量, 则

$$f_n \xrightarrow{P} f \Rightarrow f_n \xrightarrow{d} f.$$

证明 以 F 记 f 的分布函数. 对任给 $x \in \boldsymbol{R}$, $\varepsilon > 0$ 和 $n=1,2,\cdots$, 有

$$\begin{aligned} P(f_n \leqslant x) &\leqslant P(f_n \leqslant x, |f_n - f| < \varepsilon) \\ &\quad + P(f_n \leqslant x, |f_n - f| \geqslant \varepsilon) \\ &\leqslant P(f \leqslant x + \varepsilon) + P(|f_n - f| \geqslant \varepsilon). \end{aligned}$$

对上式先令 $n \to \infty$, 再令 $\varepsilon \to 0$ 便得

$$\limsup_{n\to\infty} P(f_n \leqslant x) \leqslant F(x). \tag{2.5.5}$$

另一方面, 对任给 $x \in \boldsymbol{R}$, $\varepsilon > 0$ 和 $n=1,2,\cdots$, 又有

$$\begin{aligned} P(f \leqslant x - \varepsilon) &\leqslant P(f \leqslant x - \varepsilon, |f_n - f| < \varepsilon) \\ &\quad + P(f \leqslant x - \varepsilon, |f_n - f| \geqslant \varepsilon) \\ &\leqslant P(f_n \leqslant x) + P(|f_n - f| \geqslant \varepsilon). \end{aligned}$$

此式中依次令 $n \to \infty$ 和 $\varepsilon \to 0$, 又得到

$$\liminf_{n\to\infty} P(f_n \leqslant x) \geqslant F(x - 0).$$

后者和 (2.5.5) 相结合即知 $F_n(x) \to F(x)$ 对 F 的每一个连续点 x 成立, 从而完成了定理的证明. □

设$\{f_n\}$和f是概率空间$(X,\mathscr{F},P)$上的随机变量. 把定理 2.5.3 之(2)和定理 2.5.6 联系在一起,就得到

$$f_n \xrightarrow{\text{a.s.}} f \Rightarrow f_n \xrightarrow{P} f \Rightarrow f_n \xrightarrow{d} f.$$

这表明在几乎必然收敛、依概率收敛和依分布收敛等三种收敛性中,几乎必然收敛是最强的. 但是,下面我们要说明,依分布收敛可以在另一个概率空间用几乎必然收敛表示出来. 其证明基于下列引理.

引理 2.5.7　如果$\{F_n,n=1,2,\cdots\}$和F都是分布函数,则

$$F_n \xrightarrow{w} F \Rightarrow F_n^{\leftarrow} \xrightarrow{w} F^{\leftarrow}.$$

证明　作为习题. □

在下列 Skorokhod 定理的叙述中,用符号$f \overset{d}{=\!=} g$来表示随机变量f和g具有相同的分布函数,但这两个随机变量可能定义在不同的概率空间上.

定理 2.5.8　设$\{f_n\}$和f是概率空间$(X,\mathscr{F},P)$上的随机变量. 如果$f_n \xrightarrow{d} f$,则存在概率空间$(\widetilde{X},\widetilde{\mathscr{F}},\widetilde{P})$,在它上面定义着随机变量$\{\widetilde{f}_n\}$和$\widetilde{f}$使

$$\widetilde{f}_n \overset{d}{=\!=} f_n,\ \forall n = 1,2,\cdots,\quad \widetilde{f} \overset{d}{=\!=} f \tag{2.5.6}$$

而且

$$\widetilde{f}_n \xrightarrow{\text{a.s.}} \widetilde{f}. \tag{2.5.7}$$

证明　设$\{f_n\}$和f的分布函数分别是$\{F_n,n=1,2,\cdots\}$和F. 令$\widetilde{X}$为$\boldsymbol{R}$中的区间$(0,1)$, $\widetilde{\mathscr{F}}=(0,1)\cap\mathscr{B}_{\boldsymbol{R}}$而$\widetilde{P}$为$\widetilde{\mathscr{F}}$上的 Lebesgue 测度. 定义$(\widetilde{X},\widetilde{\mathscr{F}},\widetilde{P})$上的 r.v. U使之在区间$(0,1)$上均匀分布(见引理 2.5.5 后面的那一段说明). 记$\widetilde{f}_n=F_n^{\leftarrow}(U)$, $\forall n=1,2,\cdots$和$\widetilde{f}=F^{\leftarrow}(U)$,则(2.5.6)式成立. 此外,由定理的条件和引理 2.5.7 知

$$f_n \xrightarrow{d} f \Rightarrow F_n \xrightarrow{w} F \Rightarrow F_n^{\leftarrow} \xrightarrow{w} F^{\leftarrow}.$$

但是$F^{\leftarrow}$的不连续点集至多可数,其 Lebesgue 测度为 0,故进而有

$$F_n^{\leftarrow} \xrightarrow{w} F^{\leftarrow} \Rightarrow \widetilde{f}_n = F_n^{\leftarrow}(U) \xrightarrow{\text{a.s.}} F^{\leftarrow}(U) = \widetilde{f},$$

可见(2.5.7)式亦成立. □

通过以上的讨论,我们不仅知道了各种收敛性的提法以及它们之间的关系,还可以总结出这样一条规律:在测度空间$(X,\mathscr{F},\mu)$上讨论可测函数时,零测集是不必计较的. 今后,这样的 f 将称为$(X,\mathscr{F},\mu)$上 a.e. **定义的可测函数**:第一,存在一个零测集 N 使 f 在 N^c 上有定义;第二,存在一个$(X,\mathscr{F})$上的可测函数 $\widetilde{f}$ 使 $\mu(f\neq \widetilde{f})=0$. 不难看出,给定一个 a.e. 定义的可测函数,对应的那个$(X,\mathscr{F})$上满足 $\mu(f\neq \widetilde{f})=0$ 的可测函数 $\widetilde{f}$ 是很容易造出来的. 例如,

$$\widetilde{f}(x) = \begin{cases} f(x), & x \in N^c, \\ 0, & x \in N, \end{cases}$$

就是其中之一.

设$\{f_n,n=1,2,\cdots\}$和 f 都是测度空间$(X,\mathscr{F},\mu)$上 a.e. 定义的可测函数. 如果对满足 $\mu(f_n\neq \widetilde{f}_n)=0$, $\forall n=1,2,\cdots$和 $\mu(f\neq \widetilde{f})=0$ 的可测函数$\{\widetilde{f}_n,n=1,2,\cdots\}$和 $\widetilde{f}$ 有

$$\widetilde{f}_n \xrightarrow{\text{a.e.}} \widetilde{f}, \quad \widetilde{f}_n \xrightarrow{\mu} \widetilde{f} \quad \text{或} \quad \widetilde{f}_n \xrightarrow{\text{a.u.}} \widetilde{f},$$

则分别称$\{f_n,n=1,2,\cdots\}$几乎处处、依测度或几乎一致收敛到 f 并沿用记号

$$f_n \xrightarrow{\text{a.e.}} f, \quad f_n \xrightarrow{\mu} f \quad \text{或} \quad f_n \xrightarrow{\text{a.u.}} f.$$

作为一个习题,读者容易证明上述定义的一意性,并且关于可测函数的命题和定理对于 a.e. 定义的可测函数也还是对的. 为了叙述起来更简明,今后甚至对 a.e. 定义的可测函数和可测函数都不加区分而统称可测函数.

同样,我们将把概率空间$(X,\mathscr{F},P)$上 a.s. 定义的 a.s. 有限的可测函数也叫作**随机变量**,而不是像定义 1.4.1 那样非得要求随机变量处处有定义和处处有限. 不难看出,概率空间$(X,\mathscr{F},P)$上两个随机变量 f 和 g 如果满足 $f=g$ a.s.,则 $f\overset{d}{=\!=}g$. 基于这一点,我们

也可以讨论这种扩充了的意义下的随机变量的依分布收敛问题并得到对狭义随机变量得到的那些结论.

习　题　2

1. 证明命题 2.1.1.

2. 验证例 1、例 2 和例 3 的结论.

3. 记 $N=\{1,2,\cdots\}$ 并以 $\mathscr{T}$ 表由 N 的所有子集组成的 σ 域. 对给定的实数列 $\{a_n\}$，令

$$\mu(A)=\sum_{n\in A}a_n,\quad \forall A\in\mathscr{T}.$$

试问：

(1) 何时 μ 是一个测度？

(2) 何时 μ 是一个 σ 有限测度？

(3) 何时 μ 是一个有限测度？

(4) 何时 μ 是一个概率测度？

4. 设 $\mathscr{Q}$ 是一个半环且 $X\in\mathscr{Q}$. 证明：$\mathscr{Q}$ 上的测度 μ 是 σ 有限的当且仅当存在两两不交的 $\{A_n\in\mathscr{Q},n=1,2,\cdots\}$ 使 $\mu(A_n)<\infty$ 且 $\bigcup\limits_{n=1}^{\infty}A_n=X$.

5. 设 μ 是半环 $\mathscr{Q}$ 上的非负有限可加集函数. 证明：如果 $\{A_n\in\mathscr{Q},n=1,2,\cdots\}$ 两两不交，$A\in\mathscr{Q}$ 且 $\bigcup\limits_{n=1}^{\infty}A_n\subset A$，则 $\sum\limits_{n=1}^{\infty}\mu(A_n)\leqslant\mu(A)$.

6. 设 μ 是域 $\mathscr{A}$ 上的非负有限可加集函数. 证明：如果对每个 $i=1,\cdots,n$ 有 $A_i\in\mathscr{A}$ 和 $\mu(A_i)<\infty$，则

$$\mu\left(\bigcup_{i=1}^{n}A_i\right)=\sum_{i=1}^{n}\mu(A_i)+\cdots+(-1)^{k+1}\sum_{1\leqslant i_1<\cdots<i_k\leqslant n}\mu\left(\bigcap_{l=1}^{k}A_{i_l}\right)+\cdots+(-1)^{n+1}\mu\left(\bigcap_{i=1}^{n}A_l\right)$$

及 $\mu\left(\bigcup\limits_{i=1}^{n}A_i\right)\leqslant\sum\limits_{i=1}^{n}\mu(A_i)$.

7. 设 μ 是 σ 域 $\mathscr{F}$ 上的测度，对每个 $n=1,2,\cdots$ 有 $A_n\in\mathscr{F}$. 证

明：

$$\mu(\liminf_{n\to\infty} A_n) \leqslant \liminf_{n\to\infty} \mu(A_n);$$

如果 $\mu\left(\bigcup_{n=1}^{\infty} A_n\right) < \infty$，则还有

$$\mu(\limsup_{n\to\infty} A_n) \geqslant \limsup_{n\to\infty} \mu(A_n).$$

8. 称集合系 $\mathscr{E}$ 是紧的，如对每个 $\{A_i \in \mathscr{E}, i=1,2,\cdots\}$，只要 $\bigcap_{i=1}^{n} A_i \neq \varnothing$ 对每个 $n=1,2,\cdots$ 都成立，就一定可以推出 $\bigcap_{i=1}^{\infty} A_i \neq \varnothing$. 证明：如果对域 $\mathscr{A}$ 上的非负有限可加集函数 μ，存在紧集合系 $\mathscr{E} \subset \mathscr{A}$ 使对任意的 $\varepsilon > 0$ 和任给 $A \in \mathscr{A}$，存在 $B \in \mathscr{E}$ 满足 $B \subset A$ 和 $\mu(A \backslash B) < \varepsilon$，则 μ 是一个测度.

9. 设 $(X, \mathscr{F}, \mu)$ 是一测度空间. $A \in \mathscr{F}$ 称为 μ 的一个**原子**，如果 $0 < \mu(A) < \infty$ 且对任何 $B \subset A$ 和 $B \in \mathscr{F}$，或有 $\mu(B) = 0$ 或有 $\mu(B) = \mu(A)$. 如果测度 μ 无任何原子，称之为**缺原子的**. 证明：L 测度是缺原子的.

10. 设 τ 是 X 上的外测度. 对任意给定的 $A \subset X$，令

$$\tau_A(D) = \tau(D \cap A), \quad \forall D \in \mathscr{T}.$$

证明：τ_A 还是 X 上的外测度.

11. 设 $\{\tau_n, n=1,2,\cdots\}$ 是 X 上的外测度序列. 证明 $\sup_{n\geqslant 1} \tau_n$ 和 $\sum_{n=1}^{\infty} \tau_n$ 还是外测度.

12. 设 $\mathscr{E}$ 是 X 上的集合系且 $\varnothing \in \mathscr{E}$，又 μ 是 $\mathscr{E}$ 上半可列可加且满足 $\mu(\varnothing) = 0$ 的非负集函数. 记 τ 为由 μ 生成的外测度. 证明：

$$A \in \mathscr{F}_\tau \Longleftrightarrow \tau(E) = \tau(E \cap A) + \tau(E \cap A^c), \quad \forall E \in \mathscr{E}.$$

13. 设 $(X, \mathscr{F}, \mu)$ 是一测度空间. 证明

$$\tau(D) = \inf\{\mu(A): D \subset A \in \mathscr{F}\}, \quad \forall D \in \mathscr{T}$$

是由 μ 生成的外测度.

14. 验证 §3 例 1 的结论.

15. 证明：μ 是 $\mathscr{Q}_{\boldsymbol{R}} = \{(a,b]: a,b \in \boldsymbol{R}, a \leqslant b\}$ 上的有限测度当且仅当存在准分布函数 F，使对每对满足 $a \leqslant b$ 的 $a,b \in \boldsymbol{R}$ 有

$$\mu_F((a,b]) = F(b) - F(a).$$

16. 证明：如果 N 是 $\boldsymbol{R}$ 中的有限或可数集，则其 L 测度为 0. 对于一般的 L-S 测度，这一结论是否成立？

17. 设 $(X,\mathscr{F},\mu)$ 是一个有限测度空间，τ 是由 μ 生成的外测度. 证明：如 $X_0\subset X$ 满足条件 $\tau(X_0)=\mu(X)$，则 $\tau(X_0\cap A)=\mu(A)$，$\forall A\in\mathscr{F}$，因而 $(X_0,X_0\cap\mathscr{F},\tau)$ 也是测度空间.

18. 证明推论 2.3.3.

19. 设 $\mathscr{A}$ 是一个域，μ 和 ν 是 $\sigma(\mathscr{A})$ 上的测度且在 $\mathscr{A}$ 上都是 σ 有限的. 证明：

$$\begin{aligned}&\mu(A)=\nu(A),\quad \forall A\in\mathscr{A}\\ \Longrightarrow &\mu(A)=\nu(A),\quad \forall A\in\sigma(\mathscr{A}).\end{aligned}$$

20. 设 $\mathscr{Q}$ 是一个半环，μ 是 $\sigma(\mathscr{Q})$ 上的测度且在 $\mathscr{Q}$ 上是 σ 有限的. 证明：

(1) 对每个 $A\in\sigma(\mathscr{Q})$ 和每个 $\varepsilon>0$，存在两两不交的有限或可列个集合 $\{A_n\}\subset\mathscr{Q}$ 使

$$\bigcup_n A_n\supset A\quad \text{和}\quad \mu\Big(\bigcup_n A_n\backslash A\Big)<\varepsilon.$$

(2) 如果 $A\in\sigma(\mathscr{Q})$ 且 $\mu(A)<\infty$，则对每个 $\varepsilon>0$，存在两两不交的 $\{A_i,i=1,\cdots,n\}\subset\mathscr{Q}$ 使

$$\mu\Big(\Big(\bigcup_{i=1}^n A_i\Big)\Delta A\Big)<\varepsilon.$$

21. 设 $(X,\mathscr{F},\mu)$ 是测度空间. 令

$$\overline{\mathscr{F}}\xlongequal{\text{def}}\{A\Delta N:A\in\mathscr{F};\exists\, B\in\mathscr{F}\text{ 使 }\mu(B)=0\text{ 和 }B\supset N\}.$$

证明 $\widetilde{\mathscr{F}}=\overline{\mathscr{F}}$.

22. 证明：如果 $f_n\to f$ 和 $f_n\to g$ 在几乎处处（或依测度，或几乎处处一致）意义下收敛，则 $f=g$ a.e..

23. 证明：如果可测函数列 $\{f_n\}$ 和 $\{g_n\}$ 满足 $\mu(f_n\neq g_n)=0,\forall n=1,2,\cdots$，则对于任何几乎处处有限的可测函数 f，总有

$$\begin{aligned}&f_n\to f\text{ a.e. （或依 }\mu\text{，或 a.u.）}\\ \Longleftrightarrow &g_n\to f\text{ a.e. （或依 }\mu\text{，或 a.u.）}.\end{aligned}$$

24. 设 $f_n\xrightarrow{\mu}f$ 和 $g_n\xrightarrow{\mu}g$，而 h 是定义在实平面上一致连续

的二元函数. 证明：$h(f_n,g_n)\xrightarrow{\mu}h(f,g)$.

25. 证明在有限测度空间上有：$f_n\xrightarrow{\text{a.e.}}f\Longleftrightarrow\sup\limits_{k\geqslant n}|f_k-f|\xrightarrow{\mu}0$.

26. 设$\{f_n\}$和 f 是概率空间$(X,\mathscr{F},P)$上的随机变量，令

$$\widetilde{f}_n=\frac{1}{n}\sum_{i=1}^{n}f_i.$$

(1) 证明：如果 $f_n\xrightarrow{\text{a.s.}}f$,则 $\widetilde{f}_n\xrightarrow{\text{a.s.}}f$；

(2) 问：如果 $f_n\xrightarrow{P}f$,是否有 $\widetilde{f}_n\xrightarrow{P}f$?

27. 如果当 $n,m\to\infty$时 $f_n-f_m\xrightarrow{\mu}0$,则称 a.e. 有限的可测函数列$\{f_n\}$是**依测度基本列**. 证明：

(1) 存在$\{f_n\}$的子列$\{f_{n_k}\}$使当 $k,l\to\infty$时 $f_{n_k}-f_{n_l}\xrightarrow{\text{a.u.}}0$；

(2) 存在可测函数 f 使 $f_n\xrightarrow{\mu}f$.

28. 证明：如果 $f_n\xrightarrow{d}F$ 而 $g_n\xrightarrow{P}0$,则 $f_n+g_n\xrightarrow{d}F$.

29. 证明：如果 $f_n\xrightarrow{d}f$ 而且 $f=a$ a.s. (a 是一个给定实数)，则有 $f_n\xrightarrow{P}f$.

30. 证明引理 2.5.5.

31. 证明引理 2.5.7.

32. 设$\{F_n,n=1,2,\cdots\}$和 F 都是分布函数，$F_n\xrightarrow{w}F$ 而且 F 在 $\boldsymbol{R}$ 上连续. 证明：$F_n(x)\to F(x)$对 $x\in\boldsymbol{R}$ 一致成立.

第三章 积　　分

积分是测度论最重要的概念之一. 和实变函数论中的 Lebesgue 积分一样,一般测度空间上可测函数的积分也是通过典型方法定义的. 因此,Lebesgue 积分的许多重要性质可以拷贝过来. 概率空间中的积分就是数学期望. 学习了这一章以后,初等概率论中没有,也不可能给出证明的一些求期望的公式将得到严格的证明.

§1　积分的定义

测度空间$(X,\mathscr{F},\mu)$上可测函数积分的定义是用典型方法经过三个步骤来完成的.

1. 非负简单函数的积分

设 f 是简单函数. 那么存在$(X,\mathscr{F},\mu)$的有限可测分割$\{A_i,\ i=1,\cdots,n\}$和实数$\{a_i,\ i=1,\cdots,n\}$使 $f=\sum_{i=1}^{n}a_iI_{A_i}$. 如上述表达式中有 $a_i\geqslant 0$,则称 f 是非负的. 显然,简单函数的表达方式不惟一,但它是不是非负与其表达方式无关.

设 f 是一个非负简单函数而 $f=\sum_{i=1}^{n}a_iI_{A_i}$是它的一个表达式. 称

$$\int_X f\mathrm{d}\mu \xlongequal{\text{def}} \sum_{i=1}^{n}a_i\mu(A_i) \tag{3.1.1}$$

为 f 的**积分**. 由于 f 是一个只能取有限个不同非负值的可测函数(见第一章习题 1 第 19 题),故必存在不同的 $b_1,\cdots,b_m\in\boldsymbol{R}^+$,使它表为

$$f=\sum_{j=1}^{m}b_jI_{\{f=b_j\}}.$$

比较 f 的以上两个表达式,不难看出: $n\geqslant m$,对任何 $i=1,\cdots,n$ 和

$j=1,\cdots,m$ 有

$$A_i \subset \{f=b_j\} \quad \text{或} \quad A_i \cap \{f=b_j\}=\varnothing,$$

而且当 $A_i \subset \{f=b_j\}$ 时,有 $a_i=b_j$. 由此我们得

$$\begin{aligned}
\sum_{i=1}^{n} a_i \mu(A_i) &= \sum_{i=1}^{n} a_i \sum_{j=1}^{m} \mu(A_i \cap \{f=b_j\}) \\
&= \sum_{i=1}^{n} \sum_{\{j:\ A_i \subset \{f=b_j\}\}} a_i \mu(A_i \cap \{f=b_j\}) \\
&= \sum_{i=1}^{n} \sum_{\{j:\ A_i \subset \{f=b_j\}\}} b_j \mu(A_i \cap \{f=b_j\}) \\
&= \sum_{i=1}^{n} \sum_{j=1}^{m} b_j \mu(A_i \cap \{f=b_j\}) \\
&= \sum_{j=1}^{m} b_j \sum_{i=1}^{n} \mu(A_i \cap \{f=b_j\}) \\
&= \sum_{j=1}^{m} b_j \mu(f=b_j).
\end{aligned}$$

这说明通过 f 的不同表达式算出来的积分总是相同的. 换句话说,非负简单函数积分的定义有**一意性**. 下面,我们再来讨论非负简单函数积分的性质.

命题 3.1.1 设 f,g 和 $\{f_n, n=1,2,\cdots\}$ 是测度空间 $(X,\mathscr{F},\mu)$ 上的非负简单函数,则

(1) $\int_X I_A \mathrm{d}\mu=\mu(A),\ \forall A\in\mathscr{F}$;

(2) $\int_X f\mathrm{d}\mu \geqslant 0$;

(3) $\int_X (af)\mathrm{d}\mu=a\int_X f\mathrm{d}\mu,\ \forall a\in \boldsymbol{R}\setminus\boldsymbol{R}^-$;

(4) $\int_X (f+g)\mathrm{d}\mu=\int_X f\mathrm{d}\mu+\int_X g\mathrm{d}u$;

(5) 如果 $f\geqslant g$,则 $\int_X f\mathrm{d}\mu \geqslant \int_X g\mathrm{d}\mu$;

(6) 如果 $f_n\uparrow$ 且 $\lim\limits_{n\to\infty} f_n \geqslant g$,则 $\lim\limits_{n\to\infty}\int_X f_n\mathrm{d}\mu \geqslant \int_X g\mathrm{d}\mu$.

证明 由定义直接可得(1),(2)和(3).

为证(4),表 $f=\sum_{i=1}^{n}a_iI_{A_i}$ 和 $g=\sum_{j=1}^{m}b_jI_{B_j}$,则有

$$f+g=\sum_{i=1}^{n}\sum_{j=1}^{m}(a_i+b_j)I_{A_i\cap B_j},$$

因而由定义得

$$\begin{aligned}\int_X(f+g)\mathrm{d}\mu&=\sum_{i=1}^{n}\sum_{j=1}^{m}(a_i+b_j)\mu(A_i\cap B_j)\\&=\sum_{i=1}^{n}a_i\mu(A_i)+\sum_{j=1}^{m}b_j\mu(B_j)\\&=\int_X f\mathrm{d}\mu+\int_Y g\mathrm{d}\mu.\end{aligned}$$

为证(5),表 $f=g+(f-g)$ 并且注意 $f-g$ 还是非负简单函数,由(4)和(2)立得

$$\int_X f\mathrm{d}\mu=\int_X g\mathrm{d}\mu+\int_X(f-g)\mathrm{d}\mu\geqslant\int_X g\mathrm{d}\mu.$$

为证(6),对任 $\alpha\in(0,1)$,记 $A_n(\alpha)=\{f_n\geqslant\alpha g\}$ 并表 $g=\sum_{j=1}^{m}b_jI_{B_j}$. 注意 $f_nI_{A_n(\alpha)}$ 和 $gI_{A_n(\alpha)}$ 都还是非负简单函数而且 $f_nI_{A_n(\alpha)}\geqslant\alpha gI_{A_n(\alpha)}$. 由(5)推知

$$\begin{aligned}\int_X f_n\mathrm{d}\mu\geqslant\int_X f_nI_{A_n(\alpha)}\mathrm{d}\mu&\geqslant\alpha\int_X gI_{A_n(\alpha)}\mathrm{d}\mu\\&=\alpha\sum_{j=1}^{m}b_j\mu(B_j\cap A_n(\alpha)).\end{aligned}$$

由于 $f_n\uparrow$ 及

$$\begin{aligned}\lim_{n\to\infty}f_n\geqslant g&\Longrightarrow A_n(\alpha)\uparrow X\\&\Longrightarrow\mu(B_j\cap A_n(\alpha))\uparrow\mu(B_j),\end{aligned}$$

只要在上式中令 $n\to\infty$,便得

$$\begin{aligned}\lim_{n\to\infty}\int_X f_n\mathrm{d}\mu&\geqslant\alpha\sum_{j=1}^{m}b_j\lim_{n\to\infty}\mu(B_j\cap A_n(\alpha))\\&=\alpha\sum_{j=1}^{m}b_j\mu(B_j)=\alpha\int_X g\mathrm{d}\mu.\end{aligned}$$

此式中再令 $\alpha\to1$ 即得(6). □

2. 非负可测函数的积分

对于测度空间$(X,\mathscr{F},\mu)$上的非负可测函数f,称

$$\int_X f\mathrm{d}\mu \xlongequal{\text{def}} \sup\left\{\int_X g\mathrm{d}\mu:\ g\ \text{非负简单且}\ g\leqslant f\right\} \tag{3.1.2}$$

为它的积分.非负可测函数积分的性质可归纳如下.

命题 3.1.2 设f是测度空间$(X,\mathscr{F},\mu)$上的非负可测函数.

(1) 如果f是非负简单函数,则由(3.1.1)和(3.1.2)式确定的$\int_X f\mathrm{d}\mu$的值相同;

(2) 如果$\{f_n,n=1,2,\cdots\}$是非负简单函数且$f_n\uparrow f$,则

$$\lim_{n\to\infty}\int_X f_n\mathrm{d}\mu=\int_X f\mathrm{d}\mu;$$

(3) 由(3.1.2)式确定的积分值为

$$\int_X f\mathrm{d}\mu=\lim_{n\to\infty}\left[\sum_{k=0}^{n2^n-1}\frac{k}{2^n}\mu\left(\frac{k}{2^n}\leqslant f<\frac{k+1}{2^n}\right)+n\mu(f\geqslant n)\right];$$

(4) $\int_X f\mathrm{d}\mu\geqslant 0$;

(5) $\int_X (af)\mathrm{d}\mu=a\int_X f\mathrm{d}\mu,\ \forall a\geqslant 0$;

(6) $\int_X (f+g)\mathrm{d}\mu=\int_X f\mathrm{d}\mu+\int_X g\mathrm{d}\mu$;

(7) 如果$f\geqslant g$,则$\int_X f\mathrm{d}\mu\geqslant\int_X g\mathrm{d}\mu$.

证明 (1) 由命题 3.1.1 之(5)知,由(3.1.2)式确定的$\int_X f\mathrm{d}\mu$的值不超过由(3.1.1)式确定的$\int_X f\mathrm{d}\mu$的值.由于f自身就是非负简单函数,由(3.1.1)式确定的$\int_X f\mathrm{d}\mu$的值又不超过由(3.1.2)式确定的$\int_X f\mathrm{d}\mu$的值.故两者相等.

(2) 由(3.1.2)式知,对每个$n=1,2,\cdots$有$\int_X f_n\mathrm{d}\mu\leqslant\int_X f\mathrm{d}\mu$,从而

$$\lim_{n\to\infty}\int_X f_n\mathrm{d}\mu\leqslant\int_X f\mathrm{d}\mu.$$

而命题 3.1.1 之(6)表明,对任何满足$\lim\limits_{n\to\infty}f_n=f\geqslant g$之非负简单函数

g 有 $\lim\limits_{n\to\infty}\int_X f_n \mathrm{d}\mu \geqslant \int_X g\mathrm{d}\mu$，故又得

$$\lim_{n\to\infty}\int_X f_n \mathrm{d}\mu \geqslant \sup\left\{\int_X g\mathrm{d}\mu\text{: } g\ \text{非负简单且}\ g\leqslant f\right\}$$

$$= \int_X f\mathrm{d}\mu.$$

(3) 把(2)用于定理 1.5.3 证明过程中所构造的那个非负简单函数列即可.

(4) 由(3.1.2)式直接推出.

(5) 取非负简单函数 $f_n \uparrow f$，则用本命题之(2)和命题 3.1.1 之(3)得：对任何 $a\in \boldsymbol{R}\backslash \boldsymbol{R}^-$ 有

$$\int_X (af)\mathrm{d}\mu = \lim_{n\to\infty}\int_X (af_n)\mathrm{d}\mu$$

$$= a\lim_{n\to\infty}\int_X f_n\mathrm{d}\mu = a\int_X f\mathrm{d}\mu.$$

又不难验证当 $a=\infty$ 时，结论仍然成立.

(6) 取非负简单函数 $f_n\uparrow f$ 和 $g_n\uparrow g$，则由命题 3.1.1 之(4)和本命题之(2)立得

$$\int_X (f+g)\mathrm{d}\mu = \lim_{n\to\infty}\int_X (f_n+g_n)\mathrm{d}\mu$$

$$= \lim_{n\to\infty}\left[\int_X f_n\mathrm{d}\mu + \int_X g_n\mathrm{d}\mu\right]$$

$$= \lim_{n\to\infty}\int_X f_n\mathrm{d}\mu + \lim_{n\to\infty}\int_X g_n\mathrm{d}\mu$$

$$= \int_X f\mathrm{d}\mu + \int_X g\mathrm{d}\mu.$$

(7) 由(3.1.2)式直接推出. □

3. 一般可测函数的积分

定义 3.1.1 测度空间$(X,\mathscr{F},\mu)$上的可测函数 f 如果满足

$$\min\left\{\int_X f^+\,\mathrm{d}\mu,\ \int_X f^-\,\mathrm{d}\mu\right\} < \infty, \tag{3.1.3}$$

则称其**积分存在**或**积分有意义**；如果满足

$$\max\left\{\int_X f^+\,\mathrm{d}\mu,\ \int_X f^-\,\mathrm{d}\mu\right\} < \infty, \tag{3.1.4}$$

则称它是**可积的**. 在上述两种情况下,把

$$\int_X f\mathrm{d}\mu \xlongequal{\text{def}} \int_X f^+\,\mathrm{d}\mu - \int_X f^-\,\mathrm{d}\mu \tag{3.1.5}$$

叫做 f 的**积分**或**积分值**.

根据定义,非负可测函数的积分总是存在的;而对于一般的可测函数,只有当它的积分存在时才能定义它的积分. 可测函数积分的值可以是∞或−∞. 积分值是有限的当且仅当这个可测函数是可积的. 在今后的讨论中,请读者注意"积分存在"和"可积"两者的区别.

设 $A\in\mathscr{F}$. 只要可测函数 fI_A 的积分存在或可积,我们就分别说 f 在集合 $A\in\mathscr{F}$ 上**积分存在**或**可积**,并且把

$$\int_A f\mathrm{d}\mu \xlongequal{\text{def}} \int_X fI_A\mathrm{d}\mu$$

叫做 f **在集合** $A\in\mathscr{F}$ **上的积分**. 可以证明: 只要可测函数 f 的积分存在,则它在任何 $A\in\mathscr{F}$ 上的积分也存在.

积分最重要的例子之一是 L-S 积分. 设 g 是对准分布函数 F 而言的 L-S 可测函数. 如果 g 对 λ_F 的积分存在,则这个积分称为 g 对 F 的 **L-S 积分**,记作

$$\int_{\boldsymbol{R}} g\mathrm{d}F = \int_{\boldsymbol{R}} g(x)\mathrm{d}F(x) \xlongequal{\text{def}} \int_{\boldsymbol{R}} g\mathrm{d}\lambda_F;$$

如果 $A\in\mathscr{F}_{\lambda_F}$,则称

$$\int_A g\mathrm{d}F = \int_{\boldsymbol{R}} gI_A\mathrm{d}F$$

为 g 在集合 A 上对 F 的 L-S 积分. 特别地,如果 L 可测函数 g 对 Lebesgue 测度 λ 的积分存在,则称之为 **L 积分**,记为

$$\int_{\boldsymbol{R}} g(x)\mathrm{d}x \xlongequal{\text{def}} \int_{\boldsymbol{R}} g\mathrm{d}\lambda;$$

如果 $A\in\mathscr{F}_\lambda$,则称

$$\int_A g(x)\mathrm{d}x = \int_{\boldsymbol{R}} g(x)I_A(x)\mathrm{d}x$$

为 g 在集合 A 上的 L 积分.

作为第二个例子,考虑第二章 §1 例 5 那个测度空间上的积分. 设 f 是 $X=\{x_1,x_2,\cdots\}$上的广义实值函数. 那么不难看出

$$\int_X f^+ \,\mathrm{d}\mu = \sum_{\{i:\, f(x_i)\geqslant 0\}} f(x_i)a_i;\quad \int_X f^- \,\mathrm{d}\mu = -\sum_{\{i:\, f(x_i)\leqslant 0\}} f(x_i)a_i.$$

因此,只有当 $\sum\limits_{\{i:\, f(x_i)\geqslant 0\}} f(x_i)a_i$ 和 $\sum\limits_{\{i:\, f(x_i)\leqslant 0\}} f(x_i)a_i$ 之一有限时,f 的积分存在,其值为

$$\int_X f\mathrm{d}\mu = \sum_{\{i:\, f(x_i)\geqslant 0\}} f(x_i)a_i - \sum_{\{i:\, f(x_i)\leqslant 0\}} f(x_i)a_i;$$

只有当级数 $\sum\limits_{i=1}^{\infty} f(x_i)a_i$ 绝对收敛时,f 才是可积的.

下面两个定理将对积分的性质进行初步的讨论. 它们对深刻理解积分的定义是至关重要的.

定理 3.1.3 设 f 是测度空间$(X,\mathscr{F},\mu)$上的可测函数.

(1) 如果 f 的积分存在,则 $\left|\int_X f\mathrm{d}\mu\right| \leqslant \int_X |f|\mathrm{d}\mu$;

(2) f 可积当且仅当 $|f|$ 可积;

(3) 如果 f 可积,则 $|f|<\infty$ a.e..

证明 (1) 由命题 3.1.2 之(7)得

$$\max\left\{\int_X f^+ \,\mathrm{d}\mu,\ \int_X f^- \,\mathrm{d}\mu\right\} \leqslant \int_X |f|\mathrm{d}\mu. \tag{3.1.6}$$

因而

$$\left|\int_X f\mathrm{d}\mu\right| = \left|\int_X f^+ \,\mathrm{d}\mu - \int_X f^- \,\mathrm{d}\mu\right| \leqslant \int_X |f|\mathrm{d}\mu.$$

(2) 由(3.1.6)式还可见: 如果 $|f|$ 可积,则 f 可积. 而当 f 可积时,由(3.1.4)式和命题 3.1.2 之(6)又得

$$\int_X |f|\mathrm{d}\mu = \int_X (f^+ + f^-)\mathrm{d}\mu = \int_X f^+ \,\mathrm{d}\mu + \int_X f^- \,\mathrm{d}\mu < \infty.$$

(3) 由已证之(2)知,只需证明: 如果 $f\geqslant 0$ 可积,则 $f<\infty$ a.e.. 这是十分明显的,因为如果 $\mu(f=\infty)>0$,则由命题 3.1.2 之(7)推出对任何 $n=1,2,\cdots$ 均有

$$\int_X f\mathrm{d}\mu \geqslant \int_X f I_{\{f=\infty\}}\mathrm{d}\mu \geqslant n\mu(f=\infty).$$

这意味着 $\int_X f\mathrm{d}\mu=\infty$,与 $f\geqslant 0$ 可积矛盾. □

定理 3.1.4 设 f,g 是测度空间$(X,\mathscr{F},\mu)$上的可测函数.

(1) 如果 f 积分存在，则对任何 $A\in\mathscr{F}$ 且 $\mu(A)=0$，有

$$\int_A f\mathrm{d}\mu = 0;$$

(2) 如果 f,g 积分存在且 $f\geqslant g$ a.e.，则 $\int_X f\mathrm{d}\mu\geqslant\int_X g\mathrm{d}\mu$；

(3) 如果 $f=g$ a.e.，则只要其中任一个的积分存在，另一个的积分也存在而且两个积分值相等.

证明 (1) 如果 f 是非负简单函数，表 $f=\sum_{i=1}^{n}a_iI_{A_i}$，其中 $\{A_i\in\mathscr{F},\ i=1,\cdots,n\}$ 是 $(X,\mathscr{F},\mu)$ 的有限可测分割而且对每个 $i=1,\cdots,n$ 有 $a_i\in\boldsymbol{R}\backslash\boldsymbol{R}^-$，则

$$\begin{aligned}\int_A f\mathrm{d}\mu &= \int_X fI_A\mathrm{d}\mu = \int_X\Big(\sum_{i=1}^{n}a_iI_{A_i\cap A}\Big)\mathrm{d}\mu\\ &= \sum_{i=1}^{n}a_i\mu(A_i\cap A)\leqslant\mu(A)\sum_{i=1}^{n}a_i = 0,\end{aligned}$$

可见结论成立. 如果 f 是非负可测函数，由(3.1.2)式知结论仍成立. 如果 f 是一般可测函数，由(3.1.5)式知结论还成立.

(2) 先考虑 $f,g\geqslant 0$ 的情况. 记 $A=\{f<g\}$，则由已证之(1)及命题 3.1.2 之(6)和(7)推出

$$\begin{aligned}\int_X f\mathrm{d}\mu &= \int_X fI_A\mathrm{d}\mu + \int_X fI_{A^c}\,\mathrm{d}\mu = \int_X fI_{A^c}\,\mathrm{d}\mu\\ &\geqslant \int_X gI_{A^c}\,\mathrm{d}\mu = \int_X gI_A\mathrm{d}\mu + \int_X gI_{A^c}\,\mathrm{d}\mu\\ &= \int_X g\mathrm{d}\mu,\end{aligned}$$

故结论成立. 再讨论一般情况. 由 $f\geqslant g$ a.e. 易得 $f^+\geqslant g^+$ a.e. 和 $f^-\leqslant g^-$ a.e.. 因此由刚才非负情况下已证得的结论推知

$$\int_X f^+\,\mathrm{d}\mu\geqslant\int_X g^+\,\mathrm{d}\mu;\quad \int_X f^-\,\mathrm{d}\mu\leqslant\int_X g^-\,\mathrm{d}\mu. \tag{3.1.7}$$

此式再加上(3.1.5)式即知(2)对一般情况也成立.

(3) 这时由 $f\geqslant g$ a.e. 可推出(3.1.7)式，而由 $f\leqslant g$ a.e. 又推出

$$\int_X f^+\,\mathrm{d}\mu\leqslant\int_X g^+\mathrm{d}\mu;\quad \int_X f^-\,\mathrm{d}\mu\geqslant\int_X g^-\,\mathrm{d}\mu.$$

两者合在一起就得到

$$\int_X f^+ \mathrm{d}\mu = \int_X g^+ \mathrm{d}\mu; \quad \int_X f^- \mathrm{d}\mu = \int_X g^- \mathrm{d}\mu.$$

可见(3)成立. □

定理 3.1.4 表明,对于可测函数而言,随意涂改它在一个零测集上的值,不会影响它的"积分存在"性、"可积"性以及(积分存在时的)积分值. 利用这一点,我们可以把积分的对象加以扩充,使得 a.e. 定义的可测函数也可以定义积分. 事实上,设 f 是一个 a.e. 定义的可测函数. 以 $\widetilde{f}$ 记任何一个满足 $\mu(f\neq\widetilde{f})=0$ 的可测函数,则当 $\widetilde{f}$ 的积分存在时就说 f 的积分存在并且把

$$\int_X f\mathrm{d}\mu \xlongequal{\text{def}} \int_X \widetilde{f}\,\mathrm{d}\mu$$

称为 f 的积分. 不难看出,这样的定义是一意的. 在今后的讨论中,凡提到可测函数的积分,都可以把它理解为 a.e. 定义的可测函数的积分.

定理 3.1.4 还有下面推论:

推论 3.1.5 设 f 是测度空间$(X,\mathscr{F},\mu)$上的可测函数. 如果 $f=0$ a.e.,则 $\int_X f\mathrm{d}\mu=0$;反之,如果 $\int_X f\mathrm{d}\mu=0$ 且 $f\geqslant 0$ a.e.,则

$$f=0 \text{ a.e.}$$

证明 如果 $f=0$ a.e.,则由定理 3.1.4 之(3)立得 $\int_X f\mathrm{d}\mu=\int_X 0\mathrm{d}\mu=0$. 为证推论的后一部分,采用反证法. 谬设 $\mu(f>0)>0$. 表 $\{f>0\}=\bigcup_{n=1}^{\infty}\{f\geqslant 1/n\}$,则有正整数 n_0 使 $\mu(f\geqslant 1/n_0)>0$. 于是由条件 $f\geqslant 0$ a.e.,定理 3.1.4 之(3),命题 3.1.2 之(6)和(7)得

$$\begin{aligned}\int_X f\mathrm{d}\mu &= \int_X fI_{\{f\geqslant 0\}}\mathrm{d}\mu = \int_X fI_{\{f>0\}}\mathrm{d}\mu + \int_X fI_{\{f=0\}}\mathrm{d}\mu \\ &= \int_X fI_{\{f>0\}}\mathrm{d}\mu \geqslant \int_X fI_{\{f\geqslant 1/n_0\}}\mathrm{d}\mu \\ &\geqslant \int_X \frac{1}{n_0}I_{\{f\geqslant 1/n_0\}}\mathrm{d}\mu = \frac{1}{n_0}\mu(f\geqslant 1/n_0) > 0,\end{aligned}$$

导致矛盾. □

§2 积分的性质

我们将通过一系列的定理来讨论积分的性质. 第一个定理说明积分的线性性质.

定理 3.2.1 设 f,g 是测度空间$(X,\mathscr{F},\mu)$上积分存在的可测函数.

(1) 对任何 $a\in\boldsymbol{R}$,af 的积分存在且

$$\int_X(af)\mathrm{d}\mu=a\int_X f\mathrm{d}\mu;$$

(2) 如果 $\int_X f\mathrm{d}\mu+\int_X g\mathrm{d}\mu$ 有意义,则 $f+g$ a.e. 有定义,其积分存在且

$$\int_X(f+g)\mathrm{d}\mu=\int_X f\mathrm{d}\mu+\int_X g\mathrm{d}\mu.$$

证明 (1) 对任何 $a\in\boldsymbol{R}\backslash\boldsymbol{R}^-$ 和非负可测函数 f,由命题 3.1.2 之(5)知结论成立. 对任何 $a\in\boldsymbol{R}\backslash\boldsymbol{R}^-$ 和可测函数 f,有$(af)^+=af^+$和$(af)^-=af^-$. 于是只要 f 的积分存在,由(3.1.3)式便知(1)的结论成立. 如果实数 $a<0$,那么对 $-a>0$ 用刚才对 $a\in\boldsymbol{R}\backslash\boldsymbol{R}^-$ 所得之结论又知(1)还成立.

(2) 证明分为三步进行.

第一步 如果 $f,g\geqslant 0$ a.e., $\min\left\{\int_X f\mathrm{d}\mu,\int_X g\mathrm{d}\mu\right\}<\infty$ 且 $f-g$ a.e. 有定义,则 $f-g$ 的积分存在且

$$\int_X(f-g)\mathrm{d}\mu=\int_X f\mathrm{d}\mu-\int_X g\mathrm{d}\mu. \tag{3.2.1}$$

证 注意

$$f-g\leqslant f \text{ a.e.}\Rightarrow(f-g)^+\leqslant f \text{ a.e.},$$

$$f-g\geqslant -g \text{ a.e.}\Rightarrow(f-g)^-\leqslant(-g)^-=g \text{ a.e.},$$

由命题 3.1.2 之(7)推知

$$\min\left\{\int_X(f-g)^+\mathrm{d}\mu,\int_X(f-g)^-\mathrm{d}\mu\right\}$$

$$\leqslant\min\left\{\int_X f\mathrm{d}\mu,\int_X g\mathrm{d}\mu\right\}<\infty, \tag{3.2.2}$$

从而 $f-g$ 的积分存在. 表

$$f-g=(f-g)^{+}-(f-g)^{-}\ \text{a.e.},$$

则

$$f+(f-g)^{-}=g+(f-g)^{+}\ \text{a.e.}.$$

于是由命题 3.1.2 之(6)得到

$$\int_X f\mathrm{d}\mu+\int_X(f-g)^{-}\mathrm{d}\mu=\int_X g\mathrm{d}\mu+\int_X(f-g)^{+}\mathrm{d}\mu.$$

由此式加上(3.2.2)式推知

$$\int_X(f-g)\mathrm{d}\mu=\int_X(f-g)^{+}\mathrm{d}\mu-\int_X(f-g)^{-}\mathrm{d}\mu$$

$$=\int_X f\mathrm{d}\mu-\int_X g\mathrm{d}\mu.$$

第一步得证.

第二步　如果 $\int_X f\mathrm{d}\mu+\int_X g\mathrm{d}\mu$ 有意义, 则

$$(f^{+}+g^{+})-(f^{-}+g^{-})\ \text{a.e. 有意义},$$

而且

$$\min\left\{\int_X(f^{+}+g^{+})\mathrm{d}\mu,\int_X(f^{-}+g^{-})\mathrm{d}\mu\right\}<\infty. \quad (3.2.3)$$

证　只需证

$$\int_X(f^{+}+g^{+})\mathrm{d}\mu=\infty\Longrightarrow\int_X(f^{-}+g^{-})\mathrm{d}\mu<\infty; \quad (3.2.4)$$

$$\int_X(f^{-}+g^{-})\mathrm{d}\mu=\infty\Longrightarrow\int_X(f^{+}+g^{+})\mathrm{d}\mu<\infty.$$

由于两式之证明类似, 以下只证(3.2.4)式. 如果 $\int_X(f^{+}+g^{+})\mathrm{d}\mu=\infty$, 则由命题 3.1.2 之(6)知 $\int_X f^{+}\mathrm{d}\mu=\infty$ 和 $\int_X g^{+}\mathrm{d}\mu=\infty$ 之一成立. 当 $\int_X f^{+}\mathrm{d}\mu=\infty$ 时, 由于 f 的积分存在, 故必有 $\int_X f^{-}\mathrm{d}\mu<\infty$, 从而也有 $\int_X g^{-}\mathrm{d}\mu<\infty$ $\left(\text{否则}, \int_X f\mathrm{d}\mu+\int_X g\mathrm{d}\mu\ \text{不可能有意义}\right)$. 这就证明了如果 $\int_X f^{+}\mathrm{d}\mu=\infty$, 则 $\int_X(f^{-}+g^{-})\mathrm{d}\mu<\infty$. 同理, 如果 $\int_X g^{+}\mathrm{d}\mu=\infty$, 亦有 $\int_X(f^{-}+g^{-})\mathrm{d}\mu<\infty$. (3.2.4)式得证.

第三步 (2)的结论成立.

证 由于

$$(f+g)^+ \leqslant f^+ + g^+ \text{ a.e.}$$

和

$$(f+g)^- \leqslant f^- + g^- \text{ a.e.},$$

故由第二步推知 $f+g$ a.e. 有意义且 $f+g$ 的积分存在. 于是

$$\int_X (f+g)\mathrm{d}\mu = \int_X (f^+ - f^- + g^+ - g^-)\mathrm{d}\mu$$

$$= \int_X [(f^+ + g^+) - (f^- + g^-)]\mathrm{d}\mu$$

((3.2.3) 式 $\Rightarrow \max\{f^+, g^+\} < \infty$ a.e.

或 $\max\{f^-, g^-\} < \infty$ a.e.)

$$= \int_X (f^+ + g^+)\mathrm{d}\mu - \int_X (f^- + g^-)\mathrm{d}\mu$$

(先用第二步,再对 $f^+ + g^+$ 和 $f^- + g^-$ 用第一步)

$$= \left(\int_X f^+ \mathrm{d}\mu + \int_X g^+ \mathrm{d}\mu\right) - \left(\int_X f^- \mathrm{d}\mu + \int_X g^- \mathrm{d}\mu\right)$$

(命题 3.1.2 之(6))

$$= \left(\int_X f^+ \mathrm{d}\mu - \int_X f^- \mathrm{d}\mu\right) + \left(\int_X g^+ \mathrm{d}\mu - \int_X g^- \mathrm{d}\mu\right)$$

(由(3.2.3) 式)

$$= \int_X f\mathrm{d}\mu + \int_X g\mathrm{d}\mu,$$

完成了(2)的证明. 定理证完. □

第二个定理用来说明: 如果两个可积函数在任意 $A \in \mathscr{F}$ 上的积分值都相等,则这两个函数几乎处处相等.

定理 3.2.2 设 f, g 是测度空间$(X, \mathscr{F}, \mu)$的可积函数.

(1) 如果 $\int_A f\mathrm{d}\mu \geqslant \int_A g\mathrm{d}\mu$ 对每个 $A \in \mathscr{F}$ 成立,则 $f \geqslant g$ a.e.;

(2) 如果 $\int_A f\mathrm{d}\mu = \int_A g\mathrm{d}\mu$ 对每个 $A \in \mathscr{F}$ 成立,则 $f = g$ a.e..

证明 因为由(1)可以推出(2),故只需证(1). 令 $B = \{f < g\}$. 由定理 3.1.4 之(2)得

$$\int_B (g-f)\mathrm{d}\mu = \int_X (g-f) I_B \mathrm{d}\mu \geqslant 0.$$

由条件 $\int_A f\mathrm{d}\mu \geqslant \int_A g\mathrm{d}\mu, \forall A \in \mathscr{F}$ 及定理 3.2.1(2)又得

$$\int_B (g-f)\mathrm{d}\mu = \int_B g\mathrm{d}\mu - \int_B f\mathrm{d}\mu \leqslant 0.$$

于是在(1)的条件下，我们有

$$\int_X (g-f) I_B \mathrm{d}\mu = \int_B (g-f)\mathrm{d}\mu = 0.$$

根据推论 3.1.5，上式意味着 $(g-f)I_B = 0$ a.e.. 但是在 B 上 $g > f$，故此时必须有 $I_B = 0$ a.e. 即 $\mu(f<g) = \mu(B) = 0$. 证完. □

第三个定理说明了积分的**绝对连续性**.

定理 3.2.3　如果 f 可积，则对任何 $\varepsilon > 0$，存在 $\delta > 0$，使对任何满足 $\mu(A) < \delta$ 之 $A \in \mathscr{F}$ 均有

$$\int_A |f|\mathrm{d}\mu < \varepsilon.$$

证明　由定理 3.1.3 知此时 $|f|$ 亦可积. 取非负简单函数

$$g_n \uparrow |f|,$$

则由命题 3.1.2 之(2)知：任给 $\varepsilon > 0$，存在正整数 N 使

$$\int_X |f|\mathrm{d}\mu - \int_X g_N \mathrm{d}\mu < \frac{\varepsilon}{2}.$$

令 $M = \max\limits_{x \in X} g_N(x)$，则

$$\int_A |f|\mathrm{d}\mu < \frac{\varepsilon}{2} + \int_A g_N \mathrm{d}\mu \leqslant \frac{\varepsilon}{2} + M\mu(A),$$

从而只要取 $\delta = \varepsilon/(2M)$ 即得定理的结论. □

接下来的三个定理用于讨论可测函数列极限的积分性质，中心问题是极限何时可以穿过积分符号. 这三个定理依次称为**单调收敛定理(Levi 定理)，Fatou 引理和 Lebesgue 控制收敛定理**.

定理 3.2.4(Levi 定理)　设 $\{f_n, n=1,2,\cdots\}$ 和 f 均为 a.e. 非负的可测函数. 如果 $f_n \uparrow f$ a.e.，则

$$\int_X f_n \mathrm{d}\mu \uparrow \int_X f\mathrm{d}\mu.$$

证明　根据定理 3.1.4，无妨设 $\{f_n, n=1,2,\cdots\}$ 和 f 是处处非

负的可测函数且对每个 $x\in X$ 有

$$f_n(x)\uparrow f(x).$$

对每个 $n=1,2,\cdots$,作非负简单函数列 $\{f_{n,k},\ k=1,2,\cdots\}$ 使当 $k\to\infty$ 时有 $f_{n,k}\uparrow f_n$. 再令 $g_k=\max\limits_{1\leqslant n\leqslant k}f_{n,k}$,则

(1) 易见对每个 $k=1,2,\cdots,g_k$ 都是非负简单函数.

(2) 由于对每个 $k=1,2,\cdots$ 有

$$g_k=\max_{1\leqslant n\leqslant k}f_{n,k}\leqslant\max_{1\leqslant n\leqslant k}f_{n,k+1}\leqslant\max_{1\leqslant n\leqslant k+1}f_{n,k+1}=g_{k+1},$$

故 $g_k\uparrow$.

(3) 由于 $g_k=\max\limits_{1\leqslant n\leqslant k}f_{n,k}\leqslant\max\limits_{1\leqslant n\leqslant k}f_n=f_k$,故

$$\int_X g_k\mathrm{d}\mu\leqslant\int_X f_k\mathrm{d}\mu\leqslant\int_X f\mathrm{d}\mu,\quad\forall\ k=1,2,\cdots;$$

$$\lim_{k\to\infty}g_k\leqslant\lim_{k\to\infty}f_k=f.$$

(4) 由于对每个 $n=1,\cdots,k$ 有 $g_k=\max\limits_{1\leqslant n\leqslant k}f_{n,k}\geqslant f_{n,k}$,故

$$\lim_{k\to\infty}g_k\geqslant\lim_{k\to\infty}f_{n,k}=f_n,\quad\forall\ n=1,2,\cdots$$

$$\Longrightarrow\lim_{k\to\infty}g_k\geqslant\lim_{n\to\infty}f_n=f.$$

合并(2),(3)和(4)得 $g_k\uparrow f$,于是由(1)和命题 3.1.2 之(2)得

$$\int_X g_k\mathrm{d}\mu\uparrow\int_X f\mathrm{d}\mu,$$

后者再与(3)的前一式合在一起,即得定理结论. □

两两不交的集合序列 $\{A_n\in\mathscr{F},n=1,2,\cdots\}$ 如果满足 $\bigcup\limits_{n=1}^{\infty}A_n=X$,则称之为可测空间 $(X,\mathscr{F})$ 的一个**可列可测分割**. 对于一个有限可测分割 $\{A_i,i=1,\cdots,n\}$,如果令 $A_{n+1}=A_{n+2}=\cdots=\varnothing$,则 $\{A_i,i=1,2,\cdots\}$ 就成为可列可测分割. 所以可列可测分割是一个比有限可测分割更一般的概念,简称为**可测分割**. 由定理 3.2.4 容易证明:

推论 3.2.5 如果 f 的积分存在,则对任一可测分割 $\{A_n,n=1,2,\cdots\}$ 有

$$\int_X f\mathrm{d}\mu=\sum_{n=1}^{\infty}\int_{A_n}f\mathrm{d}\mu.$$

定理 3.2.6(Fatou 引理) 对任何 a.e. 非负可测函数的序列 $\{f_n,n=1,2,\cdots\}$,有

$$\int_X (\liminf_{n\to\infty} f_n)\mathrm{d}\mu \leqslant \liminf_{n\to\infty}\int_X f_n \mathrm{d}\mu. \tag{3.2.5}$$

证明　令 $g_k=\inf\limits_{n\geqslant k} f_n$，则 $g_k \uparrow \liminf\limits_{n\to\infty} f_n$，因而由定理 3.2.4 推知

$$\int_X (\liminf_{n\to\infty} f_n)\mathrm{d}\mu = \lim_{k\to\infty}\int_X g_k \mathrm{d}\mu = \lim_{k\to\infty}\int_X (\inf_{n\geqslant k} f_n)\mathrm{d}\mu$$
$$\leqslant \liminf_{k\to\infty}\int_X f_k \mathrm{d}\mu. \quad \square$$

Fatou 引理有下列推论.

推论 3.2.7　设 $\{f_n, n=1,2,\cdots\}$ 是可测函数列.

(1) 若存在可积函数 g 使 $f_n \geqslant g$ 对每个 $n=1,2,\cdots$ 成立，则 $\liminf\limits_{n\to\infty} f_n$ 积分存在且(3.2.5)式成立.

(2) 若存在可积函数 g 使 $f_n \leqslant g$ 对每个 $n=1,2,\cdots$ 成立，则 $\limsup\limits_{n\to\infty} f_n$ 积分存在且

$$\int_X (\limsup_{n\to\infty} f_n)\mathrm{d}\mu \geqslant \limsup_{n\to\infty}\int_X f_n \mathrm{d}\mu.$$

定理 3.2.8(Lebesgue 控制收敛定理)　设 $\{f_n, n=1,2,\cdots\}$ 和 f 为可测函数. 如果存在非负可积函数 g 使对每个 $n=1,2,\cdots$ 有 $|f_n| \leqslant g$ a.e.，则 $f_n \xrightarrow{\text{a.e.}} f$ 或 $f_n \xrightarrow{\mu} f$ 蕴含

$$\lim_{n\to\infty}\int_X f_n \mathrm{d}\mu = \int_X f \mathrm{d}\mu. \tag{3.2.6}$$

证明　先考虑 $f_n \xrightarrow{\text{a.e.}} f$ 的情况. 此时由推论 3.2.7 可见

$$\int_X f \mathrm{d}\mu = \int_X (\lim_{n\to\infty} f_n)\mathrm{d}\mu \leqslant \liminf_{n\to\infty}\int_X f_n \mathrm{d}\mu$$
$$\leqslant \limsup_{n\to\infty}\int_X f_n \mathrm{d}\mu \leqslant \int_X (\lim_{n\to\infty} f_n)\mathrm{d}\mu = \int_X f \mathrm{d}\mu,$$

从而(3.2.6)式成立. 再考虑 $f_n \xrightarrow{\mu} f$ 的情况. 由定理 2.5.3 和定理 2.5.4 知，这时对 $\{f_n\}$ 的任一子列，存在进一步的子列 $\{f_{n'}\}$ 使 $f_{n'} \xrightarrow{\text{a.e.}} f$，从而由已证得之结论得

$$\lim_{n'\to\infty}\int_X f_{n'} \mathrm{d}\mu = \int_X f \mathrm{d}\mu.$$

这显然意味着(3.2.6)式成立. $\square$

Lebesgue 控制收敛定理的一个重要推论是下列 Lebesgue 有界

收敛定理.

推论 3.2.9(Lebesgue 有界收敛定理) 设$\{f_n,n=1,2,\cdots\}$和 f 是有限测度空间$(X,\mathscr{F},\mu)$上的可测函数. 如果存在 $M>0$ 使$|f_n|\leqslant M$ a.e. 对每个 $n=1,2,\cdots$成立且 $f_n\xrightarrow{\text{a.s.}}f$ 或 $f_n\xrightarrow{\mu}f$,则

$$\lim_{n\to\infty}\int_X f_n\mathrm{d}\mu=\int_X f\mathrm{d}\mu.$$

证明 令 $g\equiv M$. 由于$(X,\mathscr{F},\mu)$是有限测度空间,故 g 可积. 于是直接用定理 3.2.8 即得本推论. □

对于第二章§5 例 1 中的$\{f_n, n=1,2,\cdots\}$和 f,有

$$\lim_{n\to\infty}\int_X f_n\mathrm{d}\mu=\infty\neq 0=\int_X f\mathrm{d}\mu.$$

这就提供了一个例子,说明推论 3.2.9 只适用于有限测度空间.

本节的最后的一个定理讨论积分的变数替换.

定理 3.2.10 设 g 是由测度空间$(X,\mathscr{F},\mu)$到可测空间$(Y,\mathscr{S})$的可测映射.

(1) 对每个 $B\in\mathscr{S}$,令 $\nu(B)=\mu(g^{-1}B)$,则$(Y,\mathscr{S},\nu)$还是一个测度空间;

(2) 对$(Y,\mathscr{S},\nu)$上的任何可测函数 f,只要等式

$$\int_Y f\mathrm{d}\nu=\int_X f\circ g\mathrm{d}\mu$$

之一端有意义,就一定成立.

证明 易证(1). 通过(1)并对 f 用典型方法可得(2). □

§3 空间 $L_p(X,\mathscr{F},\mu)$

设$(X,\mathscr{F},\mu)$是测度空间而且 $1\leqslant p<\infty$. 以 $L_p(X,\mathscr{F},\mu)$记由$(X,\mathscr{F},\mu)$上全体这样的可测函数 f 组成的集合,它们满足

$$\int_X|f|^p\mathrm{d}\mu<\infty.$$

由于我们只讨论给定的测度空间$(X,\mathscr{F},\mu)$上的集合 $L_p(X,\mathscr{F},\mu)$,故 $L_p(X,\mathscr{F},\mu)$也简记为 L_p. 为讨论 L_p 的性质,需要一个简单的不等式.

引理 3.3.1 对任何 $a,b\in\boldsymbol{R}$ 和 $1\leqslant p<\infty$,

$$|a+b|^p\leqslant 2^{p-1}(|a|^p+|b|^p). \tag{3.3.1}$$

证明 由于当 $a=0,b=0$ 或 $p=1$ 时,(3.3.1)式显然成立,故以下只考虑 a,b 皆不为 0 且 $1<p<\infty$ 的情形. 由于

$$|a+b|\leqslant|a|+|b|,$$

故为证(3.3.1)式只需证对任何 $a,b\in\boldsymbol{R}^+$ 有

$$(a+b)^p\leqslant 2^{p-1}(a^p+b^p)$$

$$\Longleftrightarrow 2^{p-1}\left\{\left[\frac{a}{a+b}\right]^p+\left[\frac{b}{a+b}\right]^p\right\}\geqslant 1.$$

不难看出,这等价于证 $2^{p-1}[x^p+(1-x)^p]\geqslant 1,\forall x\in(0,1)$,而后者极易用微积分方法推得. □

从引理 3.3.1 容易推出:当 $1\leqslant p<\infty$ 时,对任何 $a,b\in\boldsymbol{R}$,有

$$f,g\in L_p\Longrightarrow af+bg\in L_p,$$

故 L_p **对于线性运算是封闭的**. 为继续研究 L_p 的其他性质,再引进一个不等式.

引理 3.3.2 如果 $1<p,q<\infty$ 且 $\dfrac{1}{p}+\dfrac{1}{q}=1$,则对于任何 $a,b\in\boldsymbol{R}\backslash\boldsymbol{R}^-$,有

$$a^{1/p}b^{1/q}\leqslant\frac{a}{p}+\frac{b}{q}, \tag{3.3.2}$$

而且等号成立当且仅当 $a=b$.

证明 不难看出,当 $ab=0$ 时(3.3.2)式成立,故无妨设 $a,b\in\boldsymbol{R}^+$. 在(3.3.2)式的两端同时除以 b 并注意 $1-\dfrac{1}{q}=\dfrac{1}{p}$,便知(3.3.2)式等价于:对任何 $a,b\in\boldsymbol{R}^+$,有

$$\left[\frac{a}{b}\right]^{1/p}\leqslant\frac{1}{p}\cdot\frac{a}{b}+\frac{1}{q},$$

记 $\alpha=\dfrac{1}{p}$,后者又等价于:对任何 $x\in\boldsymbol{R}^+$ 有

$$x^\alpha\leqslant 1+\alpha(x-1).$$

用微积分方法易证此不等式,并且等号成立当且仅当 $x=1$. 因此引理的结论成立. □

为简便起见,对任何 $1\leqslant p<\infty$ 和任何可测函数 f,记

$$\|f\|_p=\left[\int_X|f|^p\mathrm{d}\mu\right]^{1/p}.$$

特别地，$\|f\|_1$ 就记为$\|f\|$. 易见，

$$f\in L_p\Leftrightarrow\|f\|_p<\infty.$$

利用引理 3.3.2，可以证明下列 **Hölder 不等式**，而由 Hölder 不等式又可以推出 **Minkowski 不等式**.

定理 3.3.3（Hölder 不等式） 如果 $1<p,q<\infty$ 满足 $\dfrac{1}{p}+\dfrac{1}{q}=1$，则对任何 $f,g\in L_p$ 有

$$\|fg\|\leqslant\|f\|_p\|g\|_q, \tag{3.3.3}$$

而且等号成立的必要充分条件是存在不全为 0 的 $\alpha,\beta\geqslant0$ 使

$$\alpha|f|^p=\beta|g|^q\ \text{a.e.}.$$

证明 不难看出，如果 $f=0$ a.e. 或 $g=0$ a.e. 时，(3.3.3)式的等号成立. 因此无妨设 $0<\|f\|_p,\|g\|_q<\infty$. 令

$$a=(|f|/\|f\|_p)^p\quad\text{和}\quad b=(|g|/\|g\|_q)^q,$$

则由(3.3.2)式得

$$\frac{|fg|}{\|f\|_p\|g\|_q}\leqslant\frac{1}{p}\cdot\frac{|f|^p}{\|f\|_p^p}+\frac{1}{q}\cdot\frac{|g|^q}{\|g\|_q^q}\quad\text{a.e.} \tag{3.3.4}$$

上式两端同时取积分，得 $\dfrac{\|fg\|}{\|f\|_p\|g\|_q}\leqslant1$. 此即(3.3.3)式. 对函数

$$\frac{1}{p}\cdot\frac{|f|^p}{\|f\|_p^p}+\frac{1}{q}\cdot\frac{|g|^q}{\|g\|_q^q}-\frac{|fg|}{\|f\|_p\|g\|_q}$$

用推论 3.1.5 知，(3.3.3)式中等号成立的充要条件是(3.3.4)式的等号成立. 而根据引理 3.3.2，(3.3.4)式等号成立的必要充分条件是

$$\left(\frac{|f|}{\|f\|_p}\right)^p=\left(\frac{|g|}{\|g\|_q}\right)^q\ \text{a.e.}$$

$$\Longleftrightarrow\|g\|_q^q|f|^p=\|f\|_p^p|g|^q\ \text{a.e.}.$$

把 $f=0$ a.e. 或 $g=0$ a.e. 的情况也包括在内，就得到定理所描述的等号成立的必要充分条件. □

定理 3.3.4（Minkowski 不等式） 设 $1\leqslant p<\infty$. 对任何 $f,g\in L_p$，有

$$\|f+g\|_p\leqslant\|f\|_p+\|g\|_p, \tag{3.3.5}$$

而且等号成立的必要充分条件是

(1) 当 $p=1$ 时，$fg\geqslant 0$ a.e.；

(2) 当 $1<p<\infty$ 时，存在不全为 0 的 $\alpha,\beta\geqslant 0$ 使 $\alpha f=\beta g$ a.e.

证明　当 $p=1$ 时，所要的结论来自实数的性质：对任何 $a,b\in \boldsymbol{R}$ 有

$$|a+b|\leqslant |a|+|b|,$$

其中等号成立当且仅当 $ab\geqslant 0$. 以下设 $1<p<\infty$ 并记 $q=\dfrac{p}{p-1}$. 易见 $\dfrac{1}{p}+\dfrac{1}{q}=1$，因而由(3.3.3)式得

$$\begin{aligned}\|f+g\|_p^p &= \int_X |f+g|^p \mathrm{d}\mu \\ &\leqslant \int_X |f||f+g|^{p-1}\mathrm{d}\mu + \int_X |g||f+g|^{p-1}\mathrm{d}\mu \\ &\leqslant \|f\|_p \| |f+g|^{p-1} \|_q + \|g\|_p \| |f+g|^{p-1}\|_q \\ &= (\|f\|_p+\|g\|_p)\|f+g\|_p^{p-1}. \end{aligned} \tag{3.3.6}$$

当 $\|f+g\|_p=0$ 时，(3.3.5)式显然成立，而且其中等号成立当且仅当 $f=g=0$ a.e.. 当 $\|f+g\|_p>0$ 时，在(3.3.6)式两端除以 $\|f+g\|_p^{p-1}$，仍可得到(3.3.5)式. 此时(3.3.5)式中等号成立，当且仅当(3.3.6)式中的两个"$\leqslant$"中的"$=$"都成立. 但是，(3.3.6)式的第一个"$\leqslant$"中的"$=$"成立当且仅当 $fg\geqslant 0$ a.e.；(3.3.6)式的第二个"$\leqslant$"中的"$=$"成立当且仅当存在不全为 0 的 $a,b\geqslant 0$ 和不全为 0 的 $c,d\geqslant 0$ 使

$$a|f|^p=b|f+g|^p \text{ a.e.},\quad c|g|^p=d|f+g|^p \text{ a.e.}$$

由此可见定理之(2)成立. □

易见，对任何 $1\leqslant p<\infty$，L_p 上定义的 $\|\cdot\|_p$ 具有性质：

(1) $\|f\|_p\geqslant 0$；$\|f\|_p=0\Longleftrightarrow f=0$ a.e.；

(2) $\|af\|_p=|a|\|f\|_p$，$\forall a\in\boldsymbol{R}$.

这两条加上 Minkowski 不等式就得到结论：**如果视 L_p 中 a.e. 相等的函数为同一个 L_p 中的元，则 $\|\cdot\|_p$ 是 L_p 上的范数**. 在此观点下，**L_p 是一个线性赋范空间.**

以上的结论可以推广到 $p=\infty$ 的情况. 事实上，把 $(X,\mathscr{F},\mu)$ 上

a.e. 有界的可测函数的全体记为 $L_\infty(X,\mathscr{F},\mu)$ 或 L_∞，就不难看出，L_∞ 也是线性空间. 对每个 $f\in L_\infty$，再令

$$\|f\|_\infty=\inf\{a\in\boldsymbol{R}^+:\mu(|f|>a)=0\}.$$

则容易验证：$\|\cdot\|_\infty$ 是 L_∞ 上的范数. 对于 L_∞，有下列结论.

定理 3.3.5 如果 $f\in L_1,g\in L_\infty$，则

$$\|fg\|\leqslant\|f\|\cdot\|g\|_\infty,$$

如果 $f,g\in L_\infty$，则

$$\|f+g\|_\infty\leqslant\|f\|_\infty+\|g\|_\infty.$$

这个定理的证明比较简单，请读者自己完成. 这里仅仅指出，该定理的两个不等式分别可以看成是 Hölder 不等式和 Minkowski 不等式的推广. 事实上，如果当 $1<p<\infty$ 时把满足 $\frac{1}{p}+\frac{1}{q}=1$ 的那个 q 叫做 p 的**共轭数**的话，那么 $p=1$ 时的共轭数就自然应该定义为 $q=\infty$. 这样一来，定理的第一个不等式和 Hölder 不等式在形式上就完全一致了. 换句话说，Hölder 不等式不仅当 $1<p<\infty$ 时成立，而且当 $p=1$ 和 $p=\infty$ 时也是对的. 显然，定理的第二个不等式也是 Minkowski 不等式对 $p=\infty$ 的推广.

考虑 $0<p<1$ 的情形. 以 L_p 记测度空间 $(X,\mathscr{F},\mu)$ 上满足

$$\|f\|_p\xlongequal{\text{def}}\int_X|f|^p\mathrm{d}\mu<\infty$$

的可测函数的全体；(注意：当 $0<p<1$ 和 $1\leqslant p\leqslant\infty$ 时，$\|\cdot\|_p$ 的定义是截然不同的！)和以前一样，如果 $f,g\in L_p$ 满足 $f=g$ a.e.，则认为 f 和 g 在 L_p 中是相等的. 因为这时对每个 $a\in\boldsymbol{R}$ 有

$$\|af\|_p=|a|^p\|f\|_p,$$

所以 $\|\cdot\|_p$ 不再是 L_p 的范数. 但是，我们仍然可以证明某种类似于 Minkowski 不等式的东西——下面的定理 3.3.7，姑且也把它叫做 Minkowski 不等式吧.

引理 3.3.6 如果 $0<p<1$，则 $|a+b|^p\leqslant|a|^p+|b|^p,\forall a,b\in\boldsymbol{R}$.

证明 略. □

定理 3.3.7 如果 $0<p<1$，则 $\|f+g\|_p\leqslant\|f\|_p+\|g\|_p$.

证明 用引理 3.3.6. □

设 $0<p\leqslant\infty$. 根据 Minkowski 不等式，通过 $\|\cdot\|_p$ 在 L_p 上可以产生距离：对任何 $f,g\in L_p$，令

$$\rho(f,g)\overset{\text{def}}{=\!=\!=}\|f-g\|_p,$$

下列定理表明，L_p 在这个距离下是完备的. 因此，当 $0<p<1$ 时，L_p 是一个**完备的距离空间**；当 $1\leqslant p\leqslant\infty$ 时，L_p 是一个 **Banach 空间**.

定理 3.3.8　设 $0<p\leqslant\infty$. 如果 $\{f_n\}\subset L_p$ 满足

$$\lim_{n,m\to\infty}\|f_n-f_m\|_p=0,\tag{3.3.7}$$

则存在 $f\in L_p$ 使得

$$\lim_{n\to\infty}\|f_n-f\|_p=0.\tag{3.3.8}$$

证明　对每个 $k=1,2,\cdots$，取正整数 n_k 使 $n_1<n_2<\cdots$ 而且

$$\|f_{n_{k+1}}-f_{n_k}\|_p<1/2^k.$$

再对每个 $k=1,2,\cdots$，令

$$g_k=|f_{n_1}|+\sum_{i=1}^{k}|f_{n_{i+1}}-f_{n_i}|,$$

则由 Minkowski 不等式可见

$$\begin{aligned}\|g_k\|_p&\leqslant\|f_{n_1}\|_p+\sum_{i=1}^{k}\|f_{n_{i+1}}-f_{n_i}\|_p\\&\leqslant\|f_{n_1}\|_p+1.\end{aligned}$$

记 $g=|f_{n_1}|+\sum\limits_{i=1}^{\infty}|f_{n_{i+1}}-f_{n_i}|$. 易见 $g_k\uparrow g$ 从而由单调收敛定理推出

$$\int_X g^p\mathrm{d}\mu=\lim_{k\to\infty}\int_X g_k^p\mathrm{d}\mu\leqslant(\|f_{n_1}\|_p+1)^p<\infty,$$

故 $g\in L_p$. 这蕴含 $g<\infty$ a.e.，而由后者又推出级数

$$f_{n_1}+\sum_{i=1}^{\infty}(f_{n_{i+1}}-f_{n_i})\ \text{a.e. 收敛},$$

即 $f\overset{\text{def}}{=\!=\!=}\lim\limits_{k\to\infty}f_{n_k}$ a.e. 有定义. 由于

$$|f|=\lim_{k\to\infty}\left|f_{n_1}+\sum_{i=1}^{k}(f_{n_{i+1}}-f_{n_i})\right|\leqslant\lim_{k\to\infty}g_k=g\ \text{a.e.},$$

而且 $g\in L_p$，故还有 $f\in L_p$. 因此，为完成定理的证明，只需再证 f 满足(3.3.8)式即可. 由(3.3.7)式知：对任给 $\varepsilon>0$，可取 l 足够大使

$$\| f_n - f_m \|_p < \varepsilon$$

对一切 $n,m \geqslant n_l$ 成立. 这样, 由 Fatou 引理便得: 当 $n \geqslant n_l$ 时有

$$\begin{aligned}\int_X |f_n - f|^p \mathrm{d}\mu &= \int_X \lim_{k\to\infty} |f_n - f_{n_k}|^p \mathrm{d}\mu \\ &\leqslant \liminf_{k\to\infty} \int_X |f_n - f_{n_k}|^p \mathrm{d}\mu \leqslant \varepsilon,\end{aligned}$$

可见(3.3.8)式成立. 证完. □

设 $0<p<\infty$, 研究序列 $\{f_n\} \subset L_p$ 的收敛性. 如果(3.3.8)式对某 $f \in L_p$ 成立, 则称 $\{f_n\}$(p 阶)**平均收敛到** f, 记为 $f_n \xrightarrow{L_p} f$. 平均收敛与已知收敛性之间的关系如下.

定理 3.3.9 设 $0<p<\infty$, $\{f_n\} \subset L_p$ 和 $f \in L_p$.

(1) 如果 $f_n \xrightarrow{L_p} f$, 则 $f_n \xrightarrow{\mu} f$ 和 $\| f_n \|_p \to \| f \|_p$;

(2) 如果 $f_n \xrightarrow{\text{a.e.}} f$ 或 $f_n \xrightarrow{\mu} f$, 则

$$\| f_n \|_p \to \| f \|_p \Longleftrightarrow f_n \xrightarrow{L_p} f.$$

证明 (1) 设 $f_n \xrightarrow{L_p} f$. 对任给 $\varepsilon>0$ 有

$$\begin{aligned}\mu(|f_n - f| \geqslant \varepsilon) &\leqslant \frac{1}{\varepsilon^p} \int_{\{|f_n - f| \geqslant \varepsilon\}} |f_n - f|^p \mathrm{d}\mu \\ &\leqslant \frac{1}{\varepsilon^p} \int_X |f_n - f|^p \mathrm{d}\mu \\ &= \frac{1}{\varepsilon^p} \| f_n - f \|_p^p \to 0,\end{aligned}$$

故 $f_n \xrightarrow{\mu} f$. 此外, 由 Minkowski 不等式又推出

$$|\, \| f_n \|_p - \| f \|_p \,| \leqslant \| f_n - f \|_p \to 0.$$

(2) "$\Longleftarrow$"部分见(1), 只需证"$\Longrightarrow$"部分. 如果 $f_n \xrightarrow{\mu} f$, 则对 $\{f_n\}$ 的任一子列, 存在其子列 $\{f_{n'}\}$ 使 $f_{n'} \xrightarrow{\text{a.e.}} f$. 令

$$g_{n'} = C_p(|f_{n'}|^p + |f|^p) - |f_{n'} - f|^p,$$

其中

$$C_p = \begin{cases} 2^{p-1}, & 1 \leqslant p \leqslant \infty, \\ 1, & 0 < p < 1. \end{cases} \tag{3.3.9}$$

则由引理 3.3.1 和引理 3.3.6 知，$g_{n'}\geqslant 0,\forall n'$，而且

$$\begin{aligned}\lim_{n'\to\infty} g_{n'} &= C_p(\lim_{n'\to\infty}|f_{n'}|^p + |f|^p) - \lim_{n'\to\infty}|f_{n'} - f|^p \\ &= 2C_p|f|^p \text{ a.e.}.\end{aligned}$$

因此，当 $\| f_n \|_p \to \| f \|_p$ 成立时，由 Fatou 引理便得

$$\begin{aligned}\int_X (2C_p|f|^p)\mathrm{d}\mu &= \int_X (\lim_{n'\to\infty} g_{n'})\mathrm{d}\mu \leqslant \liminf_{n'\to\infty}\int_X g_{n'}\mathrm{d}\mu \\ &= \int_X (2C_p|f|^p)\mathrm{d}\mu - \limsup_{n'\to\infty}\int_X |f_{n'} - f|^p\mathrm{d}\mu.\end{aligned}$$

将上式两端消去 $\int_X (2C_p|f|)^p\mathrm{d}\mu$，便得到 $\lim\limits_{n'\to\infty}\int_X |f_{n'}-f|^p\mathrm{d}\mu=0$. 于是我们证得：对$\{\| f_n-f \|_p\}$的任一子列，存在进一步的趋于 0 的子列. 这显然意味着 $f_n \xrightarrow{L_p} f$. 从上面的证明过程可见，如果以条件 $f_n \xrightarrow{\text{a.e.}} f$ 来代替 $f_n \xrightarrow{\mu} f$，证明只会更简单，从略. □

L_p 中除了平均收敛以外，还有**弱收敛**的概念.

定义 3.3.1　如果当 $1<p<\infty$ 时或当 $p=1$ 且$(X,\mathscr{F},\mu)$为 σ 有限测度空间时，对某个 $f\in L_p$ 有

$$\lim_{n\to\infty}\int_X f_n g\mathrm{d}\mu = \int_X fg\mathrm{d}\mu,\quad \forall\, g \in L_q$$

(和前面一样，q 表示 p 的共轭数)，则称$\{f_n\}$在 L_p 中**弱收敛到** f，记为

$$f_n \xrightarrow{(w)L_p} f.$$

讨论弱收敛和其他收敛性的关系. 由于 $1<p<\infty$ 和 $p=1$ 时的情况有所不同，故要分别加以解决. 先考虑 $1<p<\infty$ 时的情况. 为使叙述方便，如果 $\sup\limits_{t\in T}\| f_t \|_p<\infty$，则称**可测函数集**$\{f_t,t\in T\}$**在 L_p 中有界**.

定理 3.3.10　设 $1<p<\infty$. 如果$\{f_n\}$是 L_p 中的有界序列而且 $f_n \xrightarrow{\mu} f$ 或者 $f_n \xrightarrow{\text{a.e.}} f$ 对某个可测函数 f 成立，则

$$f\in L_p \text{ 且 } f_n \xrightarrow{(w)L_p} f.$$

证明　只需对 $f_n \xrightarrow{\text{a.e.}} f$ 的情形来证明. 至于 $f_n \xrightarrow{\mu} f$ 的情况，

可以像证明定理 3.3.9 那样用抽子列的办法化为 $f_n \xrightarrow{\text{a.e.}} f$ 的情形来解决. 证明的具体步骤如下:

第一, 记 $M=\sup\limits_n \| f_n \|_p$. 由 $f_n \xrightarrow{\text{a.e.}} f$ 和 Fatou 引理可见

$$\int_X |f|^p \mathrm{d}\mu = \int_X \lim_{n\to\infty} |f_n|^p \mathrm{d}\mu$$

$$\leqslant \liminf_{n\to\infty} \int_X |f_n|^p \mathrm{d}\mu \leqslant M^p < \infty, \qquad (3.3.10)$$

从而 $f\in L_p$. 任意给定 $g\in L_q$. 根据积分的绝对连续性,对任给 $\varepsilon>0$, 可取到 $\delta>0$,使对任何满足 $\mu(A)<\delta$ 之 $A\in\mathscr{F}$ 均有

$$\| gI_A \|_q < \varepsilon. \qquad (3.3.11)$$

第二,对每个 $k=1,2,\cdots$,令 $A_k=\{k^{-1}\leqslant |g|^q \leqslant k\}$. 由 $A_k \uparrow A \xlongequal{\text{def}} \{|g|>0\}$ 和 Lebesgue 控制收敛定理推出

$$\lim_{k\to\infty}\int_X |g|^q I_{A_k^c} \mathrm{d}\mu = \int_X |g|^q I_{A^c} \mathrm{d}\mu = 0,$$

从而存在正整数 k 使

$$\| gI_{A_k^c} \|_q < \varepsilon. \qquad (3.3.12)$$

第三,固定一个使(3.3.12)式成立的 k,由

$$k^{-1}\mu(A_k) \leqslant \int_{A_k} |g|^q \mathrm{d}\mu \leqslant \int_X |g|^q \mathrm{d}\mu < \infty$$

知 $\mu(A_k)<\infty$. 由于在有限测度空间 $(A_k, A_k\cap\mathscr{F},\mu)$ 上 $f_n \xrightarrow{\text{a.e.}} f$,故由定理 2.5.3 之(2)得: 存在 $B\in\mathscr{F}$ 使得 $B\subset A_k$, $\mu(A_k\backslash B)<\delta$,而且 $f_n(x)\to f(x)$ 当 $x\in B$ 时一致成立. 由(3.3.11)式可见

$$\| gI_{A_k\backslash B} \|_q < \varepsilon. \qquad (3.3.13)$$

最后,注意 $|g(x)|\leqslant k$, $\forall x\in B$,而且 $f_n(x)\to f(x)$ 当 $n\to\infty$ 时在 B 上一致成立,我们有

$$\lim_{n\to\infty}\int_B |f_n - f||g| \mathrm{d}\mu = 0.$$

于是,在下式

$$\left|\int_X (f_n - f) g \mathrm{d}\mu\right|$$

$$\leqslant\int_B|f_n-f||g|\mathrm{d}\mu+\int_{A_k\setminus B}|f_n-f||g|\mathrm{d}\mu$$

$$+\int_{A_k^c}|f_n-f||g|\mathrm{d}\mu$$

$$\leqslant\int_B|f_n-f||g|\mathrm{d}\mu+\|f_n-f\|_p\|gI_{A_k\setminus B}\|_q$$

$$+\|f_n-f\|_p\|gI_{A_k^c}\|_q\quad(\text{Hölder 不等式})$$

$$\leqslant\int_B|f_n-f||g|\mathrm{d}\mu+2M\|gI_{A_k\setminus B}\|_q+2M\|gI_{A_k^c}\|_q$$

(用(3.3.10)式)

$$\leqslant\int_B|f_n-f||g|\mathrm{d}\mu+4M\varepsilon$$

(用(3.3.12)和(3.3.13)式)

中先令 $n\to\infty$ 再令 $\varepsilon\to 0$,就完成了定理的证明. □

再考虑 $p=1$ 的情况.容易举出例子来说明此时与定理 3.3.10 类似的结论有可能不成立.但是,只要加强一点条件,它就又对了.

定理 3.3.11 设 $\{f_n\}\subset L_1$ 和 $f\in L_1$. 如果 $\|f_n\|\to\|f\|$ 而且 $f_n\xrightarrow{\mu}f$ 或者 $f_n\xrightarrow{\text{a.e.}}f$ 成立,则

(1) $f_n\xrightarrow{L_1}f$;

(2) $f_n\xrightarrow{(w)L_1}f$;

(3) $\int_A f_n\mathrm{d}\mu\to\int_A f\mathrm{d}\mu,\ \forall A\in\mathscr{F}$.

证明 (1) 由定理 3.3.9 推出.由于对任何 $g\in L_\infty$ 有

$$\left|\int_X f_n g\mathrm{d}\mu-\int_X fg\mathrm{d}\mu\right|\leqslant\|g\|_\infty\int_X|f_n-f|\mathrm{d}\mu\to 0,$$

故(1)蕴含(2).在(2)中取 $g=I_A$,又得(3). □

推论 3.3.12 对任何 $1\leqslant p<\infty$, $f_n\xrightarrow{L_p}f$ 蕴含 $f_n\xrightarrow{(w)L_p}f$.

证明 设 $f_n\xrightarrow{L_p}f$. 如果 $1<p<\infty$,则由定理 3.3.9(1)推知 $f_n\xrightarrow{\mu}f$ 以及 $\|f_n\|_p\to\|f\|_p$. 但 $\|f_n\|_p\to\|f\|_p$ 蕴含 $\{f_n\}$ 在 L_p 中有界,故进而由定理 3.3.10 给出 $f_n\xrightarrow{(w)L_p}f$. 当 $p=1$ 时,所要的结论

隐含于定理 3.3.11 的证明中. □

§4 概率空间的积分

概率论的一个基本概念——数学期望,用测度论的语言来说,就是在特殊的测度空间——概率空间上的积分.

定义 3.4.1 如果概率空间$(X,\mathscr{F},P)$上的可测函数 f 的积分存在,则说它的数学期望存在并把

$$\mathrm{E}f \xlongequal{\text{def}} \int_X f\mathrm{d}P$$

叫做它的**数学期望**.如果随机变量 f 是可积的,则说它的数学期望是**有限的**.数学期望常简称为**期望**.

抽象概率空间的积分是不太好计算的.因此我们的首要任务是给出期望的便于计算的公式.

定理 3.4.1 设 f 是概率空间$(X,\mathscr{F},P)$上的随机变量,其分布函数为 F.则对任何$(\boldsymbol{R},\mathscr{B}_{\boldsymbol{R}})$上的可测函数 g,$g\circ f$ 是$(X,\mathscr{F},P)$上的可测函数,而且只要

$$\mathrm{E}(g\circ f)=\int_{\boldsymbol{R}} g\mathrm{d}F \tag{3.4.1}$$

之一端有意义,另一端就也有意义而且等式成立.

证明 由定理 1.4.4 知 $g\circ f$ 是$(X,\mathscr{F},P)$上的可测函数.定理中的等式实际上是定理 3.2.10 的一个推论,请读者自行完成其证明. □

按定义,(3.4.1)式的右端是随机变量函数 $g\circ f$ 的期望.该式把抽象空间的积分 $\mathrm{E}(g\circ f)$转化为实轴上的 L-S 积分,使得随机变量函数期望值的实际计算成为可能.初等概率论中计算随机变量函数期望值的那些公式只不过是它的一些特例.关于这一点,我们将在第四章§4 再详细解释.

设 k 是一个正整数.如果 $\mathrm{E}|f|^k<\infty$,则称随机变量 f 的 k 阶矩存在并把 $\mathrm{E}f^k$ 和 $\mathrm{E}(f-\mathrm{E}f)^k$ 分别称为它的 **k 阶矩**和 **k 阶中心矩**.作为(3.4.1)式的一个特殊情形,我们得到矩和中心矩的计算公式为

$$\mathrm{E}f=\int_{\boldsymbol{R}}x^k\mathrm{d}F(x);$$

$$\mathrm{E}(f-\mathrm{E}f)^k=\int_{\boldsymbol{R}}(x-\mathrm{E}f)^k\mathrm{d}F(x).$$

特别地，随机变量的期望值可通过

$$\mathrm{E}f=\int_{\boldsymbol{R}}x\mathrm{d}F(x)$$

来计算；而对于随机变量的**方差** $\mathrm{var}f\overset{\text{def}}{=\!=}\mathrm{E}(f-\mathrm{E}f)^2$，则有公式

$$\mathrm{var}f=\int_{\boldsymbol{R}}(x-\mathrm{E}f)^2\mathrm{d}F(x).$$

显然，以前对一般测度空间得到的那些结论对概率空间都是成立的. 但由于概率空间是有限的测度空间，所以它还有一些特殊的性质. 例如，下面的定理表明：对于概率空间而言，有下列关系

$$L_t\subset L_s,\quad \forall\, 0<s\leqslant t<\infty.$$

定理 3.4.2　设 $0<s<t<\infty$. 则对任何 $(X,\mathscr{F},P)$ 上的随机变量 f 有

$$\|f\|_s\leqslant\|f\|_t. \tag{3.4.2}$$

如果 $f\in L_t$，则(3.4.2)式的等号成立之充要条件是 f a.s. 为一个常数.

证明　如 $\|f\|_t=\infty$，(3.4.2)式显然成立. 设 $\|f\|_t<\infty$，对 $p=t/s$ 和 $q=t/(t-s)$ 以及函数 $|f|^s$ 和 $g\equiv1$ 用 Hölder 不等式，则有

$$\begin{aligned}\int_X|f|^s\mathrm{d}P&=\int_X|f|^s\cdot1\mathrm{d}P\leqslant\|f^s\|_p\|1\|_q\\&=\|f\|_t^s\cdot1=\|f\|_t^s,\end{aligned} \tag{3.4.3}$$

故此时(3.4.2)式亦成立. 当 $f\in L_t$ 时，(3.4.2)式的等号成立当且仅当(3.4.3)式的等号成立，而根据定理 3.3.3，(3.4.3)式的等号成立当且仅当 f a.s. 为一个常数. 证完. □

本节的最后进行概率空间中随机变量序列各种收敛性之间关系的讨论. 在这些讨论中，一致可积的概念起着重要作用. 我们将先介绍这个概念，给出它的判别方法.

定义 3.4.2　设 $\{f_t,t\in T\}$ 是概率空间 $(X,\mathscr{F},P)$ 上的随机变量集. 如果

$$\lim_{\lambda\to\infty}\sup_{t\in T}\mathrm{E}|f_t|I_{\{|f_t|>\lambda\}}=0,$$

则称$\{f_t,t\in T\}$**一致可积**.

与一致可积有关的是随机变量集$\{f_t,t\in T\}$绝对连续的概念. 如果

$$\lim_{P(A)\to 0}\sup_{t\in T}\mathrm{E}|f_t|I_A=0,$$

即对每个 $\varepsilon>0$,存在 $\delta>0$ 使对任何 $A\in\mathscr{F}$,只要 $P(A)<\delta$ 就有

$$\sup_{t\in T}\mathrm{E}|f_t|I_A<\varepsilon,$$

则称$\{f_t,t\in T\}$**绝对连续**. 定理 3.2.3 曾经证明: 任何单个可积随机变量组成的随机变量集是绝对连续的. 但是这并不意味着任何可积随机变量集也是绝对连续的. 从定义来看,随机变量集的绝对连续实际上是要求它**一致地**绝对连续.

定理 3.4.3 概率空间$(X,\mathscr{F},P)$中的随机变量集$\{f_t,t\in T\}$一致可积当且仅当它既绝对连续,又 L_1 有界.

证明 必要性 如果$\{f_t,t\in T\}$一致可积,则对任何 $A\in\mathscr{F}$ 和 $\lambda>0$ 有

$$\sup_{t\in T}\mathrm{E}|f_t|I_A\leqslant\lambda P(A)+\sup_{t\in T}\mathrm{E}|f_t|I_{\{|f_t|>\lambda\}}.$$

于上式中取 $A=X$ 即知它 L_1 有界. 对任给 $\varepsilon>0$,在上式中取充分大的 λ 使 $\sup_{t\in T}\mathrm{E}|f_t|I_{\{|f_t|>\lambda\}}<\varepsilon/2$,则只要 $P(A)<\delta=\varepsilon/(2\lambda)$就得到

$$\sup_{t\in T}\mathrm{E}|f_t|I_A<\varepsilon.$$

可见$\{f_t,t\in T\}$又绝对连续.

充分性 设$\{f_t,t\in T\}$绝对连续且 L_1 有界. 对任给 $\varepsilon>0$,取 $\delta_\varepsilon>0$ 使对任何 $A\in\mathscr{F}$,只要 $P(A)<\delta_\varepsilon$ 就有 $\sup_{t\in T}\mathrm{E}|f_t|I_A<\varepsilon$,则当

$$\lambda>\lambda_\varepsilon=\sup_{t\in T}\mathrm{E}|f_t|/\delta_\varepsilon$$

时,便得

$$P(|f_t|>\lambda)\leqslant\mathrm{E}|f_t|/\lambda\leqslant\sup_{t\in T}\mathrm{E}|f_t|/\lambda_\varepsilon<\delta_\varepsilon$$

对一切 $t\in T$ 成立,从而 $\sup_{t\in T}\mathrm{E}|f_t|I_{\{|f_t|>\lambda\}}<\varepsilon$,可见它一致可积. □

为了写起来方便,下面把由随机变量 f 的分布函数的连续点的全体组成的集合记为 $C(f)$.

引理 3.4.4 如果 $f_n\xrightarrow{P}f$,则对任何 $0<p<\infty$和 $\lambda\in C(|f|)$有

$$|f_n|^p I_{\{|f_n|\leqslant\lambda\}} \xrightarrow{P} |f|^p I_{\{|f|\leqslant\lambda\}}.$$

证明 由分布函数的右连续性知：对任给 $\varepsilon>0$，存在 $\delta>0$ 使

$$\begin{aligned}0&\leqslant P(|f_n|\leqslant\lambda,|f|>\lambda)-P(|f_n|\leqslant\lambda,|f|>\lambda+\delta)\\&=P(|f_n|\leqslant\lambda,\lambda<|f|\leqslant\lambda+\delta)\\&\leqslant P(\lambda<|f|\leqslant\lambda+\delta)\\&=P(|f|\leqslant\lambda+\delta)-P(|f|\leqslant\lambda)<\varepsilon.\end{aligned}$$

于是由条件 $f_n\xrightarrow{P}f$ 得

$$\begin{aligned}\limsup_{n\to\infty}&P(|f_n|\leqslant\lambda,|f|>\lambda)\\&\leqslant\varepsilon+\liminf_{n\to\infty}P(|f_n|\leqslant\lambda,|f|>\lambda+\delta)\\&\leqslant\varepsilon+\liminf_{n\to\infty}P(|f|-|f_n|>\delta)\\&\leqslant\varepsilon+\lim_{n\to\infty}P(|f_n-f|>\delta)=\varepsilon,\end{aligned}$$

可见 $\lim\limits_{n\to\infty}P(|f_n|\leqslant\lambda,|f|>\lambda)=0$. 如果 $\lambda\in C(|f|)$，那么利用 $|f|$ 分布函数在 λ 处左连续和条件 $f_n\xrightarrow{P}f$，经过类似的推理又可证

$$\lim_{n\to\infty}P(|f_n|>\lambda,|f|\leqslant\lambda)=0.$$

合并以上二式便有

$$\lim_{n\to\infty}P(\{|f_n|\leqslant\lambda\}\Delta\{|f|\leqslant\lambda\})=0. \qquad (3.4.4)$$

设 $0<p\leqslant1$. 对任何 $\varepsilon,M>0$，利用引理 3.3.6 推知

$$\begin{aligned}P(&||f_n|^pI_{\{|f_n|\leqslant\lambda\}}-|f|^pI_{\{|f|\leqslant\lambda\}}|\geqslant\varepsilon)\\&\leqslant P(||f_n|^p-|f|^p|\geqslant\varepsilon/2)\\&\quad+P(|f|^p|I_{\{|f_n|\leqslant\lambda\}}-I_{\{|f|\leqslant\lambda\}}|\geqslant\varepsilon/2)\\&\leqslant P(|f_n-f|^p\geqslant\varepsilon/2)+P(|f|^p>M)\\&\quad+P(|I_{\{|f_n|\leqslant\lambda\}}-I_{\{|f|\leqslant\lambda\}}|\geqslant\varepsilon/(2M))\\&\leqslant P(|f_n-f|^p\geqslant\varepsilon/2)+P(|f|^p>M)\\&\quad+P(\{|f_n|\leqslant\lambda\}\Delta\{|f|\leqslant\lambda\}).\end{aligned}$$

只要在上式中先令 $n\to\infty$ 再令 $M\to\infty$，由(3.4.4)式就知此时引理的结论成立.

设 $1<p\leqslant2$. 对 $0<p-1\leqslant1$ 用已证得之结论便推知：对任何

$\varepsilon>0$,有

$$\begin{aligned}
&P(||f_n|^pI_{\{|f_n|\leqslant\lambda\}}-|f|^pI_{\{|f|\leqslant\lambda\}}|\geqslant\varepsilon)\\
&\leqslant P(|f_n|I_{\{|f_n|\leqslant\lambda\}}||f_n|^{p-1}I_{\{|f_n|\leqslant\lambda\}}-|f|^{p-1}I_{\{|f|\leqslant\lambda\}}|\geqslant\varepsilon/2)\\
&\quad+P(|f|^{p-1}I_{\{|f|\leqslant\lambda\}}||f_n|I_{\{|f_n|\leqslant\lambda\}}-|f|I_{\{|f|\leqslant\lambda\}}|\geqslant\varepsilon/2)\\
&\leqslant P(||f_n|^{p-1}I_{\{|f_n|\leqslant\lambda\}}-|f|^{p-1}I_{\{|f|\leqslant\lambda\}}|\geqslant\varepsilon/(2\lambda))\\
&\quad+P(|f_n|I_{\{|f_n|\leqslant\lambda\}}-|f|I_{\{|f|\leqslant\lambda\}}|\geqslant\varepsilon/(2\lambda^{p-1}))\\
&\to 0,
\end{aligned}$$

可见此时引理的结论仍成立.

如此继续,由 $1<p\leqslant2$ 时的结论又可推至 $2<p\leqslant3$,由 $2<p\leqslant3$ 时的结论又可推至 $3<p\leqslant4$,……. 所以引理的结论对任何 $0<p<\infty$ 都成立. □

定理 3.4.5 设 $0<p<\infty$,$\{f_n\}\subset L_p$,而 f 是概率空间$(X,\mathscr{F},P)$上的随机变量. 如果 $f_n\xrightarrow{P}f$,则下列说法等价:

(1) $\{|f_n|^p\}$一致可积;

(2) $f\in L_p$,$f_n\xrightarrow{L_p}f$;

(3) $f\in L_p$,$\|f_n\|_p\to\|f\|_p$.

证明 (2)和(3)的等价性见定理 3.3.9. 以下证(1)⟹(2)和(3)⟹(1).

(1)⟹(2) 由于 $f_n\xrightarrow{P}f$,故存在$\{f_n\}$的子列$\{f_{n'}\}$使 $f_{n'}\xrightarrow{\text{a.s.}}f$. 于是由 Fatou 引理和一致可积性(据定理 3.4.3,它蕴含 L_p 有界)推出

$$\begin{aligned}
\mathrm{E}|f|^p=\mathrm{E}(\lim_{n'\to\infty}|f_{n'}|)^p&\leqslant\liminf_{n'\to\infty}\mathrm{E}|f_{n'}|^p\\
&\leqslant\sup_{n\geqslant1}\mathrm{E}|f_n|^p<\infty,
\end{aligned}$$

即 $f\in L_p$. 对任给 $\varepsilon>0$,由引理 3.3.1 和引理 3.3.6,有

$$\begin{aligned}
\mathrm{E}|f_n-f|^p&=\mathrm{E}|f_n-f|^pI_{\{|f_n-f|\leqslant\varepsilon\}}+\mathrm{E}|f_n-f|^pI_{\{|f_n-f|>\varepsilon\}}\\
&\leqslant\varepsilon^p+C_p\mathrm{E}|f_n|^pI_{\{|f_n-f|\geqslant\varepsilon\}}+C_p\mathrm{E}|f|^pI_{\{|f_n-f|\geqslant\varepsilon\}}\\
&\overset{\text{def}}{=\!=}\varepsilon^p+I_{n,1}+I_{n,2},
\end{aligned}$$

其中 C_p 如(3.3.9)式. 由 $f\in L_p, f_n \xrightarrow{P} f$ 和 $|f|^p$ 积分的绝对连续性(定理 3.2.3)得 $\lim\limits_{n\to\infty} I_{n,2}=0$; 由 $f\in L_p, f_n \xrightarrow{P} f$ 和 $\{|f_n|^p\}$ 的绝对连续性(定理 3.4.3)又得 $\lim\limits_{n\to\infty} I_{n,1}=0$. 因此

$$\limsup_{n\to\infty} \mathrm{E}|f_n - f|^p \leqslant \varepsilon^p.$$

此式再令 $\varepsilon\to 0$ 即得(2).

(3)$\Longrightarrow$(1) 由引理 3.4.4 知, 对任何 $\lambda\in C(|f|)$,

$$|f_n|^p I_{\{|f_n|\leqslant\lambda\}} \xrightarrow{P} |f|^p I_{\{|f|\leqslant\lambda\}}.$$

又易见对任何 $\lambda>0$, $\{|f_n|^p I_{\{|f_n|\leqslant\lambda\}}\}$ 一致可积. 把已证之(1)$\Longrightarrow$(2)$\Longleftrightarrow$(3)用于随机变量族 $\{|f_n|^p I_{\{|f_n|\leqslant\lambda\}}\}$, 得: 对任何 $\lambda\in C(|f|)$ 有

$$\lim_{n\to\infty} \mathrm{E}|f_n|^p I_{\{|f_n|\leqslant\lambda\}} = \mathrm{E}|f|^p I_{\{|f|\leqslant\lambda\}}.$$

此式与(3)一起又推出

$$\lim_{n\to\infty} \mathrm{E}|f_n|^p I_{\{|f_n|>\lambda\}} = \mathrm{E}|f|^p I_{\{|f|>\lambda\}}.$$

这样, 对任何 $\varepsilon>0$, 可以选取 $\lambda_\varepsilon\in C(|f|)$ 足够大使 $\mathrm{E}|f|^p I_{\{|f|>\lambda_\varepsilon\}}<\varepsilon$, 从而当 n_0 充分大时 $\sup\limits_{n\geqslant n_0} \mathrm{E}|f_n|^p I_{\{|f_n|>\lambda_\varepsilon\}}<\varepsilon$. 而根据定理 3.2.3, 又可以选取 λ_0 足够大使 $\sup\limits_{n<n_0} \mathrm{E}|f_n|^p I_{\{|f_n|>\lambda_0\}}<\varepsilon$. 于是当 $\lambda\geqslant\max\{\lambda_\varepsilon,\lambda_0\}$ 时,

$$\sup_{n\geqslant 1} \mathrm{E}|f_n|^p I_{\{|f_n|>\lambda\}} < \varepsilon$$

成立. □

习 题 3

1. 证明: 如果测度空间 $(X,\mathscr{F},\mu)$ 上可测函数 f 的积分存在, 则 f 在任何 $A\in\mathscr{F}$ 上的积分也存在.

2. 设 f 是测度空间 $(X,\mathscr{F},\mu)$ 上的可测函数. 证明: 对任给 $\varepsilon>0$, 有

$$\mu(|f|\geqslant\varepsilon)\leqslant\frac{1}{\varepsilon}\int_X |f|\mathrm{d}\mu.$$

3. 设 f 和 g 分别是测度空间 $(X,\mathscr{F},\mu)$ 上的可测函数和非负可

积函数而且存在实数 $a\leqslant b$ 使 $a\leqslant f\leqslant b$ a.s.，则必有 $\alpha\in[a,b]$ 使

$$\int_X fg\mathrm{d}\mu=\alpha\int_X g\mathrm{d}\mu.$$

4. 设 $(X,\mathscr{F},\mu)$ 是 σ 有限的测度空间. 证明：如可测函数 f 和 g 的积分存在且对任何 $A\in\mathscr{F}$ 有

$$\int_A f\mathrm{d}\mu=\int_A g\mathrm{d}\mu$$

则 $f=g$ a.e..

5. 设 $(X,\mathscr{F},\mu)$ 是测度空间. 如果存在 $\{A_n\in\mathscr{F},n=1,2,\cdots\}$ 使 $\bigcup\limits_{n=1}^{\infty}A_n\supset A$ 并且 $\mu(A_n)<\infty$ 对每个 $n=1,2,\cdots$ 成立，则称 $A\in\mathscr{F}$ 具有 σ 有限的测度. 证明：如果 f 是测度空间 $(X,\mathscr{F},\mu)$ 上的可积函数，则 $A\xlongequal{\text{def}}\{f\neq 0\}$ 有 σ 有限测度.

6. 完成推论 3.2.5 的证明.

7. 完成推论 3.2.7 的证明.

8. 完成定理 3.2.10 的证明.

9. 设 $\{f_n,n=1,2,\cdots\}$ 为可测函数列. 证明

(1) 如果存在可测函数 g 使 $\int_X g^-\mathrm{d}\mu<\infty$ 且 $f_n\geqslant g$ a.e. 对每个 $n=1,2,\cdots$ 成立，则 $f_n\uparrow f$ 蕴含 f 的积分存在而且 $\int_X f_n\mathrm{d}\mu\uparrow\int_X f\mathrm{d}\mu$；

(2) 如果存在可测函数 g 使 $\int_X g^+\mathrm{d}\mu<\infty$ 且 $f_n\leqslant g$ a.e. 对每个 $n=1,2,\cdots$ 成立，则 $f_n\downarrow f$ 蕴含 f 的积分存在而且 $\int_X f_n\mathrm{d}\mu\downarrow\int_X f\mathrm{d}\mu$.

10. 设 $\{f_n,n=1,2,\cdots\}$ 为可测函数列. 证明

(1) 如果存在可测函数 g 使 $\int_X g^-\mathrm{d}\mu<\infty$ 且 $f_n\geqslant g$ a.e. 对每个 $n=1,2,\cdots$ 成立，则 $\liminf\limits_{n\to\infty}f$ 的积分存在而且

$$\int_X(\liminf_{n\to\infty}f_n)\mathrm{d}\mu\leqslant\liminf_{n\to\infty}\int_X f_n\mathrm{d}\mu;$$

(2) 如果存在可测函数 g 使 $\int_X g^+\mathrm{d}\mu<\infty$ 且 $f_n\leqslant g$ a.e. 对每个 $n=1,2,\cdots$ 成立，则 $\limsup\limits_{n\to\infty}f_n$ 的积分存在而且

$$\int_X (\limsup_{n\to\infty} f_n) d\mu \geqslant \limsup_{n\to\infty} \int_X f_n d\mu.$$

11. 设$\{f_n, n=1,2,\cdots\}$和 f 都是可测函数. 证明：如果

$$\lim_{n\to\infty}\int_X |f_n - f| d\mu = 0,$$

则 $f_n \xrightarrow{\mu} f$；又如果 $\int_X f_n d\mu - \int_X f d\mu$ 有意义，则

$$\lim_{n\to\infty}\int_X f_n d\mu = \int_X f d\mu.$$

12. 设$\{f_n, n=1,2,\cdots\}$和 f 是 a.e. 非负的可积函数. 证明：如果 $f_n \xrightarrow{\mu} f$ 或 $f_n \xrightarrow{\text{a.e.}} f$，则 $\lim\limits_{n\to\infty}\int_X f_n d\mu = \int_X f d\mu$ 蕴含

$$\lim_{n\to\infty}\int_X |f_n - f| d\mu = 0.$$

13. 证明$\|f\|_\infty$是L_∞的范数.

14. 完成定理 3.3.5 的证明.

15. 对任何 $f,g\in L_2$，令$(f,g) \xlongequal{\text{def}} \int_X fg d\mu$. 证明：$(\cdot,\cdot)$满足内积的性质；$L_2$ 在这个内积下形成一个 Hilbert 空间.

16. 证明引理 3.3.6.

17. 证明定理 3.3.7.

18. 举例说明：$f_n \xrightarrow{L} f$ 并不蕴含 $f_n \xrightarrow{\text{a.e.}} f$.

19. 举例说明：$\sup\limits_{n\geqslant 1}\|f_n\|_\infty < \infty$和 $f_n \xrightarrow{\mu} f$ 并不蕴含

$$f_n \xrightarrow{(w)L_\infty} f.$$

20. 设 f 是概率空间$(X,\mathscr{F},P)$上的随机变量. 证明：f 的期望存在有限当且仅当

$$\sum_{n=1}^{\infty} P(|f| \geqslant n) < \infty.$$

21. 证明定理 3.4.1.

22. 对概率空间$(X,\mathscr{F},P)$上的随机变量 f 和 g，定义

$$\rho(f,g) = \mathrm{E}\,\frac{|f-g|}{1+|f-g|}.$$

证明：

(1) ρ 是由所有$(X,\mathscr{F},P)$上的随机变量形成的空间上的距离；

(2) 设$\{f_n,n=1,2,\cdots\}$和 f 都是概率空间$(X,\mathscr{F},P)$上的随机变量，则

$$\rho(f_n,f)\to 0 \Longleftrightarrow f_n \xrightarrow{P} f.$$

23. 设 p 是有限区间$[a,b]$上对于准分布函数 F 的 L-S 可积函数. 证明：如果 p 在区间$[a,b]$上对 F Riemann-Stieljes 可积，则两个积分的值相等.

24. 设分布函数 F 的间断点为$\{a_n,n=1,2,\cdots\}$，对每个 $n=1,2,\cdots$，记

$$p_n = F(a_n) - F(a_n - 0).$$

又 f 是一个 L-S 可测函数. 如果 $\sum_{n=1}^{\infty} p_n=1$，求 $\int_{\boldsymbol{R}} f\mathrm{d}F$.

25. 设$\{F_n,n=1,2,\cdots\}$和 F 都是分布函数而且 $F_n \xrightarrow{w} F$. 证明：对任何 $\boldsymbol{R}$ 上的有界连续函数 g 均有 $\int_{\boldsymbol{R}} g\mathrm{d}F_n \to \int_{\boldsymbol{R}} g\mathrm{d}F$.

26. 证明公式：$\mathrm{var}f=\mathrm{E}f^2-\mathrm{E}^2f$（对每正整数 k，记 $\mathrm{E}^k f \xlongequal{\mathrm{def}} (\mathrm{E}f)^k$）.

27. 证明：如果对概率空间$(X,\mathscr{F},P)$上的随机变量集$\{f_t,t\in T\}$，存在 $0\leqslant g\in L_1$ 使对每个 $t\in T$ 有 $|f_t|\leqslant g$ a.s.，则它是一致可积的.

28. 证明：如果概率空间$(X,\mathscr{F},P)$上的随机变量集$\{f_t,t\in T\}$和$\{g_t,t\in T\}$都是一致可积的，则对任何 $a,b\in\boldsymbol{R}$，$\{af_t+bg_t,t\in T\}$还是一致可积的.

29. 设 $0<r<s<\infty$. 证明：如果$\{f_t,t\in T\}$在 L_s 中是有界的，则$\{|f_t|^r,t\in T\}$一致可积.

30. 设$\{f_n,n=1,2,\cdots\}$和 f 都是 L_1 中非负的随机变量. 证明：如果 $f_n \xrightarrow{d} f$ 和 $\mathrm{E}f_n\to\mathrm{E}f$，则$\{f_n\}$一致可积.

第四章 符号测度

在微积分中，如果函数 f 在区间 $[a,b]$ 上连续，那么

$$F(x)=\int_a^x f(y)\mathrm{d}y$$

称为不定积分，而 f 是 F 的导数. 设 f 是测度空间 $(X,\mathscr{F},\mu)$ 上积分存在的可测函数. 我们自然把 $\mathscr{F}$ 上定义的集函数

$$\varphi(A)=\int_A f\mathrm{d}\mu,\quad \forall A\in\mathscr{F}$$

也称之为不定积分，而 f 也叫做 φ 对测度 μ 的导数. 一般的一个 $\mathscr{F}$ 上的集函数，如果也像 φ 一样，除了非负性以外满足测度的所有其他性质，是否一定就有导数呢？本章将围绕这一中心问题展开讨论. 学完这一章以后，概率论中几乎所有的重要概念都奠定了严格的数学基础.

§1 符号测度

考虑测度空间 $(X,\mathscr{F},\mu)$ 上积分存在的可测函数 f 的**不定积分**

$$\varphi(A)=\int_A f\mathrm{d}\mu,\quad \forall A\in\mathscr{F}. \tag{4.1.1}$$

根据积分的定义，有 $\varphi(\varnothing)=0$. 另外，由推论 3.2.5，又知 φ 是可列可加的. 换句话说，除了非负性以外，φ 满足测度的所有其他条件. 具有这种性质的集函数将称为**符号测度**，其正式定义如下.

定义 4.1.1 设 $(X,\mathscr{F})$ 是一个可测空间. 从 $\mathscr{F}$ 到 $\overline{\boldsymbol{R}}$ 的集函数 φ 称为**符号测度**，如果它满足

(1) $\varphi(\varnothing)=0$；

(2) 可列可加性：对任何两两不交的 $\{A_n,n=1,2,\cdots\}\subset\mathscr{F}$，有

$$\varphi\left(\bigcup_{n=1}^{\infty}A_n\right)=\sum_{n=1}^{\infty}\varphi(A_n).$$

如果符号测度 φ 满足 $|\varphi(A)|<\infty$，$\forall A\in\mathscr{F}$，则称它是**有限的**；如果存在 X 的可测分割 $\{A_n, n=1,2,\cdots\}$ 使 $|\varphi(A_n)|<\infty$ 对每个 $n=1,2,\cdots$ 成立，则称它是 σ **有限的**.

从定义的(1)和(2)容易推出符号测度具有**有限可加性**：对任何有限个两两不交的 $\{A_k, k=1,\cdots,n\}\subset\mathscr{F}$，有

$$\varphi\left(\bigcup_{k=1}^{n}A_k\right)=\sum_{k=1}^{n}\varphi(A_k). \tag{4.1.2}$$

另外，由(4.1.1)式决定的那种符号测度 φ 只可能有下面两种情况：

$$-\infty<\varphi(A)\leqslant\infty,\quad\forall A\in\mathscr{F}; \tag{4.1.3}$$

$$-\infty\leqslant\varphi(A)<\infty,\quad\forall A\in\mathscr{F}. \tag{4.1.4}$$

一般的符号测度是否还有这一重要性质呢？下面的命题对此做出了肯定的回答.

命题 4.1.1 对任何符号测度 φ，(4.1.3)或(4.1.4)式成立.

证明 用反证法. 如果存在 $A,B\in\mathscr{F}$ 使 $\varphi(A)=\infty$ 和 $\varphi(B)=-\infty$，则由(4.1.2)式推得

$$\varphi(A\cup B)=\varphi(A)+\varphi(B\backslash A);$$

$$\varphi(A\cup B)=\varphi(B)+\varphi(A\backslash B).$$

由于 $\varphi(A)=\infty$，要保证前一式有意义必须有 $\varphi(A\cup B)=\infty$；由于 $\varphi(B)=-\infty$，要保证后一式有意义必须有 $\varphi(A\cup B)=-\infty$. 矛盾. □

为了方便起见，今后将约定所遇到的符号测度 φ 都满足(4.1.3)式. 对于满足(4.1.4)式的符号测度，只要考虑 $-\varphi$ 也就变成了(4.1.3)式的情形.

下面讨论符号测度的其他性质.

命题 4.1.2 设 φ 是可测空间 $(X,\mathscr{F})$ 上的符号测度. 如果 $A,B\in\mathscr{F}$，$A\supset B$ 且 $|\varphi(A)|<\infty$，则 $|\varphi(B)|<\infty$.

证明 由(4.1.2)式和命题条件易得 $\varphi(A)=\varphi(B)+\varphi(A\backslash B)$. 因此，如果 $\varphi(A)$ 有限，则 $\varphi(B)$ 必须有限. □

命题 4.1.3 设 φ 是一个符号测度. 如果 $\{A_n, n=1,2,\cdots\}\subset\mathscr{F}$ 两两不交且满足

$$\left|\varphi\left(\bigcup_{n=1}^{\infty}A_n\right)\right|<\infty,$$

则

$$\sum_{n=1}^{\infty}|\varphi(A_n)|<\infty.$$

证明 对每个 $n=1,2,\cdots$，令

$$A_n^+=\begin{cases}A_n, & \varphi(A_n)>0,\\ \varnothing, & \varphi(A_n)\leqslant 0;\end{cases}$$

$$A_n^-=\begin{cases}\varnothing, & \varphi(A_n)>0,\\ A_n, & \varphi(A_n)\leqslant 0.\end{cases}$$

易见 $\bigcup_{n=1}^{\infty}A_n=\bigcup_{n=1}^{\infty}A_n^+\cup\bigcup_{n=1}^{\infty}A_n^-$ 且 $\{A_n^+,A_n^-,n=1,2,\cdots\}$ 两两不交. 但由命题 4.1.2 及条件 $\left|\varphi\left(\bigcup_{n=1}^{\infty}A_n\right)\right|<\infty$ 可知

$$\left|\varphi\left(\bigcup_{n=1}^{\infty}A_n^+\right)\right|<\infty \text{ 和 } \left|\varphi\left(\bigcup_{n=1}^{\infty}A_n^-\right)\right|<\infty$$

成立，故

$$\begin{aligned}\sum_{n=1}^{\infty}|\varphi(A_n)|&=\sum_{n=1}^{\infty}[\varphi(A_n^+)+|\varphi(A_n^-)|]\\&=\sum_{n=1}^{\infty}\varphi(A_n^+)+\sum_{n=1}^{\infty}|\varphi(A_n^-)|\\&=\left|\sum_{n=1}^{\infty}\varphi(A_n^+)\right|+\left|\sum_{n=1}^{\infty}\varphi(A_n^-)\right|\\&=\left|\varphi\left(\bigcup_{n=1}^{\infty}A_n^+\right)\right|+\left|\varphi\left(\bigcup_{n=1}^{\infty}A_n^-\right)\right|<\infty.\quad\square\end{aligned}$$

§2 Hahn 分解和 Jordan 分解

考查(4.1.1)式定义的不定积分 φ. 令

$$X^+=\{f\geqslant 0\},\quad X^-=\{f<0\},$$

则 $\{X^+,X^-\}$ 形成 $(X,\mathscr{F})$ 的可测分割. 它们把空间 X 劈成具有下列性质的两部分：

$$A\in\mathscr{F},\, A\subset X^+\Rightarrow\varphi(A)\geqslant 0;$$

$$A\in\mathscr{F},\, A\subset X^-\Rightarrow\varphi(A)\leqslant 0.$$

我们把具有上述性质的$\{X^+, X^-\}$称为φ的 **Hahn 分解**. 对每个 $A\in\mathscr{F}$,再令

$$\varphi^{\pm}(A)=\int_A f^{\pm}\,\mathrm{d}\mu,$$

则 φ^+和 φ^-都是测度而且分解式

$$\varphi=\varphi^+-\varphi^- \tag{4.2.1}$$

成立. 我们将把(4.2.1)式称为φ的 **Jordan 分解**. 在(4.2.1)式中,出现了两个测度相减的记号. 一般地,可测空间$(X,\mathscr{F})$上的两个测度 μ 和 ν,只要其中一个是有限的,就把符号测度 $\mu-\nu$ 定义为

$$(\mu-\nu)(A)\xlongequal{\text{def}}\mu(A)-\nu(A),\quad \forall A\in\mathscr{F}.$$

当然,对于两个测度 μ 和 ν,也可以定义它们的**和测度** $\mu+\nu$ 为

$$(\mu+\nu)(A)\xlongequal{\text{def}}\mu(A)+\nu(A),\quad \forall A\in\mathscr{F}.$$

本节的任务是寻求一般符号测度的 Hahn 分解和 Jordan 分解. 设 φ是一个符号测度. 对任意的 $A\in\mathscr{F}$,记

$$\varphi^*(A)=\sup\{\varphi(B): B\subset A, B\in\mathscr{F}\}. \tag{4.2.2}$$

不难看出: **φ^* 是 $\mathscr{F}$ 上非负,单调且满足 $\varphi^*(\varnothing)=0$ 的集函数.**

引理 4.2.1 如果 $A\in\mathscr{F}$ 满足 $\varphi(A)<\infty$,则对任给 $\varepsilon>0$,存在 $A_\varepsilon\in\mathscr{F}$ 使

$$A_\varepsilon\subset A,\ \varphi(A_\varepsilon)\geqslant 0 \text{ 且 } \varphi^*(A\backslash A_\varepsilon)\leqslant\varepsilon.$$

证明 反证法. 设存在 $\varepsilon_0>0$,使对任何满足 $A_0\subset A$ 之 $A_0\in\mathscr{F}$,或者 $\varphi(A_0)<0$,或者

$$\varphi(A_0)\geqslant 0 \text{ 且 } \varphi^*(A\backslash A_0)>\varepsilon_0. \tag{4.2.3}$$

对 $A_0=\varnothing$用反证法假设. 由(4.2.3)式立得 $\varphi^*(A)=\varphi^*(A\backslash A_0)>\varepsilon_0$. 因而由 φ^*的定义推知: 存在 $B_1\in\mathscr{F}$,$B_1\subset A$ 使 $\varphi(B_1)>\varepsilon_0$. 再对 $A_0=B_1$ 用反证法假设. 由于 $\varphi(A_0)=\varphi(B_1)>\varepsilon_0$,故由(4.2.3)式又推知 $\varphi^*(A\backslash B_1)>\varepsilon_0$. 这样,由 φ^* 的定义又推知: 存在 $B_2\in\mathscr{F}$,$B_2\subset A\backslash B_1$ 使 $\varphi(B_2)>\varepsilon_0$. ……. 如此继续,便能得到两两不交的集合序列$\{B_n\}$使对每个 $n=1,2,\cdots$有 $B_n\subset A$,$B_n\in\mathscr{F}$ 使 $\varphi(B_n)>\varepsilon_0$. 令 $B=\bigcup_{n=1}^{\infty}B_n$,则有

$$B \subset A, \quad B \in \mathscr{F} \text{ 且 } \varphi(B) = \sum_{n=1}^{\infty} \varphi(B_n) = \infty.$$

根据命题 4.1.2,这蕴含着$|\varphi(A)| = \infty$. 但是引理的条件是$\varphi(A) < \infty$,所以必须有$\varphi(A) = -\infty$,与我们事先的约定(4.1.3)式矛盾. □

引理 4.2.2　对任何$A \in \mathscr{F}$,只要$\varphi(A) < 0$,就一定存在$A_0 \in \mathscr{F}$使

$$A_0 \subset A, \quad \varphi(A_0) < 0 \text{ 且 } \varphi^*(A_0) = 0.$$

证明　对满足$\varphi(A) < 0$的$A \in \mathscr{F}$用引理 4.2.1,知存在$C_1 \in \mathscr{F}$,使

$$C_1 \subset A, \quad \varphi(C_1) \geqslant 0 \text{ 且 } \varphi^*(A \backslash C_1) \leqslant \varepsilon_1 = 1.$$

再对满足$\varphi(A \backslash C_1) \leqslant \varphi^*(A \backslash C_1) \leqslant \varepsilon_1$的$A \backslash C_1 \in \mathscr{F}$用引理 4.2.1,又知存在$C_2 \in \mathscr{F}$,使

$$C_2 \subset A \backslash C_1, \quad \varphi(C_2) \geqslant 0 \text{ 且 } \varphi^*(A \backslash (C_1 \cup C_2)) \leqslant \varepsilon_2 = 1/2.$$

如此继续到第 n 步,就会得到两两不交的$\{C_k \in \mathscr{F}\}$使对每个$k = 1, 2, \cdots, n$有

$$C_k \subset A, \quad \varphi(C_k) \geqslant 0 \text{ 且 } \varphi^*\left(A \Big\backslash \left(\bigcup_{i=1}^{k} C_i\right)\right) \leqslant \varepsilon_k = 1/k.$$

令$C = \bigcup_{n=1}^{\infty} C_n$,则$\varphi(C) = \sum_{n=1}^{\infty} \varphi(C_n) \geqslant 0$且

$$0 \leqslant \varphi^*(A \backslash C) \leqslant \varphi^*\left(A \Big\backslash \left(\bigcup_{k=1}^{n} C_k\right)\right) \leqslant \varepsilon_n = 1/n \to 0.$$

于是$\varphi^*(A \backslash C) = 0$. 取$A_0 = A \backslash C$,则$A_0 \subset A$,$\varphi^*(A_0) = 0$及

$$\varphi(A_0) + \varphi(C) = \varphi(A) < 0, \ \varphi(C) \geqslant 0$$
$$\Longrightarrow \varphi(A_0) < 0.$$

证完. □

定理 4.2.3(Hahn 分解)　对于可测空间$(X, \mathscr{F})$上的符号测度φ,存在$X^{\pm} \in \mathscr{F}$使

$$X^+ \cup X^- = X, \quad X^+ \cap X^- = \varnothing, \tag{4.2.4}$$

而且对每个$A \in \mathscr{F}$有

$$\varphi(A \cap X^+) \geqslant 0 \geqslant \varphi(A \cap X^-). \tag{4.2.5}$$

Hahn 分解$\{X^+, X^-\}$在下列意义下是惟一的:如果存在两个分解$\{X_1^+, X_1^-\}$和$\{X_2^+, X_2^-\}$都符合(4.2.4)和(4.2.5)式的要求,则

$$A \in \mathscr{F},\quad A \subset X_1^+ \Delta X_2^+ \Longrightarrow \varphi(A) = 0;$$

$$B \in \mathscr{F},\quad B \subset X_1^- \Delta X_2^- \Longrightarrow \varphi(B) = 0.$$

证明　分步骤证明如下.

(1) 集合系 $\mathscr{F}^- \xlongequal{\text{def}} \{A \in \mathscr{F} : \varphi^*(A) = 0\}$ 是一个 σ 环.

证　由于 $\varnothing \in \mathscr{F}^-$，故集合系 $\mathscr{F}^-$ 非空. 如果 $A_1, A_2 \in \mathscr{F}^-$，由 φ^* 的非负性和单调性得知

$$0 \leqslant \varphi^*(A_1 \setminus A_2) \leqslant \varphi^*(A_1) = 0,$$

故 $A_1 \setminus A_2 \in \mathscr{F}^-$. 如果 $\{A_n \in \mathscr{F}^-, n = 1, 2, \cdots\}$ 两两不交，则对任何 $B \in \mathscr{F}, B \subset \bigcup_{n=1}^{\infty} A_n$，有

$$\varphi(B) = \varphi\left(B \cap \left(\bigcup_{n=1}^{\infty} A_n\right)\right) = \sum_{n=1}^{\infty} \varphi(B \cap A_n),$$

从而由

$$\begin{aligned}
0 &\leqslant \varphi^*\left(\bigcup_{n=1}^{\infty} A_n\right) \\
&= \sup\left\{\varphi(B) : B \in \mathscr{F},\ B \subset \bigcup_{n=1}^{\infty} A_n\right\} \\
&= \sup\left\{\sum_{n=1}^{\infty} \varphi(B \cap A_n) : B \in \mathscr{F},\ B \subset \bigcup_{n=1}^{\infty} A_n\right\} \\
&\leqslant \sup\left\{\sum_{n=1}^{\infty} \varphi(B_n) : B_n \in \mathscr{F},\ B_n \subset A_n,\ \forall\, n \geqslant 1\right\} \\
&\leqslant \sum_{n=1}^{\infty} \sup\{\varphi(B) : B \in \mathscr{F},\ B \subset A_n\} \\
&= \sum_{n=1}^{\infty} \varphi^*(A_n) = 0
\end{aligned}$$

推得 $\bigcup_{n=1}^{\infty} A_n \in \mathscr{F}^-$.

(2) 存在满足(4.2.4)和(4.2.5)式的分解 $X^{\pm} \in \mathscr{F}$.

证　记 $\alpha = \inf\{\varphi(A) : A \in \mathscr{F}^-\}$. 由于 $\varnothing \in \mathscr{F}^-$，故 $\alpha \leqslant \varphi(\varnothing) = 0$. 取一串 $\{A_n \in \mathscr{F}^-, n = 1, 2, \cdots\}$ 使 $\lim\limits_{n \to \infty} \varphi(A_n) = \alpha$ 并令 $X^- = \bigcup_{n=1}^{\infty} A_n$. 由于 $\mathscr{F}^-$ 是一个 σ 环，故 $X^- \in \mathscr{F}^- \subset \mathscr{F}$，而且对每个 $A \in \mathscr{F}$ 有

$$\begin{aligned}\varphi(A\cap X^-)&\leqslant\varphi^*(A\cap X^-)\quad(\varphi^*\text{ 的定义})\\&\leqslant\varphi^*(X^-)\quad(\varphi^*\text{ 的单调性})\\&=0\quad(\mathscr{F}^-\text{ 的定义}).\end{aligned}$$

这说明 X^- 满足(4.2.5)式的要求. 再令 $X^+=X\backslash X^-$，显然 $X^+\in\mathscr{F}$ 而且它和 X^- 凑在一起满足(4.2.4)式. 所以只要再证 X^+ 也符合(4.2.5)式对它的要求就行了. 用反证法. 谬设存在 X^+ 的子集 $A\in\mathscr{F}$ 使 $\varphi(A)<0$，则由引理 4.2.2 知：存在 A 的子集 $A_0\in\mathscr{F}$ 使

$$\begin{aligned}&\varphi(A_0)<0\text{ 且 }\varphi^*(A_0)=0\\\Longleftrightarrow&\varphi(A_0)<0\text{ 且 }A_0\in\mathscr{F}^-\\\Longrightarrow&\varphi(A_0)<0\text{ 且 }A_0\cup X^-\in\mathscr{F}^-\\&(\text{因为 }X^-\in\mathscr{F}^-\text{ 且 }\mathscr{F}^-\text{ 是 }\sigma\text{ 环})\\\Longrightarrow&\varphi(A_0\cup X^-)=\varphi(A_0)+\varphi(X^-)<\varphi(X^-)\\&(\text{因为 }A_0\cap X^-=\varnothing).\end{aligned}$$

但是，对每个 $n=1,2,\cdots$，有

$$\begin{aligned}\varphi(X^-)&=\varphi(A_n)+\varphi(X^-\backslash A_n)\\&\leqslant\varphi(A_n)+\varphi^*(X^-\backslash A_n)\quad(\varphi^*\text{ 的定义})\\&=\varphi(A_n)\\&\quad(\text{因为 }X^-\backslash A_n\in\mathscr{F}^-\text{ 蕴含 }\varphi^*(X^-\backslash A_n)=0),\end{aligned}$$

可见 $\varphi(X^-)\leqslant\lim\limits_{n\to\infty}\varphi(A_n)=\alpha$. 于是前面的“谬设”导致

$$\varphi(A_0\cup X^-)<\varphi(X^-)\leqslant\alpha,$$

与 α 的定义矛盾.

(3) 惟一性.

证　设 $\{X_1^+,X_1^-\}$ 和 $\{X_2^+,X_2^-\}$ 都符合(4.2.4)和(4.2.5)式的要求. 如果 $A\subset X_2^+\backslash X_1^+$，则由 $A\subset X_2^+$ 推出 $\varphi(A)\geqslant0$；由 $A\subset(X_1^+)^c=X_1^-$ 又推出 $\varphi(A)\leqslant0$，从而 $\varphi(A)=0$. 同理，由 $A\subset X_1^+\backslash X_2^+$ 亦推出 $\varphi(A)=0$. 因此，当 $A\subset X_1^+\Delta X_2^+$ 时就有

$$\varphi(A)=\varphi(A\cap(X_2^+\backslash X_1^+))+\varphi(A\cap(X_1^+\backslash X_2^+))=0.$$

这证明了惟一性的前一部分. 后一部分的证明类似，略.　□

对于一个任意给定的符号测度 φ，Hahn 分解把空间 X 分解为两部分 X^+ 和 X^-：在 X^+ 上 φ 只取正值；在 X^- 上 φ 只取负值. 于是，

只要令

$$\varphi^+(A)=\varphi(A\cap X^+) \text{ 和 } \varphi^-(A)=-\varphi(A\cap X^-), \qquad (4.2.6)$$

就得到了分解式(4.2.1),从而回答了本节开头提出的问题.我们把这个结论写成定理的形式.

定理 4.2.4(Jordan 分解) 对可测空间$(X,\mathscr{F})$上的符号测度φ,存在测度φ^+和有限测度φ^-使(4.2.1)式成立而且

$$\varphi^+=\varphi^*; \quad \varphi^-=(-\varphi)^*. \qquad (4.2.7)$$

证明 取$\varphi^\pm$如(4.2.6)式,易见它们都是测度而且满足(4.2.1)式.由事先的约定(4.1.3)式又知φ^-是有限的.因此,只需证明(4.2.7)式.任意给定$A\in\mathscr{F}$,对任何A的子集$B\in\mathscr{F}$,我们有

$$\varphi(B)\leqslant\varphi^+(B)\leqslant\varphi^+(A).$$

因此由(4.2.2)式推得

$$\varphi^+(A)\geqslant\sup\{\varphi(B):B\subset A,B\in\mathscr{F}\}=\varphi^*(A).$$

另一方面,由(4.2.6)和(4.2.2)式又可见

$$\begin{aligned}\varphi^+(A)&=\varphi(A\cap X^+)\\&\leqslant\sup\{\varphi(B):B\subset A,B\in\mathscr{F}\}\\&=\varphi^*(A).\end{aligned}$$

于是(4.2.7)式中前一式成立.(4.2.7)后一式可类似证之,略. □

今后把满足(4.2.6)或(4.2.7)式的分解式(4.2.1)叫做符号测度φ的 **Jordan 分解**. φ^+和φ^-分别叫做φ的**上变差**和**下变差**,而$|\varphi|\overset{\text{def}}{=\!=}\varphi^++\varphi^-$叫做它的**全变差**.显然,**符号测度的上变差、下变差和全变差都是测度**.

Jordan 分解当然是惟一的,这由表达式(4.2.7)式可以看出来.但是,如果有人要随便找两个测度μ和ν来满足$\varphi=\mu-\nu$的话,那么这样的μ和ν可不是惟一的.习题 4 之第 1 题和第 4 题说的就是这个意思.

§3 Radon-Nikodym 定理

设φ是测度空间$(X,\mathscr{F},\mu)$上的符号测度.我们将着手定义φ的

导数.基本的想法其实很简单：如果这个符号测度能惟一地表成不定积分形式

$$\varphi(A)=\int_A f\mathrm{d}\mu,\quad \forall A\in\mathscr{F} \tag{4.3.1}$$

的话，那么像初等微积分里把不定积分看成它的导数的原函数那样，就认为 f 是符号测度 φ 对于测度 μ 的导数.

定义 4.3.1 设 φ 是测度空间 $(X,\mathscr{F},\mu)$ 上的符号测度.如果存在 a.e. 意义下惟一的可测函数 f 使(4.3.1)式成立，则称 f 为 φ 对于 μ 的 R-N(Radon-Nikodym)**导数**(或简称**导数**)，记为 $\dfrac{\mathrm{d}\varphi}{\mathrm{d}\mu}\xlongequal{\text{def}}f$.

正如微积分中并非所有的函数都可以求导一样，也不是每一个符号测度都有 R-N 导数.什么样的符号测度才有 R-N 导数呢？只有当 φ **对** μ **绝对连续时才有可能**.

定义 4.3.2 设 φ 和 μ 分别是可测空间 $(X,\mathscr{F})$ 上的符号测度和测度.如果对任何 $A\in\mathscr{F}$，均有

$$\mu(A)=0\Longrightarrow\varphi(A)=0,$$

则称 φ **对** μ **绝对连续**，记作 $\varphi\ll\mu$.

我们将证明：**只要** μ **是** σ **有限的而且** $\varphi\ll\mu$**，则** φ **对** μ **的 R-N 导数就一定存在**.这个结论的证明过程比较长，为了避免由此产生的不耐烦情绪，我们把它分解成一系列的引理和命题.记

$$\mathscr{L}=\left\{g\in L_1:\ g\geqslant 0;\ \int_A g\mathrm{d}\mu\leqslant\varphi(A),\ \forall A\in\mathscr{F}\right\},$$

其中 $L_1=L_1(X,\mathscr{F},\mu)$.

引理 4.3.1 如果 φ 和 μ 都是可测空间 $(X,\mathscr{F})$ 上的有限测度，则存在 $f\in\mathscr{L}$ 使

$$\int_X f\mathrm{d}\mu=\beta\xlongequal{\text{def}}\sup\left\{\int_X g\mathrm{d}\mu:\ g\in\mathscr{L}\right\}. \tag{4.3.2}$$

证明 取 $\{g_k\in\mathscr{L},\ k=1,2,\cdots\}$ 使 $\lim\limits_{k\to\infty}\int_X g_k\mathrm{d}\mu=\beta$.再令

$$f_n=\max_{1\leqslant k\leqslant n}g_k;\quad f=\sup\{g_k:\ k=1,2,\cdots\}.$$

由于 $g_k\leqslant f$ 对每个 $k=1,2,\cdots$ 成立，故

$$\beta=\lim_{k\to\infty}\int_X g_k\mathrm{d}\mu\leqslant\int_X f\mathrm{d}\mu. \tag{4.3.3}$$

对每个正整数 $n=1,2,\cdots$ 和每个 $k=1,\cdots,n$,记

$$A_{n,k}=\{f_n=g_k\};\quad B_{n,k}=A_{n,k}\Big\backslash\Big(\bigcup_{i=1}^{k-1}A_{n,i}\Big).$$

易见 $\{B_{n,k},k=1,\cdots,n\}$ 两两不交且 $\bigcup\limits_{k=1}^{n}B_{n,k}=\bigcup\limits_{k=1}^{n}A_k=X$,因而

$$\begin{aligned}\int_A f_n\mathrm{d}\mu&=\int_{A\cap\{\bigcup\limits_{k=1}^{n}B_{n,k}\}}f_n\mathrm{d}\mu=\sum_{k=1}^{n}\int_{A\cap B_{n,k}}f_n\mathrm{d}\mu\\&=\sum_{k=1}^{n}\int_{A\cap B_{n,k}}g_k\mathrm{d}\mu\leqslant\sum_{k=1}^{n}\varphi(A\cap B_{n,k})\\&=\varphi(A)\end{aligned}$$

对每个 $A\in\mathscr{F}$ 成立. 上式中令 $n\to\infty$,由单调收敛定理就得到

$$\int_A f\mathrm{d}\mu=\lim_{n\to\infty}\int_A f_n\mathrm{d}\mu\leqslant\varphi(A)$$

对每个 $A\in\mathscr{F}$ 成立. 这说明 $f\in\mathscr{L}$,因而 $\int_X f\mathrm{d}\mu\leqslant\beta$. 后者与(4.3.3)式合在一起即是(4.3.2)式. □

命题 4.3.2 如果 φ 和 μ 都是可测空间 $(X,\mathscr{F})$ 上的有限测度而且 $\varphi\ll\mu$,则存在非负的 $f\in L_1$ 使(4.3.1)式成立; f 在 a.s. 意义下惟一,即如果还存在 $g\in L_1$ 使

$$\varphi(A)=\int_A g\mathrm{d}\mu$$

对每个 $A\in\mathscr{F}$ 成立,则必有 $f=g$ a.s..

证明 取 f 如引理 4.3.1,对每个 $A\in\mathscr{F}$,令

$$\nu(A)=\varphi(A)-\int_A f\mathrm{d}\mu,$$

则 ν 是一个测度. 为证明命题,只需证 $\nu\equiv0$. 对每个正整数 n 和每个 $A\in\mathscr{F}$,定义

$$\nu_n(A)=\nu(A)-\frac{1}{n}\mu(A),$$

则 $\{\nu_n,n=1,2,\cdots\}$ 是符号测度列. 以 $\{X_n^+,X_n^-\}$ 记 ν_n 对应的 Hahn 分解,并令

$$X^+=\bigcup_{n=1}^{\infty}X_n^+;\quad X^-=\bigcap_{n=1}^{\infty}X_n^-.$$

注意 $X^-\subset X_n^-$ 蕴含 $\nu_n(X^-)\leqslant 0$,立得

$$0\leqslant \nu(X^-) = \nu_n(X^-) + \frac{1}{n}\mu(X^-)$$
$$\leqslant \frac{1}{n}\mu(X^-) \to 0. \tag{4.3.4}$$

另一方面,对每个正整数 n 和每个 $A\in\mathscr{F}$,有

$$\int_A\left[f+\frac{1}{n}I_{X_n^+}\right]\mathrm{d}\mu = \varphi(A) - \nu(A) + \frac{1}{n}\mu(X_n^+\cap A)$$
$$\leqslant \varphi(A) - \nu(X_n^+\cap A) + \frac{1}{n}\mu(X_n^+\cap A)$$
$$= \varphi(A) - \nu_n(X_n^+\cap A) \leqslant \varphi(A),$$

即 $f+\frac{1}{n}I_{X_n^+}\in\mathscr{L}$. 因此

$$\int_X f\mathrm{d}\mu + \frac{1}{n}\mu(X_n^+) = \int_X\left[f+\frac{1}{n}I_{X_n^+}\right]\mathrm{d}\mu \leqslant \beta = \int_X f\mathrm{d}\mu,$$

即 $\mu(X_n^+)=0$. 这蕴含 $\mu(X^+)\leqslant\sum_{n=1}^{\infty}\mu(X_n^+)=0$. 由于 φ 对 μ 的绝对连续性,故又推出 $\varphi(X^+)=0$. 于是我们得到

$$0\leqslant \nu(X^+) = \varphi(X^+) - \int_{X^+} f\mathrm{d}\mu \leqslant \varphi(X^+) = 0.$$

此式和(4.3.4)式合在一起说明 $\nu(X)=\nu(X^+)+\nu(X^-)=0$ 即 $\nu\equiv 0$, f 的存在性得证.

f 在 a.s. 意义下的惟一性由定理 3.2.2 直接推出. □

命题 4.3.3　设 φ 和 μ 分别是 $(X,\mathscr{F})$ 上的 σ 有限符号测度和有限测度. 如果 $\varphi\ll\mu$,则存在 $(X,\mathscr{F},\mu)$ 上 a.e. 意义下惟一的有限可测函数 f,使

$$\int_X f^-\,\mathrm{d}\mu < \infty \tag{4.3.5}$$

且(4.3.1)式成立.

证明　先考虑 φ 是有限符号测度的情形. 设 $\varphi=\varphi^+-\varphi^-$ 是 φ 的 Jordan 分解. 由(4.2.6)式和命题 4.1.2 可见 $\varphi^\pm$ 均是有限测度而且

$$\mu(A)=0 \Longrightarrow \mu(A\cap X^\pm)=0$$
$$\Longrightarrow \varphi(A\cap X^\pm)=0$$

$$\Longrightarrow \varphi^{\pm}(A) = 0,$$

故 $\varphi^{\pm} \ll \mu$. 于是，由命题 4.3.2 知，存在 $f^{\pm} \in L_1$ 使

$$\varphi^{\pm}(A) = \int_A f^{\pm} \mathrm{d}\mu$$

对每个 $A \in \mathscr{F}$ 成立. 令 $f = f^+ - f^-$ 即知此时结论成立.

再考虑 φ 是 σ 有限符号测度的情形. 取 $(X, \mathscr{F})$ 的可测分割 $\{A_n, n=1,2,\cdots\}$ 使对每个正整数 n，$|\varphi(A_n)| < \infty$. 显然，在可测空间 $(A_n, A_n \cap \mathscr{F})$ 上，φ 是有限符号测度，μ 是有限测度且 $\varphi \ll \mu$. 因此由已证之结论得：存在 $f_n \in L_1(A_n, A_n \cap \mathscr{F}, \mu)$ 使对每个 $A \in A_n \cap \mathscr{F}$ 有

$$\varphi(A) = \int_A f_n \mathrm{d}\mu.$$

把这些分别定义在 $(A_n, A_n \cap \mathscr{F})$ 上的 f_n 拼起来，令

$$f = \sum_{n=1}^{\infty} f_n I_{A_n},$$

则对任何 $A \in \mathscr{F}$ 和 $n = 1,2,\cdots$ 有

$$\varphi(A \cap A_n) = \int_{A \cap A_n} f_n \mathrm{d}\mu = \int_{A \cap A_n} f \mathrm{d}\mu.$$

于是根据(4.1.3)式的约定就得

$$\begin{aligned}\int_X f^- \mathrm{d}\mu &= \sum_{n=1}^{\infty} \int_{A_n} f^- \mathrm{d}\mu = -\sum_{n=1}^{\infty} \int_{A_n \cap \{f<0\}} f \mathrm{d}\mu \\ &= -\sum_{n=1}^{\infty} \varphi(A_n \cap \{f < 0\}) \\ &= -\varphi(f < 0) < \infty,\end{aligned}$$

可见这样定义的 f 满足(4.3.5)式且

$$\varphi(A) = \sum_{n=1}^{\infty} \varphi(A \cap A_n) = \sum_{n=1}^{\infty} \int_{A \cap A_n} f \mathrm{d}\mu = \int_A f \mathrm{d}\mu,$$

即(4.3.1)式成立. 因为 f 在每一个 A_n 上 a.e. 有限，所以在 X 上也 a.e. 有限，从上述证明过程和命题 4.3.2 可得 f a.e. 惟一. □

命题 4.3.4 设 φ 和 μ 分别是 $(X, \mathscr{F})$ 上的符号测度和有限测度. 只要 $\varphi \ll \mu$，就一定存在 $(X, \mathscr{F}, \mu)$ 上 a.e. 惟一的可测函数 f 使(4.3.5)式和(4.3.1)式成立；如果 φ 是 σ 有限的，则 f a.e. 有限.

证明　把证明过程分为以下几步:

(1) 集合系

$$\mathscr{G}=\left\{A\in\mathscr{F}:\exists\ \{A_n\in\mathscr{F}\}\text{两两不交},\ \bigcup_{n=1}^{\infty}A_n=A\right.$$

$$\left.\text{且}\ |\varphi(A_n)|<\infty, n=1,2,\cdots\right\}$$

是一个 σ 环.

事实上,容易看出 $\mathscr{G}$ 对于"可列不交并"运算是封闭的. 利用命题 4.1.2 又不难证明它对于"差"的运算也是封闭的.

(2) 记 $\gamma=\sup\{\mu(A):A\in\mathscr{G}\}$,则存在 $B\in\mathscr{G}$ 使 $\mu(B)=\gamma$.

事实上,只要取一串 $\{B_n\in\mathscr{G}\}$ 使 $\lim\limits_{n\to\infty}\mu(B_n)=\gamma$(注意: $0\leqslant\gamma<\infty$),再令 $B=\bigcup\limits_{n=1}^{\infty}B_n$,则 $B\in\mathscr{G}$(因为 $\mathscr{G}$ 是 σ 环),而且由

$$\gamma\geqslant\mu(B)\geqslant\mu(B_n)\longrightarrow\gamma$$

推出 $\mu(B)=\gamma$.

(3) 取 $B\in\mathscr{G}$ 如(2),则存在 $(B,B\cap\mathscr{F},\mu)$ 上满足(4.3.5)式,而且 a.e. 惟一的有限可测函数 g 使对任何 $C\in B\cap\mathscr{F}$,有

$$\varphi(C)=\int_C g\mathrm{d}\mu. \tag{4.3.6}$$

因为在可测空间 $(B,B\cap\mathscr{F})$ 上, φ 是 σ 有限符号测度, μ 是有限测度,所以这个结论由命题 4.3.3 即可推得.

(4) 在可测空间 $(B^c,B^c\cap\mathscr{F})$ 上,对任何 $C\in B^c\cap\mathscr{F}$ 有

$$\varphi(C)=\int_C\infty\mathrm{d}\mu=\begin{cases}0, & \mu(C)=0,\\ \infty, & \mu(C)>0.\end{cases} \tag{4.3.7}$$

事实上,如果 $C\in B^c\cap\mathscr{F}$ 满足 $\mu(C)=0$,则由 φ 对 μ 的绝对连续性推出 $\varphi(C)=0$,从而此时(4.3.7)式成立. 为证 $C\in B^c\cap\mathscr{F}$ 满足 $\mu(C)>0$ 时(4.3.7)式也成立,采用反证法. 如果存在 $C\in B^c\cap\mathscr{F}$ 满足 $\mu(C)>0$ 但 $\varphi(C)<\infty$,则 $B\cup C\in\mathscr{G}$ 且

$$\mu(B\cup C)=\mu(B)+\mu(C)>\mu(B)=\gamma,$$

与 γ 的定义矛盾!

(5) 命题证明的完成.

令 $f=gI_B+\infty I_{B^c}$,则 f 可测且由命题 4.3.3 推知

$$\int_X f^- \mathrm{d}\mu = \int_B g^- \mathrm{d}\mu < \infty,$$

可见(4.3.5)式成立,又由(4.3.6)和(4.3.7)式推知

$$\begin{aligned}\varphi(A) &= \varphi(A \cap B) + \varphi(A \cap B^c) \\ &= \int_{A\cap B} g\mathrm{d}\mu + \int_{A\cap B^c} \infty \mathrm{d}\mu \\ &= \int_{A\cap B} f\mathrm{d}\mu + \int_{A\cap B^c} f\mathrm{d}\mu \\ &= \int_A f\mathrm{d}\mu,\end{aligned}$$

可见(4.3.1)式也成立.从上述证明过程可见:f a.e.惟一.此外,当φ为σ有限时有$\mathscr{G}=\mathscr{F}$,故f必须a.e.有限. □

所有必要的前期工作至此已全部完成,现在让我们来叙述和证明R-N定理.

定理 4.3.5 设φ和μ分别是$(X,\mathscr{F})$上的符号测度和σ有限测度.如果$\varphi \ll \mu$,则存在$(X,\mathscr{F},\mu)$上在a.e.意义下惟一的可测函数f使(4.3.1)和(4.3.5)式成立;如果φ是σ有限的,则f a.e.有限.

证明 设$\{A_n\}$是$(X,\mathscr{F},\mu)$的一个可测分割,使$\mu(A_n)<\infty$对每个$n=1,2,\cdots$成立.

由命题4.3.4可知:存在$(A_n, A_n\cap\mathscr{F},\mu)$上a.e.惟一的可测函数$f_n$,使对任何$n=1,2,\cdots$和$A\in A_n\cap\mathscr{F}$有

$$\varphi(A) = \int_A f_n \mathrm{d}\mu; \quad \int_A f_n^- \mathrm{d}\mu < \infty.$$

令$f=\sum_{n=1}^{\infty} f_n I_{A_n}$,则由约定(4.1.3)式知

$$\begin{aligned}\int_X f^- \mathrm{d}\mu &= \sum_{n=1}^{\infty}\int_{A_n} f^- \mathrm{d}\mu = -\sum_{n=1}^{\infty}\int_{A_n\cap\{f<0\}} f\mathrm{d}\mu \\ &= -\sum_{n=1}^{\infty}\int_{A_n\cap\{f<0\}} f_n\mathrm{d}\mu \\ &= \sum_{n=1}^{\infty}\varphi(A_n \cap \{f<0\}) \\ &= -\varphi(f<0) < \infty,\end{aligned}$$

可见(4.3.5)式成立；又对每个 $A\in\mathscr{F}$ 有

$$\varphi(A)=\sum_{n=1}^{\infty}\varphi(A\cap A_n)$$

$$=\sum_{n=1}^{\infty}\int_{A\cap A_n}f\mathrm{d}\mu=\int_A f\mathrm{d}\mu,$$

故(4.3.1)式也成立. f 的 a.e. 惟一性由 f_n 的惟一性可得. 当 φ 为 σ 有限时，每一个 f_n a.e. 有限，故 f 也必 a.e. 有限. □

最后我们指出：定理 4.3.5 中 μ 是 σ 有限的这个条件是必要的. 如果把它去掉，定理的结论有可能不对. 请看下面的例子.

例 1　设 $X=\boldsymbol{R}$, $\mathscr{F}=\{A\subset X:\ A$ 或 A^c 至多可数$\}$. 令

$$\mu(A)=\begin{cases}\#(A), & \#(A)<\infty,\\ \infty, & \#(A)=\infty.\end{cases}$$

又定义：如果 A 至多可数，则 $\varphi(A)=0$；如果 A^c 至多可数，则 $\varphi(A)=1$. 易见 $\varphi\ll\mu$. 但并不存在可测函数 f 使(4.3.1)式成立. 事实上，如果存在可测函数 f 使(4.3.1)式成立，那么由

$$0=\varphi(\{x\})=\int_{\{x\}}f\mathrm{d}\mu=f(x)\mu(\{x\})=f(x)$$

对任意 $x\in\boldsymbol{R}$ 成立，就推出 $f\equiv 0$，从而

$$\varphi(X)=\int_X f\mathrm{d}\mu=\int_X 0\mathrm{d}\mu=0,$$

与 $\varphi(X)=1$ 发生矛盾.

§4　Lebesgue 分解

R-N 定理表明：如果符号测度 φ 对于 σ 有限测度 μ 绝对连续，则 φ 对 μ 的 R-N 导数存在. 本节要考虑符号测度与测度，或符号测度与符号测度之间更一般的关系. 为此，引进下列定义.

定义 4.4.1　可测空间$(X,\mathscr{F})$上的符号测度 φ 和 ϕ 称为是**相互奇异的**，记为 $\varphi\perp\phi$，如果存在 $N\in\mathscr{F}$ 使 $|\varphi|(N^c)=|\phi|(N)=0$.

奇异性是通过全变差定义的，但是也可以用两个符号测度自身来直接验证. 事实上，我们有下列等价条件.

引理 4.4.1 对于任意的符号测度 φ 和 ϕ，$\varphi\perp\phi$ 当且仅当存在 $N\in\mathscr{F}$ 使对每个 $A\in\mathscr{F}$ 有

$$\varphi(A\cap N^c)=\phi(A\cap N)=0.$$

证明 必要性 如果 $\varphi\perp\phi$，取 $N\in\mathscr{F}$ 使 $|\varphi|(N^c)=|\phi|(N)=0$，则

$$\begin{aligned}|\varphi|(N^c)=0&\Longrightarrow\varphi^{\pm}(N^c)=0\\ &\Longrightarrow\varphi^{\pm}(A\cap N^c)=0,\ \forall A\in\mathscr{F}\\ &\Longrightarrow\varphi(A\cap N^c)=\varphi^{+}(A\cap N^c)-\varphi^{-}(A\cap N^c)\\ &\qquad=0,\ \forall A\in\mathscr{F}.\end{aligned}$$

类似地推理可得 $|\phi|(N)=0\Longrightarrow\phi(A\cap N)=0.$

充分性 取 $N\in\mathscr{F}$ 对每个 $A\in\mathscr{F}$ 有

$$\varphi(A\cap N^c)=\phi(A\cap N)=0$$

并设 $\{X_\varphi^+,X_\varphi^-\}$ 是 φ 的 Hahn 分解，则

$$\begin{aligned}&\varphi(A\cap N^c)=0,\ \forall A\in\mathscr{F}\\ &\Longrightarrow\varphi^{\pm}(N^c)=\pm\varphi(N^c\cap X^{\pm})=0\\ &\Longrightarrow|\varphi|(N^c)=\varphi^{+}(N^c)+\varphi^{-}(N^c)=0.\end{aligned}$$

类似地推理又得 $\phi(A\cap N)=0,\ \forall A\in\mathscr{F}\Longrightarrow|\varphi|(N)=0.$ □

类似于奇异性的定义，也可以把绝对连续的定义推广到两个符号测度之间：如果符号测度 φ 和 ϕ 满足 $|\varphi|\ll|\phi|$，则称 φ 对 ϕ 是**绝对连续**的，记为 $\varphi\ll\phi$. 下面的引理说明了奇异性和绝对连续性是两个对立的概念.

引理 4.4.2 设 φ 和 ϕ 都是符号测度. 如果 $\varphi\ll\phi$ 且 $\varphi\perp\phi$，则

$$\varphi\equiv 0.$$

证明 取 $N\in\mathscr{F}$ 使 $|\varphi|(N^c)=|\phi|(N)=0$，则对任何 $A\in\mathscr{F}$ 有

$$|\varphi|(A\cap N^c)\leqslant|\varphi|(N^c)=0;$$

同时又有

$$\begin{aligned}|\phi|(N)=0&\Longrightarrow|\phi|(A\cap N)=0\\ &\Longrightarrow|\varphi|(A\cap N)=0\quad(\text{因为 }\varphi\ll\phi).\end{aligned}$$

两者合在一起即得

$$|\varphi|(A)=|\varphi|(A\cap N^c)+|\varphi|(A\cap N)=0,\quad\forall A\in\mathscr{F}.$$ □

本节的主题是 Lebesgue 分解，其目的是要证明，任何 σ 有限符

号测度 φ 对于任意一个 σ 有限测度 μ,可以分解成两部分：一部分对 μ 绝对连续;另一部分则与 μ 是相互**奇异的**. 定理的证明过程也比较长. 为了写得更有条理,还是采用先特殊后一般的办法,分阶段地予以证明.

命题 4.4.3 对于有限测度空间 $(X,\mathscr{F},\mu)$ 上的有限测度 φ,存在有限测度 φ_c 和 φ_s 使下列三式同时成立：

$$\varphi = \varphi_c + \varphi_s;\quad \varphi_c \ll \mu;\quad \varphi_s \perp \mu. \tag{4.4.1}$$

证明 由于 $\varphi \ll \mu+\varphi$,故 $\dfrac{\mathrm{d}\varphi}{\mathrm{d}(\mu+\varphi)}$ 存在(R-N 定理)且对每个 $A\in\mathscr{F}$ 有

$$\begin{aligned}0 &\leqslant \int_A \frac{\mathrm{d}\varphi}{\mathrm{d}(\varphi+\mu)}\mathrm{d}(\varphi+\mu)\\ &= \varphi(A) \leqslant \varphi(A)+\mu(A)\\ &= \int_A 1\mathrm{d}(\varphi+\mu).\end{aligned}$$

根据定理 3.2.2,这表明 $0\leqslant\dfrac{\mathrm{d}\varphi}{\mathrm{d}(\varphi+\mu)}\leqslant 1$ a.e.. 记

$$N = \left\{x\in X:\ \frac{\mathrm{d}\varphi}{\mathrm{d}(\varphi+\mu)}(x) = 1\right\}.$$

再对每个 $A\in\mathscr{F}$,令

$$\varphi_c(A) = \varphi(A\cap N^c);\quad \varphi_s(A) = \varphi(A\cap N).$$

易见 φ_c 和 φ_s 是有限测度,故只需再证它们符合(4.4.1)式的要求. 显然,(4.4.1)的第一式成立. 如果 $A\in\mathscr{F}$ 且 $\mu(A)=0$,则

$$\begin{aligned}&\int_{A\cap N^c}\left[1-\frac{\mathrm{d}\varphi}{\mathrm{d}(\varphi+\mu)}\right]\mathrm{d}(\varphi+\mu)\\ &= (\varphi+\mu)(A\cap N^c) - \varphi(A\cap N^c)\\ &= \mu(A\cap N^c) = 0.\end{aligned}$$

但在 $A\cap N^c$ 上,$\dfrac{\mathrm{d}\varphi}{\mathrm{d}(\varphi+\mu)}<1$ a.e.,故上式蕴含 $(\varphi+\mu)(A\cap N^c)=0$,从而

$$\varphi_c(A) = \varphi(A\cap N^c) \leqslant (\varphi+\mu)(A\cap N^c) = 0.$$

这说明了(4.4.1)的第二式也成立. 此外,由

$$\varphi(N) = \int_N \frac{\mathrm{d}\varphi}{\mathrm{d}(\varphi+\mu)}\mathrm{d}(\varphi+\mu)$$

$$= \int_N 1\mathrm{d}(\varphi + \mu) = \varphi(N) + \mu(N)$$

推知 $\mu(N)=0$. 该结论再加上

$$\varphi_s(N^c) = \varphi(N^c \cap N) = \varphi(\varnothing) = 0$$

便得到 $\varphi_s \perp \mu$. 可见(4.4.1)的第三式也成立. □

命题 4.4.4 对于 σ 有限测度空间 $(X, \mathscr{F}, \mu)$ 上的 σ 有限测度 φ,存在 σ 有限的测度 φ_c 和 φ_s 使(4.4.1)式成立.

证明 取 $(X, \mathscr{F})$ 的一个可测分割 $\{A_n\}$,使对任何 $n=1,2,\cdots$ 有

$$\varphi(A_n) < \infty; \quad \mu(A_n) < \infty.$$

再对每个 $n=1,2,\cdots$,把命题 4.4.3 用于可测空间 $(A_n, A_n \cap \mathscr{F})$ 上的有限测度 φ 和 μ,便得有限测度 $\varphi_{n,c}$ 和 $\varphi_{n,s}$ 使

$$\varphi = \varphi_{n,c} + \varphi_{n,s}; \quad \varphi_{n,c} \ll \mu; \quad \varphi_{n,s} \perp \mu.$$

对每个 $A \in \mathscr{F}$,令

$$\varphi_c(A) = \sum_{n=1}^{\infty} \varphi_{n,c}(A \cap A_n);$$

$$\varphi_s(A) = \sum_{n=1}^{\infty} \varphi_{n,s}(A \cap A_n).$$

以下证 φ_c 和 φ_s 符合定理的要求. 显然 φ_c 和 φ_s 是 $(X, \mathscr{F})$ 上的 σ 有限测度而且(4.4.1)的第一式成立. 注意到对每个 $A \in \mathscr{F}$,

$$\begin{aligned}\mu(A) = 0 &\Longrightarrow \mu(A \cap A_n) = 0, \ \forall\, n = 1,2,\cdots \\ &\Longrightarrow \varphi_{n,c}(A \cap A_n) = 0, \ \forall\, n = 1,2,\cdots \\ &\Longrightarrow \varphi_c(A) = \sum_{n=1}^{\infty} \varphi_{n,c}(A \cap A_n) = 0,\end{aligned}$$

又得到(4.4.2)的第二式. 最后,对每个 $n=1,2,\cdots$,设 $N_n \in A_n \cap \mathscr{F}$ 是使

$$\mu(N_n) = 0 = \varphi_{n,s}(N_n^c \cap A_n)$$

成立的集合并令 $N = \bigcup_{n=1}^{\infty} N_n$,则 $\mu(N)=0$,而且

$$\varphi_s(N^c) = \sum_{n=1}^{\infty} \varphi_{n,s}(N^c \cap A_n) \leqslant \sum_{n=1}^{\infty} \varphi_{n,s}(N_n^c \cap A_n) = 0.$$

可见 φ_c 和 φ_s 也满足(4.4.1)的第三式. □

定理 4.4.5(Lebesgue 分解) 对于 σ 有限测度空间 $(X, \mathscr{F}, \mu)$

上的 σ 有限符号测度 φ，存在 σ 有限符号测度 φ_c 和 φ_s 使分解式(4.4.1)式成立，而且这样的分解是惟一的.

证明 *存在性* 设 $\varphi=\varphi^+-\varphi^-$ 是 φ 的 Jordan 分解，则 φ^+ 是 σ 有限测度，而根据(4.1.3)式的约定，φ^- 是有限测度. 因此，由命题 4.4.4 知：存在 σ 有限之测度 φ_c^+ 和 φ_s^+ 以及有限测度 φ_c^- 和 φ_s^- 使 $\varphi^\pm=\varphi_c^\pm+\varphi_s^\pm$；$\varphi_c^\pm\ll\mu$；$\varphi_s^\pm\perp\mu$. 令

$$\varphi_c=\varphi_c^+-\varphi_c^-,\quad \varphi_s=\varphi_s^+-\varphi_s^-,$$

则(4.4.1)的第一式和第二式成立. 设 $N_\pm\in\mathscr{F}$ 是使 $\varphi_s^\pm(N_\pm^c)=0=\mu(N_\pm)$ 的集合. 令 $N=N_+\cup N_-$，则 $\mu(N)=0$，且

$$\varphi_s^\pm(N^c)=\varphi_s^\pm(N_+^c\cap N_-^c)\leqslant\varphi_s^\pm(N_\pm^c)=0.$$

由此可见对任何 $A\in\mathscr{F}$，有 $\varphi_s^\pm(A\cap N^c)=0$. 因而

$$(\varphi_s^+-\varphi_s^-)(A\cap N^c)=\varphi_s^+(A\cap N^c)-\varphi_s^-(A\cap N^c)=0.$$

于是，由引理 4.4.1 得 $\varphi_s=(\varphi_s^+-\varphi_s^-)\perp\mu$，即(4.4.1)的第三式成立.

惟一性 对 $i=1,2$，设 σ 有限符号测度 $\varphi_{c,i}$ 和 $\varphi_{s,i}$ 满足

$$\varphi=\varphi_{c,i}+\varphi_{s,i};\quad \varphi_{c,i}\ll\mu;\quad \varphi_{s,i}\perp\mu. \tag{4.4.2}$$

以下证

$$\varphi_{c,1}=\varphi_{c,2};\quad \varphi_{s,1}=\varphi_{s,2}. \tag{4.4.3}$$

以 $N_i\in\mathscr{F}$ 记使 $\mu(N_i)=0$ 和 $\varphi_{s,i}(A\cap N_i^c)=0$ 对每个 $A\in\mathscr{F}$ 均成立之集合. 令 $N=N_1\cup N_2$，则 $\mu(N)=0$，并由(4.4.2)式中之第二式推出

$$\varphi_{c,i}(A\cap N)=0 \tag{4.4.4}$$

对每个 $A\in\mathscr{F}$ 和 $i=1,2$ 成立. 另外，对任何 $A\in\mathscr{F}$，还有

$$\varphi_{s,1}(A\cap N^c)=\varphi_{s,1}((A\cap N_2^c)\cap N_1^c)=0;$$

$$\varphi_{s,2}(A\cap N^c)=\varphi_{s,2}((A\cap N_1^c)\cap N_2^c)=0.$$

于是，从(4.4.4)式和(4.4.2)式中的第一式推得：对每个 $A\in\mathscr{F}$ 有

$$\begin{aligned}\varphi_{c,1}(A)&=\varphi_{c,1}(A\cap N^c)=\varphi_{c,1}(A\cap N^c)+\varphi_{s,1}(A\cap N^c)\\&=\varphi(A\cap N^c)=\varphi_{c,2}(A\cap N^c)+\varphi_{s,2}(A\cap N^c)\\&=\varphi_{c,2}(A\cap N^c)=\varphi_{c,2}(A);\end{aligned}$$

$$\varphi_{s,1}(A)=\varphi_{s,1}(A\cap N)=\varphi_{c,1}(A\cap N)+\varphi_{s,1}(A\cap N)$$

$$= \varphi(A \cap N) = \varphi_{c,2}(A \cap N) + \varphi_{s,2}(A \cap N)$$
$$= \varphi_{s,2}(A \cap N) = \varphi_{s,2}(A).$$

这说明(4.4.3)式成立. □

经过简单的推导不难证明,定理 4.4.5 可以写成如下更一般的形式:

推论 4.4.6 对于可测空间$(X,\mathscr{F})$上的 σ 有限符号测度 φ 和 ϕ,存在两个 σ 有限符号测度 φ_c 和 φ_s 使下列分解式成立:

$$\varphi = \varphi_c + \varphi_s;\quad \varphi_c \ll \phi;\quad \varphi_s \perp \phi.$$

这样的分解是惟一的.

Lebesgue 分解可以用来解释初等概率论中随机变量的分类问题. 设 f 是概率空间$(X,\mathscr{F},P)$上的随机变量,其概率分布记为 Pf^{-1}. 根据定理 4.4.5,$(\boldsymbol{R},\mathscr{B}_{\boldsymbol{R}})$上的概率测度 Pf^{-1}对 σ 有限的 L 测度 λ 有 Lebesgue 分解式:

$$Pf^{-1} = \mu_1 + \mu_s;\quad \mu_1 \ll \lambda;\quad \mu_s \perp \lambda.$$

记

$$D = \{x \in \boldsymbol{R}: \mu_s(\{x\}) > 0\};$$
$$\mu_2(A) = \mu_s(A \cap D),\quad \forall A \in \mathscr{F};$$
$$\mu_3 = \mu_s - \mu_2.$$

易见 D 是有限或可列集, μ_2 和 μ_3 都是有限测度而且 $\mu_s = \mu_2 + \mu_3$. 对 $i=1,2,3$,令 $\alpha_i = \mu_i(\boldsymbol{R})$和

$$\widetilde{\mu}_i = \begin{cases} \mu_i/\mu_i(\boldsymbol{R}), & \mu_i(\boldsymbol{R}) > 0, \\ \nu, & \mu_i(\boldsymbol{R}) = 0, \end{cases}$$

其中 ν 是任一给定的概率测度. 由此就得到了进一步的分解式

$$Pf^{-1} = \alpha_1\widetilde{\mu}_1 + \alpha_2\widetilde{\mu}_2 + \alpha_3\widetilde{\mu}_3. \tag{4.4.5}$$

这个分解式有下列特征:

(1) 对 $i=1,2,3$, $\widetilde{\mu}_i$ 都是概率测度;

(2) 对 $i=1,2,3$, $\alpha_i \geqslant 0$ 且 $\alpha_1+\alpha_2+\alpha_3=1$;

(3) 当 $\alpha_1>0$ 时 $\widetilde{\mu}_1 \ll \lambda$;当 $\alpha_2>0$ 时 $\widetilde{\mu}_2(D)=1$;当 $\alpha_3>0$ 时 $\widetilde{\mu}_3 \perp \lambda$,但对任意 $x \in \boldsymbol{R}$ 均有 $\widetilde{\mu}_3(\{x\})=0$.

人们正是以分解式(4.4.5)作为随机变量分类的依据: 如果

$\alpha_2=1$,称 r.v. f 为**离散型**的;如果 $\alpha_1=1$,称 r.v. f 为**连续型**的;如果 $\alpha_3=1$,则把 r.v. f 称为**奇异型**的.

对于离散型 r.v. f, (4.4.5)式成为 $Pf^{-1}=\widetilde{\mu}_2$. 于是,对某有限或可列集 D 有 $\widetilde{\mu}_2(D)=1$. 记 $D=\{x_1,x_2,\cdots\}$. 易见

$$\{p_n \overset{\text{def}}{=\!=\!=} P(f=x_n)=\widetilde{\mu}_2(\{x_n\}),\ n=1,2,\cdots\}$$

完全确定了概率测度 Pf^{-1},称之为离散型 r.v. f 的**概率分布**. 这时,随机变量函数期望的计算公式(3.4.1)即具体化为

$$\mathrm{E}(g\circ f)=\sum_{n=1}^{\infty}g(x_n)p_n. \tag{4.4.6}$$

由此出发,对离散型 r.v. f 可进行初等概率论中所做过的各种计算.

对于连续型 r.v. f, (4.4.5)变为 $Pf^{-1}=\widetilde{\mu}_1$ 而 $\widetilde{\mu}_1\ll\lambda$. 于是,由 R-N 定理推知: 存在 L 可测函数 p,称为**概率密度函数**,使对每个 $A\in\mathscr{B}_{\boldsymbol{R}}$ 有

$$P(f\in A)=(Pf^{-1})(A)=\widetilde{\mu}_1(A)=\int_A p(x)\mathrm{d}x.$$

显然,上式等价于: 对任何 $a,b\in\boldsymbol{R}$,

$$P(a<f\leqslant b)=\int_a^b p(x)\mathrm{d}x. \tag{4.4.7}$$

利用 R-N 导数存在时的有关计算方法(参见习题 4 第 9 题),连续型随机变量函数期望的计算公式(3.4.1)成为

$$\mathrm{E}(g\circ f)=\int_R g(x)p(x)\mathrm{d}x. \tag{4.4.8}$$

利用(4.4.7)来定义概率密度与初等概率论中的做法是吻合的. 如果说有差别的话,那就是学习初等概率论的时候,我们还不知道 L 积分,只能把碰到的 L 积分都当作 Riemann 积分罢了(根据习题 3 第 23 题,这样做也是有一定道理的). 当然,在哪里要想严格证明(4.4.8)式是完全不可能的.

奇异型随机变量函数的期望值虽然不能用初等方法计算,但这类随机变量确实是存在的,例子见第六章 §2 例 3.

初等概率论只讨论连续型和离散型的随机变量,那是因为我们当时的知识只够处理这两类随机变量. 客观存在的随机变量当然远

远不止这两类. 但是分解式(4.4.5)告诉我们：任何随机变量的分布都是连续型、离散型和奇异型等三种类型随机变量分布的混合.

*§5 条件期望和条件概率

条件概率是概率论最重要的概念之一. 本节的目的是用 R-N 定理来给出条件期望和条件概率的严格定义并讨论它们的性质. 设 $(X,\mathscr{F},P)$ 是一个概率空间，f 是它上面积分存在的随机变量. 又设 $\mathscr{G}$ 是 $\mathscr{F}$ 的**子 σ 域**，即 $\mathscr{G}$ 是一个 X 上的 σ 域而且 $\mathscr{G}\subset\mathscr{F}$. 对每个 $A\in\mathscr{G}$，令

$$\varphi(A)=\int_A f\mathrm{d}P.$$

易见，φ 是 $\mathscr{G}$ 上的符号测度，它和限制在 $\mathscr{G}$ 上的测度 P 之间有关系 $\varphi\ll P$. 因此由 R-N 定理知，存在 $(X,\mathscr{G},P)$ 上 a.s. 意义下惟一的可测函数 $\mathrm{E}(f|\mathscr{G})$，使对每个 $A\in\mathscr{F}$ 有

$$\varphi(A)=\int_A \mathrm{E}(f|\mathscr{G})\mathrm{d}P$$

(这个可测函数之所以记为 $\mathrm{E}(f|\mathscr{G})$ 是因为它既与 f 有关，又与 $\mathscr{G}$ 有关). 利用 $\mathrm{E}(f|\mathscr{G})$ 的性质，便可以把**条件期望**和**条件概率**公理化地定义如下.

定义 4.5.1 设 f 为概率空间 $(X,\mathscr{F},P)$ 上积分存在的随机变量. 称 $\mathrm{E}(f|\mathscr{G})$ 为 f 关于 $\mathscr{F}$ 的子 σ 域 $\mathscr{G}$ 的**条件期望**，如果

(1) $\mathrm{E}(f|\mathscr{G})$ 是 $(X,\mathscr{G},P)$ 上积分存在的可测函数；

(2) 对任何 $A\in\mathscr{G}$，有

$$\int_A \mathrm{E}(f|\mathscr{G})\mathrm{d}P=\int_A f\mathrm{d}P. \tag{4.5.1}$$

$P(A|\mathscr{G})\overset{\text{def}}{=\!=\!=}\mathrm{E}(I_A|\mathscr{G})$ 称为事件 $A\in\mathscr{F}$ 关于子 σ 域 $\mathscr{G}$ 的**条件概率**. 如果 g 是 $(X,\mathscr{G},P)$ 到可测空间 $(Y,\mathscr{S})$ 的随机元，则分别称 $\mathrm{E}(f|g)\overset{\text{def}}{=\!=\!=}\mathrm{E}(f|\sigma(g))$ 和 $P(A|g)\overset{\text{def}}{=\!=\!=}P(A|\sigma(g))$ 为随机变量 f 关于 g 的条件期望和事件 $A\in\mathscr{F}$ 关于 g 的条件概率.

正如本节开头所指出的，R-N 定理保证了上述定义对象的存在

性.由于条件期望和条件概率都是在 a.s. 意义下惟一确定的,所以关于它们的式子后面通常都要加上 a.s. 的字样.但是要特别注意的是,这个 a.s. 不是指相差 $\mathscr{F}$ 中的零测集,而是指相差 $\mathscr{G}$ 中的零测集.

通过符号测度的 R-N 导数来定义条件期望和条件概率显得比较抽象.但是,问题的本质不在于抽象本身,而在于抽象得合理不合理.为此,让我们通过一个简单的例子来说明这里定义的条件概率确实是在初等概率论中学过的条件概率的一种合理的抽象.

例 1 设 $B\in\mathscr{F}$ 而 $\mathscr{G}=\{\varnothing,B,B^c,X\}$,求事件 $A\in\mathscr{F}$ 关于 $\mathscr{G}$ 的条件概率 $P(A|\mathscr{G})$.

解 根据定义,$P(A|\mathscr{G})$必须满足两条:

(1) $P(A|\mathscr{G})$是关于 $\mathscr{G}$ 可测的;

(2) 对每个 $C\in\mathscr{G}$ 有

$$\int_C P(A|\mathscr{G})\mathrm{d}P=\int_C I_A\mathrm{d}P=P(A\cap C).\qquad(4.5.2)$$

不难看出,任何关于 $\mathscr{G}=\{\varnothing,B,B^c,X\}$可测的函数具有形式 $aI_B+bI_{B^c}$.因此由条件(1)知可表 $P(A|\mathscr{G})=aI_B+bI_{B^c}$,其中 $a,b\in\overline{\boldsymbol{R}}$ 待定.以 $P(A|\mathscr{G})=aI_B+bI_{B^c}$代入(4.5.2)式并依次取 $C=B$ 和 $C=B^c$,便由条件(2)得

$$aP(B)=P(A\cap B);\quad bP(B^c)=P(A\cap B^c).$$

沿用初等概率论的符号:当 $P(C)>0$ 时,把事件 A 关于事件 C 的条件概率记为

$$P(A|C)=P(A\cap C)/P(C).$$

我们就得到问题的解:

$$a=\begin{cases}P(A|B), & P(B)>0,\\ \alpha, & P(B)=0\end{cases}$$

和

$$b=\begin{cases}P(A|B^c), & P(B^c)>0,\\ \alpha, & P(B^c)=0,\end{cases}$$

其中 α 可以是 0 和 1 之间的任意一个数.

这个例子说明,事件 A 关于子 σ 域 $\mathscr{G}=\{\varnothing,B,B^c,X\}$的条件概

率 $P(A|\mathscr{G})$至多只能取两个不同的值：当 $P(B)>0$ 时，$P(A|\mathscr{G})$在 B 上所取的值正好就是初等概率论中事件 A 关于事件 B 的条件概率；当 $P(B)=0$ 时，$P(A|\mathscr{G})$在 B 上所取的值是可以随便定义的. 由此可见，定义 4.5.1 既保持了与初等概率论中对事件定义条件概率时的一致性，也不会发生当 $P(B)=0$ 时条件概率无法定义的尴尬局面. 从这个角度看，现在的定义确实是一种科学合理的抽象.

为讨论条件期望和条件概率的性质，需要引进与"条件"对立的独立性概念. 这个概念虽然在初等概率论中也遇到过，但现在需要提得更一般些. 设$\{A_t,t\in T\}$是概率空间$(X,\mathscr{F},P)$上的事件系. 如果对任何正整数 n 和任何的$\{t_1,\cdots,t_n\}\subset T$，有

$$P\left(\bigcap_{k=1}^{n} A_{t_k}\right) = \prod_{k=1}^{n} P(A_{t_k}),$$

则称$\{A_t,t\in T\}$是**相互独立**的. 设$\{\mathscr{E}_t\subset\mathscr{F},t\in T\}$是由事件系组成的族. 如果对每个 $t\in T$ 任取一个 $A_t\in\mathscr{E}_t$，事件系$\{A_t,t\in T\}$是相互独立的，则称$\{\mathscr{E}_t\subset\mathscr{F},t\in T\}$是**相互独立**的. 设$\{f_t,t\in T\}$是随机变量族. 如果 σ 域形成的族$\{\sigma(f_t),t\in T\}$是相互独立的，则称$\{f_t,t\in T\}$是**相互独立**的. 不难看出，当 T 是一个有限集时，这里定义的事件独立性与初等概率论中的是完全一致的. 事实上，这里关于有限个随机变量独立性的定义与初等概率论也是一致的. 有关详细情况将在下一章说明. 目前只要用到下列简单命题.

引理 4.5.1 设随机变量 f 的积分存在. 如果 $\sigma(f)$与集合系 $\mathscr{E}\subset\mathscr{F}$ 独立(这时也说成随机变量 f 与集合系 $\mathscr{E}$ 独立)，则对任何 $A\in\mathscr{E}$ 有

$$\mathrm{E}fI_A = \mathrm{E}f\cdot P(A).$$

证明 用典型方法. □

条件期望的有限运算性质可以归纳如下.

定理 4.5.2 设 f,g 是概率空间$(X,\mathscr{F},P)$上积分存在的随机变量，$\mathscr{G}$ 和 $\mathscr{G}_0$ 是 $\mathscr{F}$ 的子 σ 域.

(1) 如果 f 关于 $\mathscr{G}$ 可测，则

$$\mathrm{E}(f|\mathscr{G}) = f \text{ a.s.}.$$

特别地，如果 $a\in\overline{\boldsymbol{R}}$，则 $\mathrm{E}(a|\mathscr{G})=a$ a.s..

(2) 如果 f 与 $\mathscr{G}$ 独立，则

$$\mathrm{E}(f|\mathscr{G}) = \mathrm{E}f \text{ a.s.}.$$

特别地，$\mathrm{E}(f|\{\varnothing, X\}) = \mathrm{E}f$ a.s..

(3) 如果 $\mathscr{G} \subset \mathscr{G}_0$，则

$$\mathrm{E}[\mathrm{E}(f|\mathscr{G})|\mathscr{G}_0] = \mathrm{E}(f|\mathscr{G}) = \mathrm{E}[\mathrm{E}(f|\mathscr{G}_0)|\mathscr{G}] \text{ a.s.}.$$

(4) 如果 $f \leqslant g$ a.s.，则

$$\mathrm{E}(f|\mathscr{G}) \leqslant \mathrm{E}(g|\mathscr{G}) \text{ a.s.}.$$

特别地，$|\mathrm{E}(f|\mathscr{G})| \leqslant \mathrm{E}(|f||\mathscr{G})$ a.s..

(5) 对任意的 $a, b \in \boldsymbol{R}$，如果 $a\mathrm{E}f + b\mathrm{E}g$ 有意义，则

$$\mathrm{E}(af + bg|\mathscr{G}) = a\mathrm{E}(f|\mathscr{G}) + b\mathrm{E}(g|\mathscr{G}) \text{ a.s.}.$$

证明　证明总的精神是利用定义 4.5.1 和积分的性质. 我们仅证(2)，(3)和(5)，而(1)和(4)请读者作为习题自行证明之.

(2) 广义实数 $\mathrm{E}f$ 显然是关于 $\mathscr{G}$ 可测的. 根据引理 4.5.1，对每个 $A \in \mathscr{G}$ 又有

$$\int_A f\mathrm{d}P = \mathrm{E}fI_A = \mathrm{E}f \cdot P(A) = \int_A (\mathrm{E}f)\mathrm{d}P.$$

因此，$\mathrm{E}f$ 满足定义 4.5.1 对于 $\mathrm{E}(f|\mathscr{G})$ 的要求.

(3) 由于 $\mathrm{E}(f|\mathscr{G})$ 关于 $\mathscr{G}$ 可测，更关于 $\mathscr{G}_0$ 可测，用(1)即知(3)的第一个等号成立. 为证第二个等号，注意 $\mathrm{E}[\mathrm{E}(f|\mathscr{G}_0)|\mathscr{G}]$ 关于 $\mathscr{G}$ 可测而且对任何 $A \in \mathscr{G} \subset \mathscr{G}_0$ 有

$$\int_A \mathrm{E}[\mathrm{E}(f|\mathscr{G}_0)|\mathscr{G}]\mathrm{d}P = \int_A \mathrm{E}(f|\mathscr{G}_0)\mathrm{d}P = \int_A f\mathrm{d}P.$$

(5) 由于 $a\mathrm{E}f + b\mathrm{E}g$ 有意义，所以 $af + bg$ 的积分存在，故 $\mathrm{E}(af + bg|\mathscr{G})$ 有定义. 注意 $a\mathrm{E}(f|\mathscr{G}) + b\mathrm{E}(g|\mathscr{G})$ 关于 $\mathscr{G}$ 可测而且

$$\begin{aligned}\int_A (af + bg)\mathrm{d}P &= a\int_A f\mathrm{d}P + b\int_A g\mathrm{d}P \\ &= a\int_A \mathrm{E}(f|\mathscr{G})\mathrm{d}P + b\int_A \mathrm{E}(g|\mathscr{G})\mathrm{d}P \\ &= \int_A [a\mathrm{E}(f|\mathscr{G}) + b\mathrm{E}(g|\mathscr{G})]\mathrm{d}P\end{aligned}$$

对每个 $A \in \mathscr{G}$ 成立，即知 $a\mathrm{E}(f|\mathscr{G}) + b\mathrm{E}(g|\mathscr{G})$ 满足定义 4.5.1 对于 $\mathrm{E}(af + bg|\mathscr{G})$ 的要求.　□

上述定理的(4)和(5)形式上是期望算子 E 的有限运算性质向条件期望 $\mathrm{E}(\cdot|\mathscr{G})$的推广.同样,期望算子 E 的极限运算性质也是可以推广的.

定理 4.5.3 设$\{f_n\}$和 f 是概率空间$(X,\mathscr{F},P)$上积分存在的随机变量,$\mathscr{G}$ 是 $\mathscr{F}$ 的子 σ 域.

(1) (单调收敛) 如果 $0\leqslant f_n\uparrow f$ a.s.,则

$$0\leqslant \mathrm{E}(f_n|\mathscr{G})\uparrow \mathrm{E}(f|\mathscr{G}) \text{ a.s.};$$

(2) (Fatou) 如果 $f_n\geqslant 0$ a.s.,则

$$\mathrm{E}(\liminf_{n\to\infty} f_n|\mathscr{G})\leqslant \liminf_{n\to\infty}\mathrm{E}(f_n|\mathscr{G}) \text{ a.s.};$$

(3) (Lebesgue) 如果$|f_n|\leqslant g\in L_1$ 对每个 $n=1,2,\cdots$成立且 $\lim\limits_{n\to\infty} f_n=f$ a.s.,则

$$\lim_{n\to\infty}\mathrm{E}(f_n|\mathscr{G})=\mathrm{E}(f|\mathscr{G}) \text{ a.s.}.$$

证明 (1) 之证:由于 $\lim\limits_{n\to\infty}\mathrm{E}(f_n|\mathscr{G})$关于 $\mathscr{G}$ 可测,故利用单调收敛定理立得:对每个 $A\in\mathscr{F}$ 有

$$\int_A \lim_{n\to\infty}\mathrm{E}(f_n|\mathscr{G})\mathrm{d}P=\lim_{n\to\infty}\int_A \mathrm{E}(f_n|\mathscr{G})\mathrm{d}P$$

$$=\lim_{n\to\infty}\int_A f_n\mathrm{d}p=\int_A f\mathrm{d}P.$$

(2)和(3)的证明类似,请读者自为之. □

下面再证明条件期望的一条重要性质.它实际上是定理 4.5.2 (1)的一个推广.之所以留到现在才证,是因为证明过程要用到定理 4.5.3.

定理 4.5.4 设 f,g 是概率空间$(X,\mathscr{F},P)$上的随机变量,f 和 fg 的积分存在而且 g 关于 $\mathscr{F}$ 的子 σ 域 $\mathscr{G}$ 可测,则

$$\mathrm{E}(fg|\mathscr{G})=g\mathrm{E}(f|\mathscr{G}) \text{ a.s.}. \qquad (4.5.3)$$

证明 先考虑 $f\geqslant 0$ a.s.的情形.这时容易验证(4.5.3)式对 $\mathscr{G}$ 中集合 A 的指标函数 $g=I_A$ 是成立的.由此出发,用典型方法(这时要用条件期望的单调收敛定理)容易推出(4.5.3)式对一切非负 $\mathscr{G}$ 可测随机变量 g 成立.由于 fg 的积分存在,故此时 $\mathrm{E}(fg^+)$ $\mathrm{E}(fg^-)$有意义.于是用定理 4.5.2 之(5)即得

$$\mathrm{E}(fg|\mathscr{G})=\mathrm{E}(fg^+|\mathscr{G})-\mathrm{E}(fg^-|\mathscr{G})$$

$$= g^+ \mathrm{E}(f|\mathscr{G}) - g^- \mathrm{E}(f|\mathscr{G})$$
$$= g\mathrm{E}(f|\mathscr{G}) \text{ a.s.},$$

可见(4.5.3)式成立.

再考虑 f 是一般随机变量的情形. 由于

$$(fg)^+ = f^+g^+ + f^-g^-, \quad (fg)^- = f^+g^- + f^-g^+,$$

而且 fg 的积分存在,故

$$\mathrm{E}\min\{(f^+g^+ + f^-g^-), \mathrm{E}(f^+g^- + f^-g^+)\} < \infty.$$

这说明

$$\mathrm{E}(f^+g) - \mathrm{E}(f^-g)$$
$$= \mathrm{E}(f^+g^+ - f^+g^-) - \mathrm{E}(f^-g^+ - f^-g^-)$$
$$= \mathrm{E}(f^+g^+ + f^-g^-) - \mathrm{E}(f^+g^- + f^-g^+)$$

有意义. 利用定理 4.5.2 之(5)和刚才对 $f \geqslant 0$ a.s. 时得到的结论,便得

$$\mathrm{E}(fg|\mathscr{G}) = \mathrm{E}(f^+g|\mathscr{G}) - \mathrm{E}(f^-g|\mathscr{G})$$
$$= g\mathrm{E}(f^+|\mathscr{G}) - g\mathrm{E}(f^-|\mathscr{G})$$
$$= g\mathrm{E}(f|\mathscr{G}) \text{ a.s.},$$

即(4.5.3)式成立. □

因为条件概率是通过条件期望定义的,所以由条件期望的性质自然而然地也就得到了条件概率的性质.

推论 4.5.5 条件概率具有性质:

(1) 对任何 $A, B \in \mathscr{F}$ 且 $A \subset B$ 有

$$0 = P(\varnothing|\mathscr{G}) \leqslant P(A|\mathscr{G})$$
$$\leqslant P(B|\mathscr{G}) \leqslant P(X|\mathscr{G}) = 1 \text{ a.s.};$$

(2) 对于$(X, \mathscr{F})$的任一可列可测分割$\{A_n\}$有

$$P\left(\bigcup_{n=1}^{\infty} A_n \middle| \mathscr{G}\right) = \sum_{n=1}^{\infty} P(A_n|\mathscr{G}) \text{ a.s.}.$$

证明 略. □

条件概率的性质,除了带着一个 a.s. 的尾巴以外,与概率测度的性质完全一样. 这样就产生了一个很自然的问题: 对于概率空间$(X, \mathscr{F}, P)$上给定的子 σ 域 $\mathscr{G}$,是否存在一个二元函数

$$P_{\mathscr{G}}(\cdot, \cdot) \xlongequal{\text{def}} \{P_{\mathscr{G}}(x, A): x \in X, A \in \mathscr{F}\}$$

使得：

(1) 对每个固定的 $x\in X$, $P_{\mathscr{G}}(x,\cdot)$ 作为 $\mathscr{F}$ 上的函数是 $(X,\mathscr{F})$ 上的概率测度；

(2) 对每个固定的 $A\in\mathscr{F}$, $P_{\mathscr{G}}(\cdot,A)$ 作为 X 上的函数是 A 关于 $\mathscr{G}$ 的条件概率，即 $P_{\mathscr{G}}(\cdot,A)$ 关于 $\mathscr{G}$ 可测而且

$$P(A\cap B)=\int_B P_{\mathscr{G}}(\cdot,A)\mathrm{d}P,\quad \forall B\in\mathscr{G}.$$

如果有，就把该函数称为关于 $\mathscr{G}$ 的**正则条件概率**. 正则条件概率的存在与否虽然是一个很有意义的问题，但是，我们将不对它作一般性的探讨，而只考虑一个特殊情况. 这个特殊情况并不要求上面的(1)和(2)对所有的 $A\in\mathscr{F}$，而只要求它们对与某个随机变量有联系的部分 $A\in\mathscr{G}$ 成立.

定义 4.5.2 设 f 是概率空间 $(X,\mathscr{F},P)$ 上的随机变量，$\mathscr{G}$ 是一个子 σ 域. 称二元函数

$$F_{f|\mathscr{G}}(\cdot,\cdot)\xlongequal{\text{def}}\{F_{f|\mathscr{G}}(x,a):\ x\in X,a\in\boldsymbol{R}\}$$

为 f 关于 $\mathscr{G}$ 的**正则条件分布函数**，如果它满足：

(1) 对每个 $x\in X$, $F_{f|\mathscr{G}}(x,\cdot)$ 是一个分布函数；

(2) 对每个 $a\in\boldsymbol{R}$, $F_{f|\mathscr{G}}(\cdot,a)$ 是事件 $\{f\leqslant a\}$ 关于 $\mathscr{G}$ 的条件概率.

定理 4.5.6 任何随机变量 f 关于任何子 σ 域 $\mathscr{G}$ 的正则条件分布函数存在.

证明 设 $\boldsymbol{Q}$ 是 $\boldsymbol{R}$ 中的有理数集. 对每个 $r\in\boldsymbol{Q}$，取定 X 上的一个实值函数 $G(\cdot,r)$ 使

$$G(\cdot,r)=P(f\leqslant r|\mathscr{G})(\cdot)\ \text{a.s.}.$$

再令

$$N_1=\bigcup_{\substack{r_1,r_2\in\boldsymbol{Q}\\ r_1\leqslant r_2}}\{x\in X:\ G(x,r_1)>G(x,r_2)\},$$

$$N_2=\bigcup_{r\in\boldsymbol{Q}}\{x\in X:\ \lim_{n\to\infty}G(x,r+1/n)\neq G(x,r)\},$$

$$N_3=\{x\in X:\ \lim_{n\to\infty}G(x,n)\neq 1\}$$

$$\bigcup \{x \in X: \lim_{n\to\infty} G(x, -n) \neq 0\}$$

及 $N=N_1\cup N_2\cup N_3$，则由定理 4.5.3 和推论 4.5.5 知 $N\in\mathscr{G}$ 且 $P(N)=0$. 再对每个 $a\in\boldsymbol{R}$，令

$$F_{f|\mathscr{G}}(x,a) = \begin{cases} \inf\{G(x,r): r \in \boldsymbol{Q}, r > a\}, & x \notin N, \\ H(a), & x \in N, \end{cases}$$

其中 H 是任何一个分布函数. 不难看出，这样定义出来的 $F_{f|\mathscr{G}}(\cdot,\cdot)$就是 f 关于 $\mathscr{G}$ 的正则条件分布函数. □

设 $F_{f|\mathscr{G}}(\cdot,\cdot)$是随机变量 f 关于子 σ 域 $\mathscr{G}$ 的正则条件分布函数. 对每个 $x\in X$，以 $\mu_{f|\mathscr{G}}(x,\cdot)$记由 $F_{f|\mathscr{G}}(x,\cdot)$导出的 L-S 测度，则

$$\mu_{f|\mathscr{G}}(\cdot,\cdot) \xlongequal{\text{def}} \{\mu_{f|\mathscr{G}}(x,B): x \in X, B \in \mathscr{B}_{\boldsymbol{R}}\}$$

也是一个二元函数，满足：

(1) 对每个 $x\in X$，$\mu_{f|\mathscr{G}}(x,\cdot)$是 $\mathscr{B}_{\boldsymbol{R}}$上的测度；

(2) 对每个 $B\in\mathscr{B}_{\boldsymbol{R}}$，$\mu_{f|\mathscr{G}}(\cdot,B)$是 $\mathscr{G}$ 可测函数，而且对每个 $A\in\mathscr{G}$ 有

$$P((f^{-1}B)\cap A) = \int_A \mu_{f|\mathscr{G}}(\cdot,B)\mathrm{d}P.$$

这个 $\mu_{f|\mathscr{G}}(\cdot,\cdot)$称为 f **关于** $\mathscr{G}$ **的正则条件分布**. 由于任何随机变量关于任何子 σ 域的正则条件分布函数存在，所以对应的正则条件分布也存在. 这样的结论有什么用呢？下面的定理说明：正如期望是分布函数的 L-S 积分一样，条件期望也可以表成正则条件分布函数的 L-S 积分. 在定理的叙述和证明中，为了把可测空间$(X,\mathscr{F},\mu)$的积分变量标示清楚，我们用了文献中常见的另一种积分记号：

$$\int_X f(x)\mu(\mathrm{d}x) \xlongequal{\text{def}} \int_X f\mathrm{d}\mu.$$

我们也要用到对准分布函数 F 的 L-S 积分的另一种记号：

$$\int_{\boldsymbol{R}} f(x)F(\mathrm{d}x) \xlongequal{\text{def}} \int_{\boldsymbol{R}} f\mathrm{d}F.$$

定理 4.5.7　以 $F_{f|\mathscr{G}}(\cdot,\cdot)$记随机变量 f 关于子 σ 域 $\mathscr{G}$ 的正则条件分布函数，则对任何 Borel 可测函数 g，只要 $\mathrm{E}g(f)$有意义，就有

$$\mathrm{E}(g(f)|\mathscr{G})(\cdot)=\int_{\boldsymbol{R}} g(y)F_{f|\mathscr{G}}(\cdot,\mathrm{d}y)$$

$$=\int_{\boldsymbol{R}} g(y)\mu_{f|\mathscr{G}}(\cdot,\mathrm{d}y) \text{ a.s.}. \qquad (4.5.4)$$

特别地,我们有

$$\mathrm{E}(f|\mathscr{G})(\cdot)=\int_{\boldsymbol{R}} yF_{f|\mathscr{G}}(\cdot,\mathrm{d}y)$$

$$=\int_{\boldsymbol{R}} y\mu_{f|\mathscr{G}}(\cdot,\mathrm{d}y) \text{ a.s.}. \qquad (4.5.5)$$

证明 从正则条件分布函数的定义不难看出,(4.5.4)式当$g=I_{(-\infty,a]}$时是成立的.由此出发,用命题1.2.4又容易证明(4.5.4)式对任何$A\in\mathscr{B}_{\boldsymbol{R}}$的指示函数$g=I_A$成立.再对$g$用典型方法就可以得到定理的结论. □

设f是概率空间$(X,\mathscr{F},P)$上的随机变量,而g是$(X,\mathscr{F},P)$到可测空间$(Y,\mathscr{S})$的随机元.考虑f关于g的条件期望$\mathrm{E}(f|g)$.由定义,它满足下列两个条件:

(1) $\mathrm{E}(f|g)$关于$\sigma(g)$可测;

(2) 对每个$A\in\sigma(g)$有

$$\int_A f\mathrm{d}P=\int_A \mathrm{E}(f|g)\mathrm{d}P.$$

根据定理1.5.4,条件(1)意味着存在$(Y,\mathscr{S})$上的可测函数h使得$\mathrm{E}(f|g)=h(g)$.又注意$\sigma(g)=\{g^{-1}B: B\in\mathscr{S}\}$,根据定理3.2.10,条件(2)又可以写成:对任意$B\in\mathscr{S}$有

$$\int_{g^{-1}B} f\mathrm{d}P=\int_{g^{-1}B}\mathrm{E}(f|g)\mathrm{d}P=\int_{g^{-1}B}h(g)\mathrm{d}P$$

$$=\int_B h(y)(Pg^{-1})(\mathrm{d}y).$$

由于$\mathrm{E}(f|g)$在相差一个$\sigma(g)$上测度P的零测集的意义下是惟一确定的,所以h在相差一个$\mathscr{S}$上测度Pg^{-1}的零测集的意义下也是惟一确定的.由此产生了下列定义.

定义4.5.3 可测空间$(Y,\mathscr{S})$上的可测函数$\mathrm{E}(f|g=\cdot)$称为**f关于g的给定值的条件期望**,如果对任意$B\in\mathscr{S}$有

$$\int_{g^{-1}B} f\mathrm{d}P = \int_B \mathrm{E}(f|g=y)(Pg^{-1})(\mathrm{d}y). \qquad (4.5.6)$$

显然，定义中的 $\mathrm{E}(f|g=\cdot)$ 就是前面的那个 $h(\cdot)$，写成现在这个样子只是人们的一个习惯. 从定义 4.5.3 出发，事件 A 关于 g 的给定值的条件概率自然而然地应定义为

$$P(A|g=y) \xlongequal{\text{def}} \mathrm{E}(I_A|g=y).$$

不难看出，当 g 是一个随机变量时，(4.5.6)式就变成

$$\int_{g^{-1}B} f\mathrm{d}P = \int_B \mathrm{E}(f|g=y)F_g(\mathrm{d}y)$$

对每个 $B\in\mathscr{B}_{\boldsymbol{R}}$ 成立，其中 $g\sim F_g$. 特别地，当 g 是一个离散型随机变量，其取值和取值概率分别为 $\{a_1,a_2,\cdots\}$ 和 $\{p_n=P(g=a_n)>0,n=1,2,\cdots\}$ 时，对任何 $A\in\mathscr{F}$ 有

$$P(A|g=a_n) = \frac{P(A\cap\{g=a_n\})}{P(g=a_n)}. \qquad (4.5.7)$$

当然，还可以定义 r.v. f 关于随机元 g 的给定值的正则条件分布函数和 r.v. f 关于 g 的给定值的正则条件分布. 我们仅把后者的定义列于下面.

定义 4.5.4　二元函数 $\mu_{f|g}(\cdot,\cdot)\xlongequal{\text{def}}\{\mu_{f|g}(y,B):\ y\in Y, B\in\mathscr{B}_{\boldsymbol{R}}\}$ 称为 r.v. f **关于随机元** g **的给定值的正则条件分布**，如果

(1) 对每个 $y\in Y$，$\mu_{f|g}(y,\cdot)$ 是 $\mathscr{B}_{\boldsymbol{R}}$ 上的测度；

(2) 对每个 $B\in\mathscr{B}_{\boldsymbol{R}}$，$\mu_{f|g}(\cdot,B)$ 是 $f^{-1}B$ 关于 g 的给定值的条件概率，即它关于 $\mathscr{S}$ 可测且对每个 $A\in\mathscr{S}$ 有

$$P((f^{-1}B)\cap(g^{-1}A)) = \int_A \mu_{f|g}(\cdot,B)\mathrm{d}Pg^{-1}.$$

利用定理 4.5.6 和定理 4.5.7 容易得到

推论 4.5.8　任何随机变量 f 关于任何随机元 g 的给定值的正则条件分布 $\mu_{f|g}(\cdot,\cdot)$ 存在，而且对任何 Borel 可测函数 h，只要 $\mathrm{E}h(f)$ 有意义，就有

$$\mathrm{E}(h(f)|g=\cdot) = \int_{\boldsymbol{R}} h(y)\mu_{f|g}(\cdot,\mathrm{d}y)\ \text{a.s.}.$$

习　题　4

1. 设 φ 是可测空间 $(X,\mathscr{F})$ 上的符号测度. 如果存在测度 μ 和 ν 使 $\varphi=\mu-\nu$, 那么 μ 和 ν 是否惟一?

2. 设 φ 是可测空间 $(X,\mathscr{F})$ 上的符号测度. 证明

(1) 如果 $\{A_n\in\mathscr{F}, n=1,2,\cdots\}$ 满足 $A_n\uparrow A$, 则

$$\lim_{n\to\infty}\varphi(A_n)=\varphi(A);$$

(2) 如果 $\{A_n\in\mathscr{F}, n=1,2,\cdots\}$ 满足 $A_n\downarrow A$ 且 $|\varphi(A_1)|<\infty$, 则

$$\lim_{n\to\infty}\varphi(A_n)=\varphi(A).$$

3. 证明(4.2.7)式中的第二式.

4. 设 $\varphi=\varphi^+-\varphi^-$ 是符号测度 φ 的 Jordan 分解. 试证明: 如果存在测度 μ,ν 使 $\varphi=\mu-\nu$, 则 $\varphi^+\leqslant\mu,\varphi^-\leqslant\nu$.

5. 设 $\{\mu_n\}$ 是非 0 的有限测度列. 证明: 存在有限测度 μ 使对每个 $n=1,2,\cdots$ 有 $\mu_n\ll\mu$.

6. 对任何符号测度 φ 和 ϕ, 下列说法等价:

(1) $\varphi\ll\phi$;

(2) $\varphi^{\pm}\ll\phi$;

(3) 对任何 $A\in\mathscr{F}$, 有 $|\phi|(A)=0\Longrightarrow\varphi(A)=0$.

7. 设 φ 和 ϕ 是可测空间 $(X,\mathscr{F})$ 上的符号测度而且 $\varphi\ll\phi$. 证明: 如果 φ 是有限的符号测度, 则对任给 $\varepsilon>0$, 存在 $\delta>0$ 使只要 $A\in\mathscr{F}$ 满足 $|\phi|(A)<\delta$, 就一定有 $|\varphi|(A)<\varepsilon$. 如果 φ 不一定有限, 上述结论是否仍然成立?

8. 设 ν 和 μ 是可测空间 $(X,\mathscr{F})$ 上的 σ 有限测度. 证明: 如果 $\nu\ll\mu$, 则对任何可测函数 f, 只要下式的一端有意义时, 它的另一端也就有意义并且等号成立:

$$\int_X f\mathrm{d}\nu=\int_X f\frac{\mathrm{d}\nu}{\mathrm{d}\mu}\mathrm{d}\mu.$$

9. 设 φ 是 $(X,\mathscr{F})$ 上的符号测度, ν 和 μ 是 σ 有限测度而且 $\varphi\ll\nu\ll\mu$. 证明:

$$\frac{d\varphi}{d\mu}=\frac{d\varphi}{d\nu}\cdot\frac{d\nu}{d\mu}\ \text{a.e.}.$$

10. 设 ν 和 μ 是 $(X,\mathscr{F})$ 上 σ 有限测度且 $\nu\ll\mu$. 证明：$\mu\ll\nu$ 当且仅当 $\frac{d\nu}{d\mu}>0$ a.e.，此时有 $\frac{d\mu}{d\nu}=1\Big/\frac{d\nu}{d\mu}$ a.e..

11. 证明导数的运算法则：

(1) 如果 φ 和 μ 分别是可测空间 $(X,\mathscr{F})$ 上的符号测度和 σ 有限测度且 $\varphi\ll\mu$，则对任何 $a\in\boldsymbol{R}$ 有

$$\frac{d(a\varphi)}{d\mu}=a\frac{d\varphi}{d\mu}\ \text{a.e.}.$$

(2) 如果 φ 和 ϕ 是可测空间 $(X,\mathscr{F})$ 上的符号测度，μ 是 σ 有限测度而且 $\varphi,\phi\ll\mu$，则有

$$\frac{d(\varphi+\phi)}{d\mu}=\frac{d\varphi}{d\mu}+\frac{d\phi}{d\mu}\ \text{a.e.}.$$

12. 设 μ_1,μ_2 和 ν 都是可测空间 $(X,\mathscr{F})$ 上的测度. 证明：

$$\mu_1+\mu_2\perp\nu\Longleftrightarrow\mu_1\perp\nu\ \text{和}\ \mu_2\perp\nu.$$

13. 证明推论 4.4.6.

14. 分布函数 F 称为绝对连续的，如果存在 Lebesgue 可测函数 p 使

$$F(x)=\int_{-\infty}^{x}p(t)dt$$

对每个 $x\in\boldsymbol{R}$ 成立；F 称为**离散**的，如果存在有限或可数的 $\{a_n\in\boldsymbol{R},p_n\in\boldsymbol{R}^+\}$ 使

$$F(x)=\sum_{\{n:\ a_n\leqslant x\}}p_n$$

对每个 $x\in\boldsymbol{R}$ 成立；F 称为**奇异**的，如果 F 对应的 L-S 测度对于 Lebesgue 测度奇异而且

$$F(x)-F(x-0)=0$$

对每个 $x\in\boldsymbol{R}$ 成立. 证明：对任何分布函数 F，一定存在绝对连续的，离散的和奇异的分布函数 F_c,F_d 和 F_s 以及满足 $a_c+a_d+a_s=1$ 的非负实数 a_c,a_d 和 a_s 使分解式

$$F=a_cF_c+a_dF_d+a_sF_s$$

成立. 上述分解在下列意义下惟一：满足 $a_c+a_d+a_s=1$ 的非负实向

量(a_c,a_d,a_s)惟一；如果$a_c>0$，$a_d>0$或$a_s>0$，则对应的F_c，F_d或F_s惟一.

15. 设离散型随机变量f只取有限个值$1,\cdots,n$且

$$P(f=1)=\cdots=P(f=n)=\frac{1}{n}.$$

写出它的分布函数.

16. 证明离散型随机变量函数期望的计算公式(4.4.6). 通过离散型随机变量的概率分布，写出它的期望和方差的计算公式.

17. 证明：$\boldsymbol{R}$上的 Borel 可测函数p是某一个连续型随机变量的密度函数当且仅当它满足：

(1) 对 L 测度而言，$p\geqslant 0$ a.e.；

(2) $\int_R p(x)\mathrm{d}x=1$.

18. 证明连续型随机变量函数期望的计算公式(4.4.8). 通过连续型随机变量的密度函数，写出期望和方差的计算公式.

19. 设$\{A_n\}$是概率空间$(X,\mathscr{F},P)$的可测分割. 令$\mathscr{G}=\sigma(\{A_n\})$，对任意$A\in\mathscr{F}$，求$P(A|\mathscr{G})$.

20. 完成引理 4.5.1 的证明.

21. 完成定理 4.5.2 之(1)和(4)的证明.

22. 设$f\in L_2(X,\mathscr{F},P)$，$\mathscr{G}$是子$\sigma$域. 证明：$g\in L_2(X,\mathscr{G},P)$使$\mathrm{E}(f-g)^2$达到极小当且仅当$g=\mathrm{E}(f|\mathscr{G})$.

23. 证明(4.5.7)式.

24. 设$G(\cdot)=\{G(r):r\in\boldsymbol{Q}\}$是定义在有理数集上的单调函数，即对任意满足$r_1\leqslant r_2$的$r_1,r_2\in\boldsymbol{Q}$有$G(r_1)\leqslant G(r_2)$. 又设

$$\lim_{n\to\infty}G(n)=1;\quad \lim_{n\to\infty}G(-n)=0;$$

$$\lim_{n\to\infty}G(r+1/n)=G(r),\quad \forall\, r\in\boldsymbol{Q}.$$

对每个$x\in\boldsymbol{R}$，令$F(x)=\inf\{G(r):r\in\boldsymbol{Q};r>x\}$. 证明：$F$是一个分布函数.

25. 证明：定理 4.5.6 证明过程中的$F_{f|\mathscr{G}}(\cdot,\cdot)$确是随机变量$f$关于$\mathscr{G}$的正则条件分布函数.

26. 证明推论 4.5.8.

27. 设 f,g 是概率空间 $(X,\mathscr{F},P)$ 上的随机变量，$\mathscr{G}$ 是 $\mathscr{F}$ 的子 σ 域. 又设 $1<p,q<\infty$ 满足 $\frac{1}{p}+\frac{1}{q}=1$. 证明下列 Hölder 不等式成立：

$$\mathrm{E}(|fg||\mathscr{G})\leqslant \mathrm{E}^{1/p}(|f|^p|\mathscr{G})\cdot \mathrm{E}^{1/q}(|g|^q|\mathscr{G})\ \text{a.s.}.$$

28. 设 f,g 是概率空间 $(X,\mathscr{F},P)$ 上的随机变量，$\mathscr{G}$ 是 $\mathscr{F}$ 的子 σ 域. 又设 $1\leqslant p<\infty$. 证明下列条件 Minkowski 不等式成立：

$$\mathrm{E}^{1/p}(|f+g|^p|\mathscr{G})\leqslant \mathrm{E}^{1/p}(|f|^p|\mathscr{G})+\mathrm{E}^{1/p}(|g|^p|\mathscr{G})\quad \text{a.s.}.$$

第五章　乘积空间

若干个可测空间相乘即构成所谓的乘积可测空间.本章将讨论在有限维乘积空间上如何通过转移函数产生测度,在可列维乘积空间上如何通过概率转移函数产生概率测度和在任意无穷维乘积空间上如何通过相容的有限维分布族产生概率测度.概率论中的随机向量和随机过程等重要概念都与乘积空间有关.

§1　有限维乘积空间

1. 有限个集合的乘积

设$\{X_k, k=1,\cdots,n\}$是 n ($n\geqslant 2$ 是一个正整数)个非空集合.我们将把集合

$$\prod_{k=1}^{n} X_k \xlongequal{\text{def}} \{(x_1,\cdots,x_n): x_k \in X_k, k=1,\cdots,n\}$$

称为这 n 个**集合的乘积**.沿用第一章的称呼,每一个 X_k 都叫做空间,$\prod_{k=1}^{n} X_k$ 则称为**乘积空间**.注意:乘积空间的元素是由每一个空间 X_k 的元素 x_k 依次排列起来的 n 维向量$(x_1,\cdots,x_n)$.因此,乘积空间 $\prod_{k=1}^{n} X_k$ 到某空间 Ω 的映射 f 是一个取值于 Ω 的 n 元函数

$$f = f(\underbrace{\cdot,\cdots,\cdot}_{n个}) = \{f(x_1,\cdots,x_n): x_k \in X_k, k=1,\cdots,n\},$$

而从空间 Ω 到乘积空间 $\prod_{k=1}^{n} X_k$ 的映射 g 则是由 n 个映射

$$\{g_k = g_k(\cdot) = \{g_k(\omega): \omega \in \Omega\}, k=1,\cdots,n\}$$

组成的向量 $g=(g_1,\cdots,g_n)$.

2. 有限个可测空间的乘积

设$\{(X_k,\mathscr{F}_k),k=1,\cdots,n\}$是可测空间. 那么称

$$\mathscr{Q}\xlongequal{\text{def}}\left\{\prod_{k=1}^{n}A_k:\ A_k\in\mathscr{F}_k,\quad k=1,\cdots,n\right\}$$

中的集合为由$\{\mathscr{F}_k,k=1,\cdots,n\}$确定的**可测矩形**;称由$\mathscr{Q}$生成的$\sigma$域

$$\prod_{k=1}^{n}\mathscr{F}_k\xlongequal{\text{def}}\sigma(\mathscr{Q})$$

为$\{\mathscr{F}_k,k=1,\cdots,n\}$的**乘积**;称

$$\left(\prod_{k=1}^{n}X_k,\prod_{k=1}^{n}\mathscr{F}_k\right)$$

为可测空间$\{(X_k,\mathscr{F}_k),k=1,\cdots,n\}$的**乘积**. 特别地,$n$个相同的可测空间$(X,\mathscr{F})$的乘积空间将记为$(X^n,\mathscr{F}^n)$.

命题 5.1.1 $\mathscr{Q}$是半环而且$\prod\limits_{k=1}^{n}X_k\in\mathscr{Q}$.

证明 只需对$n=2$的情况来证(一般情形的证明实质上一样,只不过写起来麻烦一些就是了). 此时,

$$\mathscr{Q}=\{A_1\times A_2:\ A_1\in\mathscr{F}_1,A_2\in\mathscr{F}_2\}.$$

注意到

$$A=A_1\times A_2,\ B=B_1\times B_2\in\mathscr{Q}$$
$$\Longrightarrow A\cap B=(A_1\cap B_1)\times(A_2\cap B_2)\in\mathscr{Q},$$

即知$\mathscr{Q}$是π系. 又由于

$$A=A_1\times A_2\in\mathscr{Q},\ B=B_1\times B_2\in\mathscr{Q}\text{ 且 }A\supset B$$
$$\Longrightarrow\text{对 }i=1,2\text{ 有 }A_i\supset B_i,\ A_i\backslash B_i\in\mathscr{F}_i,$$

即知$A_1\times(A_2\backslash B_2)\in\mathscr{Q}$和$(A_1\backslash B_1)\times B_2\in\mathscr{Q}$不交且

$$A\backslash B=[A_1\times(A_2\backslash B_2)]\cup[(A_1\backslash B_1)\times B_2].$$

这说明$\mathscr{Q}$中集合的真差可以表为它里面两个不交集合的并. 因此,$\mathscr{Q}$是一个半环. 又易见$\prod\limits_{k=1}^{n}X_k\in\mathscr{Q}$. □

3. 乘积空间的映射

对每个 $k=1,\cdots,n$，把从乘积空间 $\prod_{k=1}^{n} X_k$ 到 X_k 的映射

$$\pi_k(x_1,\cdots,x_n) = x_k,$$

称为 $\prod_{k=1}^{n} X_k$ 到 X_k 的**投影**.

命题 5.1.2 设 $\{(X_k,\mathscr{F}_k),k=1,\cdots,n\}$ 是可测空间.

(1) 对每个 $k=1,\cdots,n$，投影 π_k 是 $\left(\prod_{k=1}^{n} X_k,\prod_{k=1}^{n}\mathscr{F}_k\right)$ 到 $(X_k,\mathscr{F}_k)$ 的可测映射；

(2) $\prod_{k=1}^{n}\mathscr{F}_k$ 是使每个 $\pi_1,\cdots,\pi_n$ 都可测的最小 σ 域，即

$$\prod_{k=1}^{n}\mathscr{F}_k = \sigma\left(\bigcup_{k=1}^{n}\pi_k^{-1}\mathscr{F}_k\right).$$

证明 对任何 $k=1,\cdots,n$ 和任何 $A_k\in\mathscr{F}_k$，有

$$\pi_k^{-1}A_k = \prod_{i=1}^{k-1} X_i \times A_k \times \prod_{i=k+1}^{n} X_i \in \mathscr{Q} \subset \prod_{k=1}^{n}\mathscr{F}_k. \quad (5.1.1)$$

由此得(1). 注意(5.1.1)式还说明 $\bigcup_{k=1}^{n}\pi_k^{-1}\mathscr{F}_k\subset\mathscr{Q}$，从而

$$\sigma\left(\bigcup_{k=1}^{n}\pi_k^{-1}\mathscr{F}_k\right) \subset \sigma(\mathscr{Q}) = \prod_{k=1}^{n}\mathscr{F}_k.$$

另外，由于对任意 $\{A_k\in\mathscr{F}_k,k=1,\cdots,n\}$，均有

$$\prod_{k=1}^{n} A_k = \bigcap_{k=1}^{n}\pi_k^{-1}A_k \in \sigma\left(\bigcup_{k=1}^{n}\pi_k^{-1}\mathscr{F}_k\right),$$

故又得

$$\prod_{k=1}^{n}\mathscr{F}_k = \sigma(\mathscr{Q}) \subset \sigma\left(\bigcup_{k=1}^{n}\pi_k^{-1}\mathscr{F}_k\right).$$

可见(2)也成立. □

利用命题 5.1.2，可以得到一个判断从可测空间到乘积可测空间的映射是否可测的重要定理

定理 5.1.3 设 $(\Omega,\mathscr{S})$ 和 $\{(X_k,\mathscr{F}_k),k=1,\cdots,n\}$ 是可测空间，

而 $f=(f_1,\cdots,f_n)$ 是 Ω 到 $\prod_{k=1}^{n}X_k$ 的一个映射. 则 f 是 $(\Omega,\mathscr{S})$ 到 $\left(\prod_{k=1}^{n}X_k,\prod_{k=1}^{n}\mathscr{F}_k\right)$ 的可测映射当且仅当对每个 $k=1,\cdots,n$, f_k 是 $(\Omega,\mathscr{S})$ 到 $(X_k,\mathscr{F}_k)$ 的可测映射.

证明　注意

$$\begin{aligned} f^{-1}\prod_{k=1}^{n}\mathscr{F}_k &= f^{-1}\sigma\left(\bigcup_{k=1}^{n}\pi_k^{-1}\mathscr{F}_k\right) \quad (\text{命题 } 5.1.2) \\ &= \sigma\left(f^{-1}\left(\bigcup_{k=1}^{n}\pi_k^{-1}\mathscr{F}_k\right)\right) \quad (\text{命题 } 1.4.2) \\ &= \sigma\left(\bigcup_{k=1}^{n}f^{-1}(\pi_k^{-1}\mathscr{F}_k)\right) \quad (\text{命题 } 1.4.1) \\ &= \sigma\left(\bigcup_{k=1}^{n}(\pi_k\circ f)^{-1}\mathscr{F}_k\right) \\ &= \sigma\left(\bigcup_{k=1}^{n}f_k^{-1}\mathscr{F}_k\right). \end{aligned}$$

由此定理得证.　□

投影的概念可以一般化. 对任何 $1\leqslant k_1<\cdots<k_i\leqslant n$, 我们将把映射

$$\pi_{k_1,\cdots,k_i}(x_1,\cdots,x_n)=(x_{k_1},\cdots,x_{k_i})$$

称为 $\prod_{k=1}^{n}X_k$ 到 $\prod_{j=1}^{i}X_{k_j}$ 的**投影**. 不难验证

$$\pi_{k_1,\cdots,k_i}=(\pi_{k_1},\cdots,\pi_{k_i}).$$

因此, 如果 $\{(X_k,\mathscr{F}_k),k=1,\cdots,n\}$ 是可测空间, 作为命题 5.1.2 和定理 5.1.3 的推论, 我们就可以得到: **投影映射 $\pi_{k_1,\cdots,k_i}$ 是从 $\left(\prod_{k=1}^{n}X_k,\prod_{k=1}^{n}\mathscr{F}_k\right)$ 到 $\left(\prod_{j=1}^{i}X_{k_j},\prod_{j=1}^{i}\mathscr{F}_{k_j}\right)$ 的可测映射.**

在概率论中, 从可测空间 $(X,\mathscr{F})$ 到乘积可测空间 $(\boldsymbol{R}^n,\mathscr{B}_{\boldsymbol{R}}^n)$ 的可测映射称为**随机向量**或 n **维随机变量**. 定理 5.1.3 表明: $f=(f_1,\cdots,f_n)$ **是一个随机向量当且仅当它的每一个分量** $f_1,\cdots,f_n$ **都是随机变量**.

4. 截口的可测性

任意给定 $A\subset\prod_{k=1}^{n}X_k$，$1\leqslant i\leqslant n$ 及 $(x_1,\cdots,x_i)\in\prod_{k=1}^{i}X_k$，称 $\prod_{k=i+1}^{n}X_k$ 中的集合

$$A|_{x_1,\cdots,x_i}=\{(x_{i+1},\cdots,x_n):\ (x_1,\cdots,x_n)\in A\}$$

为 A 在 $(x_1,\cdots,x_i)$ 处的**截口**. 设 $f=f(\underbrace{\cdot,\cdots,\cdot}_{n\text{个}})$ 为 $\prod_{k=1}^{n}X_k$ 到集合 Y 的映射，即定义在 $\prod_{k=1}^{n}X_k$ 上取值于 Y 的 n 元函数. 任意固定 $1\leqslant i\leqslant n$ 和 $(x_1,\cdots,x_i)\in\prod_{k=1}^{i}X_k$，

$$f|_{x_1,\cdots,x_i}(\underbrace{\cdot,\cdots,\cdot}_{n-i\text{个}})\xlongequal{\text{def}}f(x_1,\cdots,x_i,\underbrace{\cdot,\cdots,\cdot}_{n-i\text{个}})$$

作为剩下的 $n-i$ 个变元的函数称为映射 f 在 $(x_1,\cdots,x_i)$ 处的**截口**.

类似地，对任意固定的 $1\leqslant k_1<\cdots<k_i\leqslant n$ 和 $(x_{k_1},\cdots,x_{k_i})\in\prod_{j=1}^{i}X_{k_j}$，都可以定义集合和映射在 $(x_{k_1},\cdots,x_{k_i})$ 处的**截口**，只不过表示起来复杂一些就是了.

定理 5.1.4 设 $\{(X_k,\mathscr{F}_k),k=1,\cdots,n\}$ 为可测空间.

(1) 任意固定 $1\leqslant k_1<\cdots<k_i\leqslant n$ 和 $(x_{k_1},\cdots,x_{k_i})\in\prod_{j=1}^{i}X_{k_j}$，集合 $A\in\prod_{k=1}^{n}\mathscr{F}_k$ 在 $(x_{k_1},\cdots,x_{k_i})$ 处的截口是 $\mathscr{F}|_{k_1,\cdots,k_i}\xlongequal{\text{def}}\prod_{\substack{1\leqslant k\leqslant n\\ k\notin\{k_1,\cdots,k_i\}}}\mathscr{F}_k$ 中的集合；

(2) 对任意固定的 $1\leqslant k_1<\cdots<k_i\leqslant n$ 和 $(x_{k_1},\cdots,x_{k_i})\in\prod_{j=1}^{i}X_{k_j}$，乘积可测空间 $\left(\prod_{k=1}^{n}X_k,\prod_{k=1}^{n}\mathscr{F}_k\right)$ 上的可测函数 f 在 $(x_{k_1},\cdots,x_{k_i})$ 处的截口是 $\mathscr{F}|_{k_1,\cdots,k_i}$ 可测函数.

证明 还是只对 $n=2$ 的情形来证明. 对任意的 $A\in\mathscr{F}_1\times\mathscr{F}_2$ 和 $x_1\in X_1$，需证

$$A|_{x_1}=\{x_2\in X_2:(x_1,x_2)\in A\}\in\mathscr{F}_2. \qquad (5.1.2)$$

记 $\mathscr{E}=\{A\in\mathscr{F}_1\times\mathscr{F}_2: A|_{x_1}\in\mathscr{F}_2\}$. 当 $A=A_1\times A_2$ 且 $A_1\in\mathscr{F}_1$ 和 $A_2\in\mathscr{F}_2$ 时,我们有

$$A|_{x_1}=\begin{cases}A_2\in\mathscr{F}_2, & x_1\in A_1,\\ \varnothing\in\mathscr{F}_2, & x_1\notin A_1,\end{cases}$$

因此 $\mathscr{E}\supset\mathscr{Q}$. 另一方面,注意对任意 $A\subset X_1\times X_2$ 有

$$A^c|_{x_1}=(A|_{x_1})^c,$$

而对任意 $\{A_n\subset X_1\times X_2, n=1,2,\cdots\}$,又有

$$\left(\bigcup_{n=1}^{\infty}A_n\right)\bigg|_{x_1}=\bigcup_{n=1}^{\infty}A_n|_{x_1},$$

即知 $\mathscr{E}$ 是一个 σ 域,故 $\mathscr{E}\supset\sigma(\mathscr{Q})=\mathscr{F}_1\times\mathscr{F}_2$. 这证明了(5.1.2)式. 同理可证

$$A|_{x_2}=\{x_1\in X_1:(x_1,x_2)\in A\}\in\mathscr{F}_1,$$

从而定理的结论(1)成立. 由已证之(1)易见对任何 $A\in\mathscr{F}_1\times\mathscr{F}_2$, $f=I_A$ 之截口可测. 再利用典型方法即可证得(2). □

5. 二维乘积可测空间上的测度

我们将讨论在二维乘积可测空间上如何通过测度转移函数来建立测度. 只要二维的情况讨论清楚了,就不难把所得到的结果推广到一般的有限维乘积可测空间上去.

定义 5.1.1 定义在 $\Omega\times\mathscr{F}$ 上的广义实值函数 p 称为是从可测空间 $(\Omega,\mathscr{S})$ 到 $(X,\mathscr{F})$ 的**测度转移函数**或简称**转移函数**,如果它满足下列条件:

(1) 对每个 $\omega\in\Omega$, $p(\omega,\cdot)$ 是 $\mathscr{F}$ 上的测度;

(2) 对每个 $A\in\mathscr{F}$, $p(\cdot,A)$ 是 $\mathscr{S}$ 上可测函数.

如果存在一个 $\mathscr{F}$ 的可测分割 $\{A_n\}$ 使得 $p(\omega,A_n)<\infty$ 对每个 $\omega\in\Omega$ 及每个 $n=1,2,\cdots$ 成立,称该转移函数是 σ **有限的**. 如果对每个 $\omega\in\Omega$ 均有 $p(\omega,X)=1$,称 p 是**概率转移函数**.

转移函数这类东西大家并非没有见过. 事实上,只要考查一下第四章 §5 的定义就可以看出: 那里的正则条件概率正是一个从可测

空间$(X,\mathscr{G})$到$(X,\mathscr{F})$的概率转移函数！当时的问题是：给定一个概率空间$(X,\mathscr{F},P)$和一个子σ域$\mathscr{G}$，是否存在一个概率转移函数(正则条件概率)p使之满足一定的条件. 而现在要考虑的则是：对于给定的测度空间$(X_1,\mathscr{F}_1,\mu_1)$和从$(X_1,\mathscr{F}_1)$到可测空间$(X_2,\mathscr{F}_2)$的转移函数$p$，是否能在乘积可测空间$(X_1\times X_2,\mathscr{F}_1\times\mathscr{F}_2)$上产生一个测度？这个问题的回答见下面的定理 5.1.6.

引理 5.1.5 如果p是从可测空间$(X_1,\mathscr{F}_1)$到可测空间$(X_2,\mathscr{F}_2)$的σ有限转移函数，则对任何$(X_1\times X_2,\mathscr{F}_1\times\mathscr{F}_2)$上的非负可测函数$f$，函数

$$g_f(\cdot)\xlongequal{\text{def}}\int_{X_2}f(\cdot,x_2)p(\cdot,\mathrm{d}x_2)$$

是$(X_1,\mathscr{F}_1)$上的可测函数.

证明 采用典型方法，只需证明对任何$A\in\mathscr{F}_1\times\mathscr{F}_2$，函数

$$\begin{aligned}g_{I_A}(\cdot)&=\int_{X_2}I_A(\cdot,x_2)p(\cdot,\mathrm{d}x_2)\\&=\int_{X_2}I_{A|.}(x_2)p(\cdot,\mathrm{d}x_2)\\&=p(\cdot,A|.)\end{aligned}$$

是$\mathscr{F}_1$可测的(请注意：据定理 5.1.4，A在$x_1\in X_1$处的截口$A|_{x_1}$属于$\mathscr{F}_2$，因此$A|.=\{A|_{x_1}: x_1\in X_1\}$是一个定义在$X_1$上，取值于$\mathscr{F}_2$的函数). 因$p$是$\sigma$有限的，故存在$\mathscr{F}_2$的可测分割$\{A_n\}$，使得$p(x_1,A_n)<\infty$对每个$x_1\in X_1$和每个$n=1,2,\cdots$成立. 表

$$g_{I_A}(\cdot)=p\left(\cdot,(A|.)\cap\left(\bigcup_{n=1}^{\infty}A_n\right)\right)=\sum_{n=1}^{\infty}p(\cdot,(A|.)\cap A_n).$$

易见：为证$g_{I_A}(\cdot)$可测，只需证：对每个$n=1,2,\cdots$，$p(\cdot,(A|.)\cap A_n)$可测. 这表明，我们只需在$p(x_1,A)<\infty$对每个$x_1\in X_1$都成立的假设下来证明$p(\cdot,A|.)$关于$\mathscr{F}_1$可测. 首先注意

$$\mathscr{E}\xlongequal{\text{def}}\{A\in\mathscr{F}_1\times\mathscr{F}_2:\ p(\cdot,A|.)\text{ 是 }\mathscr{F}_1\text{ 可测函数}\}$$

是一个λ系. 其次注意当$A=A_1\times A_2$且$A_1\in\mathscr{F}_1$和$A_2\in\mathscr{F}_2$时，

$$p(\cdot,A|.)=p(\cdot,A_2)I_{A_1}(\cdot)\tag{5.1.3}$$

为$\mathscr{F}_1$可测，从而

$$\mathscr{E} \supset \mathscr{Q} = \{A_1 \times A_2 : A_1 \in \mathscr{F}_1, A_2 \in \mathscr{F}_2\}.$$

于是,由定理 1.3.5 和命题 5.1.1 即知在上述假设下 $p(\cdot, A|.)$关于 $\mathscr{F}_1$ 可测. □

下面来回答前面的问题. 为了避免在累次积分时使用过多的$\{\quad\}$号,再介绍一个文献中常用的符号:对$(X_1,\mathscr{F}_1)$上的测度 μ_1,如下式右端有意义,则记

$$\int_{X_1} \mu_1(\mathrm{d}x_1) \int_{X_2} f(x_1,x_2) p(x_1,\mathrm{d}x_2)$$

$$\xlongequal{\text{def}} \int_{X_1} \left\{ \int_{X_2} f(x_1,x_2) p(x_1,\mathrm{d}x_2) \right\} \mu_1(\mathrm{d}x_1).$$

定理 5.1.6 给定从可测空间$(X_1,\mathscr{F}_1)$到$(X_2,\mathscr{F}_2)$的 σ 有限转移函数 p.

(1) 对$(X_1,\mathscr{F}_1)$上任何测度 μ_1,存在乘积空间$(X_1\times X_2,\mathscr{F}_1\times\mathscr{F}_2)$上的测度 μ,使对任何 $A_1\in\mathscr{F}_1$ 和 $A_2\in\mathscr{F}_2$ 有

$$\mu(A_1 \times A_2) = \int_{A_1} p(x_1,A_2)\mu_1(\mathrm{d}x_1); \tag{5.1.4}$$

(2) 如果$(X_1\times X_2,\mathscr{F}_1\times\mathscr{F}_2,\mu)$上可测函数 f 的积分存在,则

$$\int_{X_1\times X_2} f\mathrm{d}\mu = \int_{X_1} \mu_1(\mathrm{d}x_1) \int_{X_2} f(x_1,x_2)p(x_1,\mathrm{d}x_2); \tag{5.1.5}$$

(3) 如 μ_1 是 σ 有限的,则使(5.1.4)式成立的测度 μ 惟一而且 σ 有限.

证明 根据引理 5.1.5,对任何 $A\in\mathscr{F}_1\times\mathscr{F}_2$ 可以定义

$$\mu(A) = \int_{X_1} p(x_1, A|_{x_1})\mu_1(\mathrm{d}x_1).$$

利用截口性质(参见习题 5 之第 2 题),容易证明 μ 是测度. 利用(5.1.3)式又容易证明 μ 满足(5.1.4)式. (1)得证.

以 $\mathscr{M}$ 记由所有使(5.1.5)式成立的非负可测函数 f 组成的集合. 容易证明 $\mathscr{M}$ 是一个非负函数的单调类. 此外,当 $f=I_A$ 而 $A\in\mathscr{F}_1\times\mathscr{F}_2$ 时,由 μ 的定义知

$$\int_{X_1\times X_2} f\mathrm{d}\mu = \mu(A) = \int_{X_1} p(x_1, A|_{x_1})\mu_1(\mathrm{d}x_1)$$

$$=\int_{X_1}\mu_1(\mathrm{d}x_1)\int_{X_2}I_{A|_{x_1}}(x_2)p(x_1,\mathrm{d}x_2)$$

$$=\int_{X_1}\mu_1(\mathrm{d}x_1)\int_{X_2}I_A(x_1,x_2)p(x_1,\mathrm{d}x_2)$$

$$=\int_{X_1}\mu_1(\mathrm{d}x_1)\int_{X_2}f(x_1,x_2)p(x_1,\mathrm{d}x_2),$$

可见 $I_A\in\mathscr{M}$. 这说明(5.1.5)式对所有非负可测函数 f 成立(定理 1.5.5). 于是,对任何可测函数 f,有

$$\int_{X_1\times X_2}f^{\pm}\,\mathrm{d}\mu=\int_{X_1}\mu_1(\mathrm{d}x_1)\int_{X_2}f^{\pm}(x_1,x_2)p(x_1,\mathrm{d}x_2). \tag{5.1.6}$$

如果 f 的积分存在,无妨设 $\int_{X_1\times X_2}f^-\mathrm{d}\mu<\infty$,则记

$$A_1=\left\{x_1\in X_1:\int_{X_2}f^-(x_1,x_2)p(x_1,\mathrm{d}x_2)<\infty\right\},$$

由引理 5.1.5 和(5.1.6)式就可以推出 $A_1\in\mathscr{F}_1$ 和 $\mu_1(A_1^c)=0$,从而

$$\int_{X_1\times X_2}f\mathrm{d}\mu=\int_{X_1\times X_2}f^+\,\mathrm{d}\mu-\int_{X_1\times X_2}f^-\,\mathrm{d}\mu$$

$$=\int_{X_1}\mu_1(\mathrm{d}x_1)\int_{X_2}f^+(x_1,x_2)p(x_1,\mathrm{d}x_2)$$

$$-\int_{X_1}\mu_1(\mathrm{d}x_1)\int_{X_2}f^-(x_1,x_2)p(x_1,\mathrm{d}x_2)$$

$$=\int_{A_1}\mu_1(\mathrm{d}x_1)\int_{X_2}f^+(x_1,x_2)p(x_1,\mathrm{d}x_2)$$

$$-\int_{A_1}\mu_1(\mathrm{d}x_1)\int_{X_2}f^-(x_1,x_2)p(x_1,\mathrm{d}x_2)$$

$$=\int_{A_1}\left\{\int_{X_2}f^+(x_1,x_2)p(x_1,\mathrm{d}x_2)\right.$$

$$\left.-\int_{X_2}f^-(x_1,x_2)p(x_1,\mathrm{d}x_2)\right\}\mu_1(\mathrm{d}x_1)$$

$$=\int_{A_1}\mu_1(\mathrm{d}x_1)\int_{X_2}f(x_1,x_2)p(x_1,\mathrm{d}x_2)$$

$$= \int_{X_1} \mu_1(\mathrm{d}x_1) \int_{X_2} f(x_1, x_2) p(x_1, \mathrm{d}x_2).$$

可见(2)也成立.

如果 μ_1 和 p 均 σ 有限,则取 $(X_1, \mathscr{F}_1)$ 的可测分割 $\{A_{1,n}\}$ 和 $(X_2, \mathscr{F}_2)$ 的可测分割 $\{A_{2,m}\}$,它们分别使 $\mu_1(A_{1,n}) < \infty$ 对每个 $n=1, 2, \cdots$ 成立, $p(x_1, A_{2,m}) < \infty$ 对每个 $x_1 \in X_1$ 及 $m=1,2,\cdots$ 成立. 对每个 $n, m, l = 1, 2, \cdots$,令

$$B_{n,m,l} = \{x_1 \in A_{1,n}: l - 1 \leqslant p(x_1, A_{2,m}) < l\},$$

则 $\{B_{n,m,l} \times A_{2,m}, n, m, l = 1, 2, \cdots\}$ 构成了 $(X_1 \times X_2, \mathscr{F}_1 \times \mathscr{F}_2)$ 的可测分割,而且

$$\mu(B_{n,m,l} \times A_{2,m}) = \int_{B_{n,m,l}} p(x_1, A_{2,m}) \mu_1(\mathrm{d}x_1)$$

$$\leqslant l \mu_1(A_{1,n}) < \infty.$$

可见此时 μ 也是 σ 有限的. 由于

$$\mathscr{Q} = \{A_1 \times A_2: A_1 \in \mathscr{F}_1, A_2 \in \mathscr{F}_2\}$$

是半环且 $\mathscr{F} = \sigma(\mathscr{Q})$,故由命题 2.3.1 即知使(5.1.4)式成立的测度 μ 惟一,(3)亦得证. □

6. 两个测度空间的乘积

定理 5.1.6 一个重要的特殊情况是下列著名的 Fubini 定理. 它讨论两个测度空间如何乘起来成为**乘积测度空间**的问题.

定理 5.1.7 (Fubini 定理) 设 $(X_1, \mathscr{F}_1, \mu_1)$ 和 $(X_2, \mathscr{F}_2, \mu_2)$ 是 σ 有限测度空间.

(1) 在乘积空间 $(X_1 \times X_2, \mathscr{F}_1 \times \mathscr{F}_2)$ 上存在惟一的测度 μ,使对任何 $A_1 \in \mathscr{F}_1$ 和 $A_2 \in \mathscr{F}_2$ 有

$$\mu(A_1 \times A_2) = \mu_1(A_1) \mu_2(A_2), \tag{5.1.7}$$

该测度 $\mu_1 \times \mu_2 \stackrel{\text{def}}{=\!=} \mu$ 是 σ 有限的,称之为 μ_1 和 μ_2 的乘积测度;

(2) 对 $(X_1 \times X_2, \mathscr{F}_1 \times \mathscr{F}_2, \mu_1 \times \mu_2)$ 上任何积分存在的可测函数 f 有

$$\int_{X_1 \times X_2} f \mathrm{d}(\mu_1 \times \mu_2) = \int_{X_1} \mu_1(\mathrm{d}x_1) \int_{X_2} f(x_1, x_2) \mu_2(\mathrm{d}x_2)$$

$$= \int_{X_2} \mu_2(\mathrm{d}x_2) \int_{X_1} f(x_1, x_2) \mu_1(\mathrm{d}x_1).$$

证明 对 μ_1 和

$$\{p(x_1, A_2) = \mu_2(A_2) : x_1 \in X_1, A_2 \in \mathscr{F}_2\}$$

用定理 5.1.6 知,存在惟一的 σ 有限测度 $\mu_1 \times \mu_2 = \mu$ 使(5.1.7)式成立,而且该测度还满足

$$\int_{X_1 \times X_2} f \mathrm{d}(\mu_1 \times \mu_2) = \int_{X_1} \mu_1(\mathrm{d}x_1) \int_{X_2} f(x_1, x_2) \mu_2(\mathrm{d}x_2). \tag{5.1.8}$$

这证明了(1). 把 μ_1 和 μ_2 的位置颠倒,对 μ_2 和

$$\{p(x_2, A_1) = \mu_1(A_1) : x_2 \in X_2, A_1 \in \mathscr{F}_1\}$$

再用定理 5.1.6 又得惟一的 σ 有限测度 $\mu_2 \times \mu_1$,使对任何 $A_1 \in \mathscr{F}_1$ 和 $A_2 \in \mathscr{F}_2$ 有

$$(\mu_2 \times \mu_1)(A_2 \times A_1) = \mu_2(A_2) \mu_1(A_1). \tag{5.1.9}$$

对任何$(X_1 \times X_2, \mathscr{F}_1 \times \mathscr{F}_2, \mu_1 \times \mu_2)$上积分存在的可测函数 f 有

$$\int_{X_2 \times X_1} f \mathrm{d}(\mu_2 \times \mu_1) = \int_{X_2} \mu_2(\mathrm{d}x_2) \int_{X_1} f(x_1, x_2) \mu_1(\mathrm{d}x_1). \tag{5.1.10}$$

从(5.1.7)和(5.1.9)式可见

$$(\mu_1 \times \mu_2)(A_1 \times A_2) = (\mu_2 \times \mu_1)(A_2 \times A_1)$$

对任何 $A_1 \in \mathscr{F}_1$ 和 $A_2 \in \mathscr{F}_2$ 成立. 记 $\widetilde{A} = \{(x_2, x_1) : (x_1, x_2) \in A\}$,则由上式容易推得:对每个 $A \in \mathscr{F}_1 \times \mathscr{F}_2$ 有

$$(\mu_1 \times \mu_2)(A) = (\mu_2 \times \mu_1)(\widetilde{A}).$$

据此,通过典型方法不难证明

$$\int_{X_1 \times X_2} f \mathrm{d}(\mu_1 \times \mu_2) = \int_{X_2 \times X_1} f \mathrm{d}(\mu_2 \times \mu_1).$$

于是结论(2)便通过(5.1.8)和(5.1.10)式而得到. □

Fubini 定理之(2)告诉我们:只要重积分(即对乘积测度的积分)存在,两个累次积分是相等的. 但是,要注意定理的条件. 下面的两个例子表明:如果抹掉 μ_1 和 μ_2 均 σ 有限这个条件,结论有可能不成立;虽然 μ_1 和 μ_2 均 σ 有限,但重积分不存在,那么即使两个累次积分都可以算出来,也可能不相等.

例 1　设 $X_1=X_2=[0,1)$；$\mathscr{F}_1=\mathscr{F}_2=[0,1)\cap\mathscr{B}_{\boldsymbol{R}}$；$\mu_1$ 为 $[0,1)$ 上的 L 测度；又对每个 $A_2\in\mathscr{B}_{\boldsymbol{R}}$，$\mu_2(A_2)=\#(A_2)$. 易见：$\mu_1$ 是 σ 有限的，而 μ_2 则不然. 此时，在集合

$$D=\{(x_1,x_2):x_1=x_2;x_1,x_2\in[0,1)\}$$

上便有

$$\begin{aligned}(\mu_1\times\mu_2)(D)&=\int_{[0,1)}\mu_2(D|_{x_1})\mu_1(\mathrm{d}x_1)=1\\&\neq 0=\int_{[0,1)}\mu_1(D|_{x_2})\mu_2(\mathrm{d}x_2)\\&=(\mu_2\times\mu_1)(D),\end{aligned}$$

可见累次积分不能交换次序.

例 2　设 $X_1=X_2=[0,1)$；$\mathscr{F}_1=\mathscr{F}_2=[0,1)\cap\mathscr{B}_{\boldsymbol{R}}$；$\mu_1$ 和 μ_2 为 $[0,1)$ 上的 L 测度. 那么 μ_1 和 μ_2 都是 σ 有限的但对于函数

$$f(x_1,x_2)=\begin{cases}(x_1^2-x_2^2)/(x_1^2+x_2^2)^2, & x_1^2+x_2^2>0,\\0, & x_1=x_2=0\end{cases}$$

而言，却有

$$\int_0^1\mathrm{d}x_1\int_0^1 f(x_1,x_2)\mathrm{d}x_2=\frac{\pi}{4}\neq-\frac{\pi}{4}=\int_0^1\mathrm{d}x_2\int_0^1 f(x_1,x_2)\mathrm{d}x_1.$$

容易证明此 f 的重积分并不存在.

7. 分部积分公式

作为 Fubini 定理应用的一个有趣而又重要的例子，我们利用它来推导 L-S 积分的分部积分公式.

推论 5.1.8　对任何准分布函数 F,G 和任何实数 $a\leqslant b$，有

$$\int_{(a,b]}F(x)G(\mathrm{d}x)=FG\Big|_a^b-\int_{(a,b]}G(x-0)F(\mathrm{d}x),$$

其中 $FG\Big|_a^b=F(b)G(b)-F(a)G(a)$.

证明　以 μ_F 和 μ_G 分别记 F 和 G 对应的 L-S 测度. 利用 Fubini 定理，我们得

$$\int_{(a,b]}F(x)G(\mathrm{d}x)=\int_{(a,b]}\left\{F(a)+\int_{(a,x]}F(\mathrm{d}y)\right\}G(\mathrm{d}x)$$

$$= F(a)[G(b)-G(a)] + \int_{(a,b]} G(\mathrm{d}x)\int_{(a,x]} F(\mathrm{d}y)$$

$$= F(a)[G(b)-G(a)] + \iint_{\{(x,y):\, a<y\leqslant x\leqslant b\}} \mathrm{d}(\mu_G \times \mu_F)$$

$$= F(a)[G(b)-G(a)] + \int_{(a,b]} F(\mathrm{d}y)\int_{[y,b]} G(\mathrm{d}x)$$

$$= F(a)[G(b)-G(a)] + \int_{(a,b]} [G(b)-G(y-0)]F(\mathrm{d}y)$$

$$= F(a)[G(b)-G(a)] + G(b)[F(b)-F(a)] - \int_{(a,b]} G(y-0)F(\mathrm{d}y)$$

$$= FG\Big|_a^b - \int_{(a,b]} G(x-0)F(\mathrm{d}x). \quad \square$$

不难看出,只要 F 和 G 是连续函数,上述分部积分公式就和我们在初等微积分中学过的那个分部积分公式形式上完全一致.这时,你当然也可以把推论 5.1.8 中的公式写成

$$\int_a^b F(x)\mathrm{d}G(x) = FG\Big|_a^b - \int_a^b G(x)\mathrm{d}F(x).$$

但是在一般情况下,这样写是有问题的,因为它并没有标明是在开区间、半开半闭区间还是闭区间上的积分.而对于 L-S 积分而言,这一点是非常重要的:单点集上的 L-S 积分不仅有意义,而且积分值还可能不是 0!

8. 有限维乘积空间的测度

定理 5.1.6 和 5.1.7 都可以推广到 $n\geqslant 2$ 的情况.证明并没有原则上的困难.所以,我们只给出结论而把证明留给读者.

定理 5.1.9 给定可测空间$\{(X_k,\mathscr{F}_k),k=1,\cdots,n\}$.如果对每个 $k=2,\cdots,n$, p_k 是从$\left(\prod_{i=1}^{k-1}X_i,\prod_{i=1}^{k-1}\mathscr{F}_i\right)$到$(X_k,\mathscr{F}_k)$的 σ 有限转移函数,则

(1) 对于$(X_1,\mathscr{F}_1)$上任何测度 μ_1,存在$\left(\prod_{k=1}^{n}X_k,\prod_{k=1}^{n}\mathscr{F}_k\right)$上的测度 μ 使

$$\mu\left(\prod_{k=1}^{n}A_k\right)=\int_{A_1}\mu_1(\mathrm{d}x_1)\int_{A_2}p_2(x_1,\mathrm{d}x_2)\cdots\int_{A_n}p_n(x_1,\cdots,x_{n-1},\mathrm{d}x_n)$$

对一切$\{A_k\in\mathscr{F}_k,k=1,\cdots,n\}$成立;

(2) 对任何$\left(\prod_{k=1}^{n}X_k,\prod_{k=1}^{n}\mathscr{F}_k,\mu\right)$上积分存在的可测函数 f 有

$$\int_{\prod_{k=1}^{n}X_k}f\mathrm{d}\mu=\int_{X_1}\mu_1(\mathrm{d}x_1)\int_{X_2}p_2(x_1,\mathrm{d}x_2)\cdots\int_{X_n}f(x_1,\cdots,x_n)p_n(x_1,\cdots,x_{n-1},\mathrm{d}x_n);$$

(3) 如果 μ_1 是 σ 有限的,则使(1)成立的测度 μ 惟一而且 σ 有限.

定理 5.1.10 设$(X_k,\mathscr{F}_k,\mu_k),k=1,\cdots,n$ 是 σ 有限测度空间.

(1) 存在$\left(\prod_{k=1}^{n}X_k,\prod_{k=1}^{n}\mathscr{F}_k\right)$上惟一的测度 μ 使

$$\mu\left(\prod_{k=1}^{n}A_k\right)=\prod_{k=1}^{n}\mu_k(A_k)$$

对一切 $A_k\in\mathscr{F}_k$, $k=1,\cdots,n$ 成立,该测度 $\prod_{k=1}^{n}\mu_k\stackrel{\text{def}}{=\!=}\mu$ 是 σ 有限的,称为 $\mu_1,\cdots,\mu_n$ 的乘积测度;

(2) 对$\left(\prod_{k=1}^{n}X_k,\prod_{k=1}^{n}\mathscr{F}_k,\prod_{k=1}^{n}\mu_k\right)$上任何积分存在的可测函数 f 和 $1,\cdots,n$ 的任一重新排列 $k_1,\cdots,k_n$,有

$$\int_{\prod_{k=1}^{n}X_k}f\mathrm{d}\mu=\int_{X_{k_1}}\mu_{k_1}(\mathrm{d}x_{k_1})\int_{X_{k_2}}\mu_{k_2}(\mathrm{d}x_{k_2})\cdots\int_{X_{k_n}}f(x_1,\cdots,x_n)\mu_{k_n}(\mathrm{d}x_{k_n}).$$

§2 多维 Lebesgue-Stieltjes 测度

前面已经讲了通过转移函数在乘积可测空间上建立测度的方法. 本节将介绍多维的 L-S 测度. 我们将会看到,对于乘积空间

$(\boldsymbol{R}^n,\mathscr{B}^n_{\boldsymbol{R}})$，第二章所用的半环上测度扩张产生 L-S 测度的方法仍然有效．由于多维与一维的情况十分类似．所以我们只正面地写出结论，而证明的细节则留作习题．

设 $a=(a_1,\cdots,a_n)\in\boldsymbol{R}^n$ 和 $b=(b_1,\cdots,b_n)\in\boldsymbol{R}^n$．如果 $a_i\leqslant b_i$ 对每个 $i=1,\cdots,n$ 成立，则记为 $a\leqslant b$．类似地，如果 $a_i<b_i$ 对每个 $i=1,\cdots,n$ 成立，则记为 $a<b$．我们还把

$$(a,b]=\{x\in\boldsymbol{R}^n:\ a<x\leqslant b\}$$

当作 $\boldsymbol{R}^n$ 中左开右闭的**区间**．

命题 5.2.1 $\mathscr{Q}_{\boldsymbol{R}^n}\overset{\text{def}}{=\!=\!=}\{(a,b]:\ a,b\in\boldsymbol{R}^n\}$ 是 $\boldsymbol{R}^n$ 上的半环．

证明 略．□

定义 5.2.1 $\boldsymbol{R}^n$ 上的实值函数 F 将称为**准分布函数**，如果它满足

(1) 对每个 $i=1,\cdots,n$ 和每个 $x_1,\cdots,x_{i-1},x_{i+1},\cdots,x_n\in\boldsymbol{R}$，

$$F(x_1,\cdots,x_{i-1},\ \cdot\ ,x_{i+1},\cdots,x_n)$$

作为第 i 个变量的函数右连续；

(2) 对任何 $a=(a_1,\cdots,a_n)\in\boldsymbol{R}^n$ 和 $b=(b_1,\cdots,b_n)\in\boldsymbol{R}^n$，记

$$C=\{c=(c_1,\cdots,c_n):\ c_i=a_i\ 或\ b_i,\ i=1,\cdots,n\}.$$

又对每个 $c=(c_1,\cdots,c_n)\in C$，记 $n(c)=\#\{i:\ c_i=a_i\}$，则当 $a\leqslant b$ 时有

$$\sum_{c\in C}(-1)^{n(c)}F(c)\geqslant 0. \tag{5.2.1}$$

不等式(5.2.1)乍看起来有点不好琢磨，可实际上它是一元准分布函数单调性的推广．对一元准分布函数 F，其单调性是可用**一次增量非负**，即对任何满足 $a\leqslant b$ 的 $a,b\in\boldsymbol{R}$ 有

$$\Delta_{(a,b]}F\overset{\text{def}}{=\!=\!=}F(b)-F(a)\geqslant 0$$

来刻画的．与此类似，二元准分布函数 $F(\cdot,\cdot)$ 的单调性也就应该用它的**二次增量非负**来表达．什么是二次增量？设 $a=(a_1,a_2)\leqslant b=(b_1,b_2)$．对 $F(\cdot,\cdot)$ 的第一个变量先求一次增量

$$\Delta_{(a_1,b_1]}F(\cdot,\cdot)=F(b_1,\cdot)-F(a_1,\cdot),$$

对 $\Delta_{(a_1,b_1]}F(\cdot,\cdot)$ 中剩下的另一个变量再求一次增量

$$\Delta_{(a_2,b_2]}[\Delta_{(a_1,b_1]}F(\cdot,\cdot)]$$

$$= F(b_1,b_2) - F(b_1,a_2) - F(a_1,b_2) + F(a_1,a_2),$$

所得到的就是所谓的二次增量. 不难看出

$$\Delta_{(a_1,b_1]}[\Delta_{(a_2,b_2]}F(\cdot,\cdot)] = \Delta_{(a_2,b_2]}[\Delta_{(a_1,b_1]}F(\cdot,\cdot)].$$

因此,可以直接把二次增量定义为

$$\Delta^2_{(a,b]}F = F(b_1,b_2) - F(a_1,b_2) - F(b_1,a_2) + F(a_1,a_2),$$

而把 $\Delta^2_{(a,b]}F \geqslant 0$ 理解为二元准分布函数单调非降. 按这样的推理继续下去, (5.2.1)式恰好表达了 n **次增量**非负的意思. 正是在这个意义下,我们把(5.2.1)式理解为一元准分布函数单调非降性的推广.

命题 5.2.2 如果 F 是准分布函数,则

$$\mu_F((a,b]) \xlongequal{\text{def}} \begin{cases} \sum\limits_{c\in C}(-1)^{n(c)}F(c), & a < b, \\ 0, & a \geqslant b \end{cases}$$

是半环 $\mathscr{Q}_{\boldsymbol{R}^n}$上的测度.

证明 略. □

以 λ_F 记由半环 $\mathscr{Q}_{\boldsymbol{R}^n}$上测度 μ_F 产生的外测度,那么 λ_F 是 $\mathscr{F}_{\lambda_F}$上的测度,称之为(n 维)L-S 测度. 特别地,如果对每个$(x_1,\cdots,x_n)\in\boldsymbol{R}^n$有

$$F(x_1,\cdots,x_n) = x_1\cdots x_n,$$

那么对应的 L-S 测度称之为(n 维)L 测度.

如果

$$\lim_{x_1,\cdots,x_n\to\infty} F(x_1,\cdots,x_n) = 1$$

且对每个 $i=1,\cdots,n$,有

$$\lim_{x_i\to-\infty} F(x_1,\cdots,x_n) = 0,$$

则称准分布函数 F 为 n **元分布函数**. 设 $f=(f_1,\cdots,f_n)$是$(X,\mathscr{F},P)$上的随机向量. 对每个 $x_1,\cdots,x_n\in\boldsymbol{R}$,令

$$F(x_1,\cdots,x_n) = P(f_1\leqslant x_1,\cdots,f_n\leqslant x_n),$$

则 F 称为随机向量 f 的**分布函数**,或称为 n 个随机变量 $f_1,\cdots,f_n$ 的**联合分布函数**. 随机向量 f 的分布函数是 F,也说成 f 服从 d.f. F,记作 $f\sim F$.

命题 5.2.3 n 维随机向量 f 的分布函数是一个 n 元分布函数.

反之,任意给定一个 n 元分布函数 F,一定存在一个概率空间 $(X,\mathscr{F},P)$,在它上面定义着随机向量 f 使 $f\sim F$.

证明 略. □

设 $f=(f_1,\cdots,f_n)$是$(X,\mathscr{F},P)$上的 n 维随机向量. 对任意给定的 k 个正整数 $i_1,\cdots,i_k$, $(f_{i_1},\cdots,f_{i_k})$的联合分布函数叫做 f 的第$(i_1,\cdots,i_k)$个分量的**边缘分布函数**. 特别地,f 的第 i 个分量 f_i 的边缘分布函数记作 F_i. 众所周知,由随机向量 f 的 n 个边缘分布函数 $F_1,\cdots,F_n$ 并不能决定随机向量的联合分布函数 F,但当 $f_1,\cdots,f_n$ 相互独立时是一个例外. 下面,我们对第四章§5 定义的独立性概念作进一步的讨论,顺便也对这个例外作一个交代.

定理 5.2.4 如果概率空间$(X,\mathscr{F},P)$上的 π 系族$\{\mathscr{P}_t\subset\mathscr{F},t\in T\}$独立,则对应的 σ 域族$\{\sigma(\mathscr{P}_t),t\in T\}$也独立.

证明 从独立性的定义可知,只需证明下列命题: **对任意给定的$\{t_1,\cdots,t_n\}\subset T$,如果**

$$P\Big(\bigcap_{k=1}^{n}A_{t_k}\Big)=\prod_{k=1}^{n}P(A_{t_k}) \tag{5.2.2}$$

对每个$\{A_{t_k}\in\mathscr{P}_{t_k},k=1,\cdots,n\}$**成立,则它对任何**$\{A_{t_k}\in\sigma(\mathscr{P}_{t_k}),k=1,\cdots,n\}$**也成立.**

第一步, 对任意给定的$\{A_{t_k}\in\mathscr{P}_{t_k},k=2,\cdots,n\}$,令

$$\mathscr{E}_1=\Big\{A\in\mathscr{F}: P\Big(A\cap\Big(\bigcap_{k=2}^{n}A_{t_k}\Big)\Big)=P(A)\prod_{k=2}^{n}P(A_{t_k})\Big\}.$$

容易证明: (1) $\mathscr{E}_1$ 是一个 λ 系; (2) 在命题的条件下, $\mathscr{E}_1\supset\mathscr{P}_{t_1}$. 因此,由定理 1.3.5 知 $\mathscr{E}_1\supset\sigma(\mathscr{P}_{t_1})$,即对任何 $A_{t_1}\in\sigma(\mathscr{P}_{t_1})$和$\{A_{t_k}\in\mathscr{P}_{t_k},k=2,\cdots,n\}$(5.2.2)式成立.

第二步, 对 $A_{t_1}\in\sigma(\mathscr{P}_{t_1})$和$\{A_{t_k}\in\mathscr{P}_{t_k},k=3,\cdots,n\}$,令

$$\mathscr{E}_2=\Big\{A\in\mathscr{F}: P\Big(A\cap\Big(\bigcap_{\substack{1\leqslant k\leqslant n\\ k\neq 2}}A_{t_k}\Big)\Big)=P(A)\prod_{\substack{1\leqslant k\leqslant n\\ k\neq 2}}P(A_{t_k})\Big\}.$$

利用第一步已经证明的事实,采用第一步证明的相似方法,又可以证明: (5.2.2)式对任何 $A_{t_1}\in\sigma(\mathscr{P}_{t_1})$, $A_{t_2}=\sigma(\mathscr{P}_{t_2})$和$\{A_{t_k}\in\mathscr{P}_{t_k},k=3,\cdots,n\}$成立.

如此继续,进行 n 步后,就得到所要的命题,从而完成定理的证

明. □

定理 5.2.4 有两个重要推论.

推论 5.2.5 如果概率空间$(X,\mathscr{F},P)$上的子 σ 域族$\{\mathscr{F}_t,t\in T\}$相互独立,则对 T 的任何一个分割$\{T_d,d\in D\}$,

$$\left\{\sigma\left(\bigcup_{t\in T_d}\mathscr{F}_t\right),d\in D\right\}$$

也相互独立.

证明 对每个 $d\in D$,记

$$\mathscr{P}_d=\bigcup_{n=1}^{\infty}\left\{\bigcap_{k=1}^{n}A_k:A_k\in\mathscr{F}_{t_k},\ t_k\in T_d,\ k=1,\cdots,n\right\}.$$

易见 $\mathscr{P}_d$ 是一个 π 系且 $\sigma(\mathscr{P}_d)=\sigma\left(\bigcup_{t\in T_d}\mathscr{F}_t\right)$,故由定理 5.2.4 立得所要的结论. □

推论 5.2.6 对概率空间$(X,\mathscr{F},P)$上的随机变量族$\{f_t,t\in T\}$,以$\{F_t,t\in T\}$记其对应的分布函数族,则下列命题等价:

(1) $\{f_t,t\in T\}$相互独立;

(2) 对 $n=1,2,\cdots$和 $t_1,\cdots,t_n\in T$,有

$$P(f_{t_1},\cdots,f_{t_n})^{-1}=\prod_{k=1}^{n}Pf_{t_k}^{-1};$$

(3) 对 $n=1,2,\cdots$和 $t_1,\cdots,t_n\in T$,以 $F_{t_1,\cdots,t_n}$ 记 $f_{t_1},\cdots,f_{t_n}$ 的联合分布函数,则对 $x_1,\cdots,x_n\in\boldsymbol{R}$ 有

$$F_{t_1,\cdots,t_n}(x_1,\cdots,x_n)=\prod_{k=1}^{n}F_{t_k}(x_k);$$

(4) 任意给定 $n=1,2,\cdots$和 $t_1,\cdots,t_n\in T$,对$(\boldsymbol{R}^n,\mathscr{B}_{\boldsymbol{R}}^n)$上的可测函数 g,只要下式的一端有意义,另一端就也有意义并且等号成立:

$$\mathrm{E}g(f_{t_1},\cdots,f_{t_n})=\int_{-\infty}^{\infty}\mathrm{d}F_{t_1}(x_1)\cdots\int_{-\infty}^{\infty}g(x_1,\cdots,x_n)\mathrm{d}F_{t_n}(x_n).$$

证明 留作习题. □

在推论 5.2.6 中令 $T=\{1,\cdots,n\}$,那么(1)和(3)的等价性说明了在独立性的条件下随机向量的联合分布函数由它的边缘分布函数完全决定.此外,这个等价性还说明:我们定义的随机变量独立性与初等概率论的定义是完全一致的(参见习题 5 第 14 和 15 题).

从推论 5.2.6 得到的下列命题深刻地揭露了独立性与定理 5.1.10 所讨论的乘积测度之间的内在联系.

命题 5.2.7 n 个随机变量 $f_1,\cdots,f_n$ 相互独立的必要充分条件是,随机向量 $f=(f_1,\cdots,f_n)$ 的概率分布 Pf^{-1} 是诸随机变量 $f_1,\cdots,f_n$ 的概率分布 $Pf_1^{-1},\cdots,Pf_n^{-1}$ 的乘积测度,即

$$Pf^{-1}=\prod_{k=1}^{n}Pf_k^{-1}.$$

证明 留作习题. □

*§3 可列维乘积空间的概率测度

1. 可列维乘积可测空间

设 $\{X_n,n=1,2,\cdots\}$ 是一列非空集合,称集合

$$\prod_{n=1}^{\infty}X_n\xlongequal{\text{def}}\{(x_1,x_2,\cdots):\ x_n\in X_n,n=1,2,\cdots\}$$

为这列集合的**乘积**. 设 $\{(X_n,\mathscr{F}_n),n=1,2,\cdots\}$ 是一列可测空间. 对每个 $n=1,2,\cdots$,记

$$\mathscr{Q}_{(n)}=\left\{\prod_{k=1}^{n}A_k:\ A_k\in\mathscr{F}_k,k=1,\cdots,n\right\};$$

$$\mathscr{Q}_{[n]}=\left\{A\times\prod_{k=n+1}^{\infty}X_k:\ A\in\mathscr{Q}_{(n)}\right\}.$$

称 $\mathscr{Q}\xlongequal{\text{def}}\bigcup\limits_{n=1}^{\infty}\mathscr{Q}_{[n]}$ 中的集合为**有限维可测矩形柱集**. 又对每个 $n=1,2,\cdots$,记

$$X_{(n)}=\prod_{k=1}^{n}X_k,\quad \mathscr{F}_{(n)}=\prod_{k=1}^{n}\mathscr{F}_k$$

以及

$$\mathscr{A}_{[n]}=\left\{A_{(n)}\times\prod_{k=n+1}^{\infty}X_k:\ A_{(n)}\in\mathscr{F}_{(n)}\right\}.$$

称 $\mathscr{A}\xlongequal{\text{def}}\bigcup\limits_{n=1}^{\infty}\mathscr{A}_{[n]}$ 中的集合为**有限维可测柱集**.

从 $\prod_{n=1}^{\infty} X_n$ 到 X_n 的映射

$$\pi_n(x_1, x_2, \cdots) = x_n$$

称为 $\prod_{n=1}^{\infty} X_n$ 到 X_n 的**投影**；从 $\prod_{n=1}^{\infty} X_n$ 到 $X_{(n)}$ 的映射

$$\pi_{(n)}(x_1, x_2, \cdots) = (x_1, \cdots, x_n)$$

称为 $\prod_{n=1}^{\infty} X_n$ 到 $X_{(n)}$ 的**投影**. 用投影来表示前面的集合系，易得

$$\mathscr{Q}_{[n]} = \pi_{(n)}^{-1}\mathscr{Q}_{(n)}; \quad \mathscr{A}_{[n]} = \pi_{(n)}^{-1}\mathscr{F}_{(n)}. \tag{5.3.1}$$

命题 5.3.1 对以上定义的记号，有

(1) $\mathscr{Q}$ 是半环而且 $\prod_{n=1}^{\infty} X_n \in \mathscr{Q}$；

(2) $\mathscr{A}$ 是域；

(3) $\prod_{n=1}^{\infty} \mathscr{F}_n \overset{\text{def}}{=\!=\!=} \sigma(\mathscr{Q}) = \sigma(\mathscr{A}) = \sigma\left(\bigcup_{n=1}^{\infty} \pi_n^{-1}\mathscr{F}_n\right)$.

证明 (1)和(2)易得. 以下证(3). 由(5.3.1)式可见 $\bigcup_{n=1}^{\infty} \pi_n^{-1}\mathscr{F}_n \subset \mathscr{Q} \subset \mathscr{A}$，因而

$$\sigma(\mathscr{A}) \supset \sigma(\mathscr{Q}) \supset \sigma\left(\bigcup_{n=1}^{\infty} \pi_n^{-1}\mathscr{F}_n\right).$$

对每个 $n=1,2,\cdots$，由(5.3.1)式和命题 5.1.2 又易得

$$\mathscr{A}_{[n]} = \sigma\left(\bigcup_{k=1}^{n} \pi_k^{-1}\mathscr{F}_k\right) \subset \sigma\left(\bigcup_{n=1}^{\infty} \pi_n^{-1}\mathscr{F}_n\right), \ \forall n = 1, 2, \cdots$$

$$\Longrightarrow \mathscr{A} \subset \sigma\left(\bigcup_{n=1}^{\infty} \pi_n^{-1}\mathscr{F}_n\right)$$

$$\Longrightarrow \sigma(\mathscr{A}) \subset \sigma\left(\bigcup_{n=1}^{\infty} \pi_n^{-1}\mathscr{F}_n\right).$$

将两者合并即为(3). □

今后，把上述命题中的 σ 域 $\prod_{n=1}^{\infty} \mathscr{F}_n$ 称为 σ 域序列 $\{\mathscr{F}_n, n=1, 2, \cdots\}$ 的**乘积**，而 $\left(\prod_{n=1}^{\infty} X_n, \prod_{n=1}^{\infty} \mathscr{F}_n\right)$ 则称为可测空间列 $\{(X_n, \mathscr{F}_n), n=1, 2, \cdots\}$ 的**乘积**. 由相同的可测空间 $(X, \mathscr{F})$ 组成的序列的乘积可测空间将记为 $(X^\infty, \mathscr{F}^\infty)$. 此外，从可测空间 $(X, \mathscr{F})$ 到 $(\boldsymbol{R}^\infty, \mathscr{B}_{\boldsymbol{R}}^\infty)$ 的可

测映射称为**随机变量序列**，**而**$(f_1, f_2, \cdots)$**是一个随机变量序列的必要充分条件是：对每个** $n=1,2,\cdots$，f_n **是一个随机变量**.

2. 可列维乘积空间的测度

关于定理 5.1.9 和定理 5.1.10 向可列维乘积空间的推广，我们将限于讨论概率测度的情况. 主要结论是下列定理.

定理 5.3.2（Tulcea 定理）　设$\{(X_k, \mathscr{F}_k), k=1,2,\cdots\}$是一列可测空间，对每个 $k=2,3,\cdots$，p_k 是从$(X_{(k-1)}, \mathscr{F}_{(k-1)})$到$(X_k, \mathscr{F}_k)$的概率转移函数. 则对$(X_1, \mathscr{F}_1)$上任给的概率测度 P_1，存在乘积可测空间$\left(\prod_{k=1}^{\infty} X_k, \prod_{k=1}^{\infty} \mathscr{F}_k\right)$上惟一的概率测度 P，使

$$P\pi_{(n)}^{-1}\left(\prod_{k=1}^{n} A_k\right) = \int_{A_1} P_1(\mathrm{d}x_1)\int_{A_2} p_2(x_1, \mathrm{d}x_2) \cdots \int_{A_n} p_n(x_1, \cdots, x_{n-1}; \mathrm{d}x_n) \qquad (5.3.2)$$

对一切 $n=1,2,\cdots$和一切$\{A_k \in \mathscr{F}_k,\ k=1,\cdots,n\}$成立.

证明　由命题 5.3.1 知 $\mathscr{A} = \bigcup_{n=1}^{\infty} \pi_{(n)}^{-1}\mathscr{F}_{(n)}$是一个域. 对每个 $A \in \mathscr{A}$，取正整数 n 和 $A_{(n)} \in \mathscr{F}_{(n)}$使 $A = \pi_{(n)}^{-1}A_{(n)}$，再令

$$\begin{aligned} P(A) &= P_n(A_{(n)}) \\ &\xlongequal{\text{def}} \int_{X_1} P_1(\mathrm{d}x_1)\int_{X_2} p_2(x_1, \mathrm{d}x_2) \\ &\quad \cdots \int_{X_n} I_{A_{(n)}}(x_1, \cdots, x_n) p_n(x_1, \cdots, x_{n-1}, \mathrm{d}x_n). \end{aligned}$$

我们将按下列步骤来完成定理的证明.

(1) P 的定义是一意的.

如果存在 $n \geqslant m \geqslant 1$，$A_{(n)} \in \mathscr{F}_{(n)}$和 $A_{(m)} \in \mathscr{F}_{(m)}$使

$$\pi_{(n)}^{-1}A_{(n)} = A = \pi_{(m)}^{-1}A_{(m)},$$

则表 $\pi_{(m)}^{-1}A_{(m)} = \pi_{(n)}^{-1}\left(A_{(m)} \times \prod_{k=m+1}^{n} X_k\right)$，就得

$$A_{(n)} = A_{(m)} \times \prod_{k=m+1}^{n} X_k.$$

于是由

$$
\begin{aligned}
P_n(A_{(n)}) &= P_n\left(A_{(m)} \times \left(\prod_{k=m+1}^{n} X_k\right)\right) \\
&= \int_{X_1} P_1(\mathrm{d}x_1) \int_{X_2} p_2(x_1, \mathrm{d}x_2) \\
&\quad \cdots \int_{X_n} I_{A_{(m)} \times \prod_{k=m+1}^{n} X_k}(x_1, \cdots, x_n) p_n(x_1, \cdots, x_{n-1}, \mathrm{d}x_n) \\
&= \int_{X_1} P_1(\mathrm{d}x_1) \int_{X_2} p_2(x_1, \mathrm{d}x_2) \\
&\quad \cdots \int_{X_m} I_{A_{(m)}}(x_1, \cdots, x_m) p_m(x_1, \cdots, x_{m-1}, \mathrm{d}x_m) \\
&= P_m(A_{(m)})
\end{aligned}
$$

推出定义的一意性.

(2) P 是 $\mathscr{A}$ 上的概率测度.

易见 $P(\varnothing)=0$. 如果 $A, B \in \mathscr{A}$ 不交,则存在正整数 n, $A_{(n)} \in \mathscr{F}_{(n)}$ 和 $B_{(n)} \in \mathscr{F}_{(n)}$ 使

$$
A = \pi_{(n)}^{-1} A_{(n)};
$$
$$
B = \pi_{(n)}^{-1} B_{(n)};
$$
$$
A_{(n)} \cap B_{(n)} = \varnothing.
$$

于是由定理 5.1.9 推得

$$
\begin{aligned}
P(A \cup B) &= P_n(A_{(n)} \cup B_{(n)}) \\
&= P_n(A_{(n)}) + P_n(B_{(n)}) \\
&= P(A) + P(B),
\end{aligned}
$$

可见 P 具有有限可加性. 根据定理 2.1.6,为证 P 是 $\mathscr{A}$ 上的测度,只需再证它在空集 $\varnothing$ 上连续. 采用反证法. 谬设存在集合序列 $\{A^{(n)}, n=1,2,\cdots\} \subset \mathscr{A}$ 使

$$
A^{(n)} \downarrow \varnothing; \quad \lim_{n\to\infty} P(A^{(n)}) > 0.
$$

由于 $A^{(n)} \downarrow \varnothing$,利用 $\mathscr{A}$ 的性质容易找到整数列 $\{m_n\}$ 和集合序列 $\{A_{(m_n)} \in \mathscr{F}_{(m_n)}\}$ 使对每个 $n=1,2,\cdots$,有

$$
1 \leqslant m_1 < \cdots < m_n < \cdots; \quad A^{(n)} = \pi_{(m_n)}^{-1} A_{(m_n)}.
$$

对每个 $n=2,3,\cdots$ 和每个 $m_{n-1}\leqslant k<m_n$，定义

$$\widetilde{A}^{(k)}=A^{(n-1)},$$

并且当 $m_1>1$ 时，补充定义

$$\widetilde{A}^{(k)}=\prod_{i=1}^{\infty}X_i,\quad \forall\, k=1,\cdots,m_1-1,$$

则 $\{\widetilde{A}^{(n)},n=1,2,\cdots\}$ 不仅满足 $\{\widetilde{A}^{(n)},n=1,2,\cdots\}\subset\mathscr{A}$，$\widetilde{A}^{(n)}\downarrow\varnothing$ 和 $\lim\limits_{n\to\infty}P(\widetilde{A}^{(n)})>0$，而且 $\widetilde{A}^{(n)}=\pi_{(n)}^{-1}A_{(n)}$ 还对某 $A_{(n)}\in\mathscr{F}_{(n)}$ 成立. 因此，不失一般性，无妨在"谬设"中加上一条：对每个 $n=1,2,\cdots$，存在 $A_{(n)}\in\mathscr{F}_{(n)}$ 使 $A^{(n)}=\pi_{(n)}^{-1}A_{(n)}$. 在添加了这一条以后，由"谬设"导出矛盾的具体过程如下.

对 $n=2,3,\cdots$，令

$$\phi_{1,n}(x_1)=\int_{X_2}p_2(x_1,\mathrm{d}x_2)\cdots\int_{X_n}I_{A_{(n)}}(x_1,\cdots,x_n)p_n(x_1,\cdots,x_{n-1},\mathrm{d}x_n).\quad(5.3.3)$$

由 $A^{(n+1)}\subset A^{(n)}$ 易得

$$I_{A_{(n+1)}}(x_1,\cdots,x_{n+1})\leqslant I_{A_{(n)}}(x_1,\cdots,x_n)$$

对任何 $\{x_k\in X_k,\ k=1,\cdots,n+1\}$ 成立，故(5.3.3)式蕴含：对每个 $n=2,3,\cdots$ 有

$$0\leqslant\phi_{1,n+1}(x_1)\leqslant\phi_{1,n}(x_1)\leqslant 1,\quad\forall\, x_1\in X_1.$$

记 $\phi_1=\lim\limits_{n\to\infty}\phi_{1,n}$，则由控制收敛定理和"谬设"推知

$$\begin{aligned}\int_{X_1}\phi_1\mathrm{d}P_1&=\lim_{n\to\infty}\int_{X_1}\phi_{1,n}\mathrm{d}P_1\\&=\lim_{n\to\infty}P_n(A_{(n)})\\&=\lim_{n\to\infty}P(A^{(n)})>0.\end{aligned}$$

因此，存在 $\tilde{x}_1\in X_1$ 使 $\phi_1(\tilde{x}_1)>0$. 我们说：此 $\tilde{x}_1\in X_1$ 还必须满足 $\tilde{x}_1\in A_{(1)}$. 不然的话，就有

$$\tilde{x}_1\notin A_{(1)}\ 且\ \pi_{(n+1)}^{-1}A_{(n+1)}=A^{(n+1)}\subset A^{(n)}=\pi_{(n)}^{-1}A_{(n)},\quad\forall\, n=1,2,\cdots$$

$$\Longrightarrow 对每个\ n=2,3,\cdots\ 有\ (\tilde{x}_1,x_2,\cdots,x_n)\notin A_{(n)},$$

$$\forall x_k \in X_k,\ k = 2,\cdots,n$$

$$\Longrightarrow \text{对每个 } n = 2,3,\cdots \text{ 有 } I_{A_{(n)}}(\tilde{x}_1, x_2, \cdots, x_n) = 0,$$

$$\forall x_k \in X_k,\ k = 2,\cdots,n$$

$$\Longrightarrow \text{对每个 } n = 2,3,\cdots \text{ 有 } \phi_1(\tilde{x}_1) = 0 \text{ (见(5.3.3)式)},$$

与 $\phi_1(\tilde{x}_1) > 0$ 矛盾. 总之,从"谬设"出发,可以推得:存在 $\tilde{x}_1 \in A_{(1)}$ 使

$$\phi_{1,n}(\tilde{x}_1) \geqslant \phi_1(\tilde{x}_1) > 0$$

对每个 $n=2,3,\cdots$ 成立.

对 $n=3,4,\cdots$,令

$$\phi_{2,n}(x_2) = \int_{X_3} p_3(\tilde{x}_1, x_2, \mathrm{d}x_3) \cdots \int_{X_n} I_{A_{(n)}}(\tilde{x}_1, x_2, \cdots, x_n) p_n(\tilde{x}_1, x_2, \cdots, x_{n-1}, \mathrm{d}x_n).$$

运用前面类似的推理得: $\phi_{2,n} \downarrow \phi_2$ 对某 X_2 上的函数 ϕ_2 成立,而且存在 $\tilde{x}_2 \in X_2$ 使 $(\tilde{x}_1, \tilde{x}_2) \in A_{(2)}$ 且

$$\phi_{2,n}(\tilde{x}_2) \geqslant \phi_2(\tilde{x}_2) > 0$$

对每个 $n=3,4,\cdots$ 成立.

如此继续下去,进行了 k 步以后,对 $n=k+1,k+2,\cdots$,令

$$\phi_{k,n}(x_k) = \int_{X_{k+1}} p_{k+1}(\tilde{x}_1, \cdots, \tilde{x}_{k-1}, x_k; \mathrm{d}x_{k+1}) \cdots \int_{X_n} I_{A_{(n)}}(\tilde{x}_1, \cdots, \tilde{x}_{k-1}, x_k, \cdots, x_n) \cdot p_n(\tilde{x}_1, \cdots, \tilde{x}_{k-1}, x_k, \cdots, x_{n-1}, \mathrm{d}x_n),$$

就有 X_k 上的函数 ϕ_k 使 $\phi_{k,n} \downarrow \phi_k$,而且存在 $\tilde{x}_k \in X_k$ 使

$$(\tilde{x}_1, \cdots, \tilde{x}_k) \in A_{(k)} \text{ 且 } \phi_{k,n}(\tilde{x}_k) \geqslant \phi_k(\tilde{x}_k) > 0$$

对每个 $n=k+1,k+2,\cdots$ 成立.

如此不断做下去,就得到了一个 $(\tilde{x}_1, \tilde{x}_2, \cdots) \in \prod_{k=1}^{\infty} X_k$ 使对每个 $k=1,2,\cdots$ 有 $(\tilde{x}_1, \cdots, \tilde{x}_k) \in A_{(k)}$,从而

$$(\tilde{x}_1, \tilde{x}_2, \cdots) \in A^{(k)} = \pi_{(k)}^{-1} A_{(k)}.$$

这与 $A^{(n)} \downarrow \varnothing$ 即 $\bigcap_{k=1}^{\infty} A^{(k)} = \varnothing$ 发生矛盾. 因此 P 是一个测度. 由 P 的

定义易见它是概率测度,(2)得证.

(3) 由于 P 是域 $\mathscr{A}$ 上的概率测度,根据测度扩张定理,它可以惟一地扩张到

$$\sigma(\mathscr{A}) = \prod_{k=1}^{\infty} \mathscr{F}_k$$

上去. 换句话说,在 $\left(\prod_{k=1}^{\infty} X_k, \prod_{k=1}^{\infty} \mathscr{F}_k\right)$ 上就有了惟一的概率测度 P 使 (5.3.2)式成立. □

3. 可列维乘积概率空间

作为定理 5.3.2 的推论,容易得到下列关于可列维乘积概率空间的乘积测度的 Kolmogorov 定理.

定理 5.3.3 对任何一列概率空间 $\{(X_k, \mathscr{F}_k, P_k), k=1,2,\cdots\}$, 在 $\left(\prod_{k=1}^{\infty} X_k, \prod_{k=1}^{\infty} \mathscr{F}_k\right)$ 上有惟一的概率测度 P 使对每个 $n=1,2,\cdots$ 和每一组 $A_1 \in \mathscr{F}_1, \cdots, A_n \in \mathscr{F}_n$ 有

$$P\left(\pi_{(n)}^{-1}\left(\prod_{k=1}^{n} A_k\right)\right) = \prod_{k=1}^{n} P_k(A_k).$$

*§4 任意无穷维乘积空间的概率测度

1. 任意无穷维乘积可测空间

设 $\{X_t, t \in T\}$ 是一族非空集合(空间), 指标集 T 含有无穷多个元素, 这些元素或者无法排定顺序或者即使能按某种方式排顺序也对此不予考虑. 族 $\{X_t, t \in T\}$ 的乘积定义为

$$\prod_{t \in T} X_t = \{x = \{x_t, t \in T\}: x_t \in X_t, \forall\, t \in T\},$$

称为**任意无穷维乘积空间**. 设 $S \subset T$, 称由 $\prod_{t \in T} X_t$ 到 $\prod_{t \in S} X_t$ 的映射

$$\pi_S\{x_t, t \in T\} = \{x_t, t \in S\}$$

为**投影映射**.

设对每个 $t \in T$, $\mathscr{F}_t$ 是由 X_t 中的集合形成的 σ 域. 把由 T 的所

有含有有限个元素的子集组成的集合系记为 $\mathscr{D}$. 令

$$\mathscr{Q} = \bigcup_{S\in\mathscr{D}} \left\{ \pi_S^{-1}\left(\prod_{t\in S} A_t \right) : A_t \in \mathscr{F}_t, \forall\, t \in S \right\}$$

并把其中的集合称为**有限维可测矩形柱集**. 由 $\mathscr{Q}$ 生成的 σ 域 $\sigma(\mathscr{Q})$ 将称为诸 σ 域$\{\mathscr{F}_t, t\in T\}$的乘积，记作

$$\prod_{t\in T} \mathscr{F}_t = \sigma(\mathscr{Q}).$$

可测空间$\left(\prod_{t\in T} X_t, \prod_{t\in T} \mathscr{F}_t \right)$将称为**可测空间**$\{(X_t, \mathscr{F}_t), t\in T\}$**的乘积**. 所谓的**任意无穷维乘积可测空间**就这样得到了定义.

2. 任意无穷维乘积 σ 域的性质

对任何正整数 n，把由所有含有 n 个元素的 T 的子集组成的集合系记为 $\mathscr{D}_n$. 易见 $\mathscr{D} = \bigcup_{n=1}^{\infty} \mathscr{D}_n$.

命题 5.4.1　对任何 $n=1,2,\cdots$和 $S\in\mathscr{D}_n$，

$$\mathscr{Q}_S \xlongequal{\text{def}} \left\{ \prod_{t\in S} A_t : A_t \in \mathscr{F}_t, \forall\, t \in S \right\}$$

是一个半环.

证明　对任何 $A,B\in\mathscr{Q}_S$，取$\{A_t, B_t\in\mathscr{F}_t, t\in S\}$使

$$A = \prod_{t\in S} A_t;\quad B = \prod_{t\in S} B_t.$$

易见

$$A \cap B = \prod_{t\in S} (A_t \cap B_t) \in \mathscr{Q}_S,$$

因而 $\mathscr{Q}_S$ 是一个 π 系. 如果 $A\supset B$，则对每个 $t\in S$ 有 $A_t\supset B_t$. 以 $\mathscr{C}$ 记由这样的$\{C_t, t\in S\}$组成的集合：对每个 $t\in S$，$C_t=B_t$ 或 $C_t=A_t\setminus B_t$. 不难验证：$\left\{ \prod_{t\in S} C_t : \{C_t, t\in S\}\in\mathscr{C} \right\}$是 $\mathscr{Q}_S$ 中 2^n 个两两不交的集合而且

$$A = \bigcup_{\{C_t, t\in S\}\in\mathscr{C}} \left\{ \prod_{t\in S} C_t \right\}.$$

注意$\{B_t, t\in S\}\in\mathscr{C}$，由上式即知 $A\setminus B$ 可以表成上式右端中除 $\prod_{t\in S} B_t$

以外的另 2^n-1 个两两不交集合之并. 由此可见 $\mathscr{Q}_S$ 是一个半环. □

比较命题 5.1.1 和命题 5.4.1 的证明，尽管一个是在有序乘积空间内而另一个是在无序乘积空间内讨论问题，但本质上是一样的. 这里之所以把命题 5.4.1 的详细证明过程写出来，有两个原因：一是在命题 5.1.1 的证明中只写了 $n=2$ 时的情况而未写一般情况；另一个则是为了使大家习惯无序时的表达方式.

命题 5.4.2 $\mathscr{Q}$ 是半环而且 $\prod_{t\in T}X_t\in\mathscr{Q}$.

证明 易见 $\prod_{t\in T}X_t\in\mathscr{Q}$，故只需证 $\mathscr{Q}$ 是一个半环. 设 $A,B\in\mathscr{Q}$. 则存在正整数 n 和 m，$S_A\in\mathscr{D}_n$ 和 $S_B\in\mathscr{D}_m$，以及 $\{A_t\in\mathscr{F}_t,\forall t\in S_A\}$ 和 $\{B_t\in\mathscr{F}_t,\forall t\in S_B\}$ 使

$$A=\pi_{S_A}^{-1}\left\{\prod_{t\in S_A}A_t\right\};\quad B=\pi_{S_B}^{-1}\left\{\prod_{t\in S_B}B_t\right\}.$$

令 $S=S_A\cup S_B$，并记

$$\hat{A}_t=\begin{cases}A_t, & t\in S_A,\\ X_t, & t\in S\backslash S_A,\end{cases}\qquad \hat{B}_t=\begin{cases}B_t, & t\in S_B,\\ X_t, & t\in S\backslash S_B\end{cases}$$

和 $k=\#(S)$，则不难验证：$\prod_{t\in S}\hat{A}_t$，$\prod_{t\in S}\hat{B}_t\in\mathscr{Q}_S$，$S\in\mathscr{D}_k$，$A=\pi_S^{-1}\left\{\prod_{t\in S}\hat{A}_t\right\}$ 和 $B=\pi_S^{-1}\left\{\prod_{t\in S}\hat{B}_t\right\}$. 于是由命题 5.4.1 推知

$$A\cap B=\pi_S^{-1}\left\{\left(\prod_{t\in S}\hat{A}_t\right)\cap\left(\prod_{t\in S}\hat{B}_t\right)\right\}\in\mathscr{Q},$$

而且当 $A\supset B$ 时 $A\backslash B$ 可表为 $\mathscr{Q}$ 中有限个不交集合的并. □

一般地，如果 $\pi_S^{-1}\left\{\prod_{t\in S}A_t\right\}$ 是一个有限维可测矩形柱集，则 $\prod_{t\in S}A_t$ 称为该柱集的**底**. 命题 5.4.2 证明的基本思路是把底的维数加以放大. 这种**底放大法**将在以后多次使用.

任给 $S\in\mathscr{D}$，定义 $\prod_{t\in S}\mathscr{F}_t=\sigma(\mathscr{Q}_S)$. 并把

$$\mathscr{A}=\bigcup_{S\in\mathscr{D}}\left\{\pi_S^{-1}(A):A\in\prod_{t\in S}\mathscr{F}_t\right\}$$

中的集合称为**有限维可测柱集**.

命题 5.4.3 $\mathscr{A}$ 是域且 $\mathscr{Q}\subset\mathscr{A}$.

证明 易见 $\prod_{t\in T}X_t\in\mathscr{A}$，故只需证 $\mathscr{A}$ 是一个环. 采用底放大法.

设 $A,B\in\mathscr{Q}$. 则存在正整数 n 和 m, $S_A\in\mathscr{D}_n$ 和 $S_B\in\mathscr{D}_m$,以及 $\widetilde{A}\in\prod\limits_{t\in S_A}\mathscr{F}_t$ 和 $\widetilde{B}\in\prod\limits_{t\in S_B}\mathscr{F}_t$ 使

$$A=\pi_{S_A}^{-1}\widetilde{A};\quad B=\pi_{S_B}^{-1}\widetilde{B}.$$

令 $S=S_A\cup S_B$ 并记

$$\hat{A}=\{\{x_t,t\in S\}:\{x_t,t\in S_A\}\in\widetilde{A};\ x_t\in X_t,\forall t\in S\backslash S_A\},$$

$$\hat{B}=\{\{x_t,t\in S\}:\{x_t,t\in S_B\}\in\widetilde{B};\ x_t\in X_t,\forall t\in S\backslash S_B\}$$

和 $k=\#(S)$. 不难验证：$\hat{A},\hat{B}\in\prod\limits_{t\in S}\mathscr{F}_t$, $S\in\mathscr{D}_k$, $A=\pi_S^{-1}\hat{A}$ 和 $B=\pi_S^{-1}\hat{B}$. 由于 $\prod\limits_{t\in S}\mathscr{F}_t$ 是 σ 域,故由 $\hat{A}\cup\hat{B},\hat{A}\backslash\hat{B}\in\prod\limits_{t\in S}\mathscr{F}_t$ 推出

$$A\cup B=\pi_S^{-1}(\hat{A}\cup\hat{B})\in\mathscr{A},$$

$$A\backslash B=\pi_S^{-1}(\hat{A}\backslash\hat{B})\in\mathscr{A}.\quad\square$$

以 $\mathscr{N}$ 记由 T 的所有含有可列个元素的子集组成的集合系,则对任何 $S\in\mathscr{N}$, $\{(X_t,\mathscr{F}_t),t\in S\}$ 作为一个由无穷个可测空间组成的族,其乘积 σ 域 $\prod\limits_{t\in S}\mathscr{F}_t$ 有定义. 我们把

$$\mathscr{F}_0=\bigcup_{S\in\mathscr{N}}\left\{\pi_S^{-1}(A):A\in\prod_{t\in S}\mathscr{F}_t\right\}$$

中的集合称为**可列维可测柱集**. 利用以上引进的概念,任意无穷维乘积可测空间的性质可以归纳如下.

命题 5.4.4　$\prod\limits_{t\in T}\mathscr{F}_t=\sigma\left(\bigcup\limits_{t\in T}\pi_t^{-1}\mathscr{F}_t\right)=\sigma(\mathscr{A})=\mathscr{F}_0.$

证明　建议遵循以下路线

$$\sigma\left(\bigcup_{t\in T}\pi_t^{-1}\mathscr{F}_t\right)\subset\prod_{t\in T}\mathscr{F}_t\subset\sigma(\mathscr{A})\subset\mathscr{F}_0\subset\sigma\left(\bigcup_{t\in T}\pi_t^{-1}\mathscr{F}_t\right)$$

来进行证明,其详细过程请读者自己写出.　$\square$

3. 可测映射

考虑从可测空间$(\Omega,\mathscr{S})$到乘积空间$\left(\prod\limits_{t\in T}X_t,\prod\limits_{t\in T}\mathscr{F}_t\right)$的可测映射. 那么容易得到定理 5.1.3 的下列推广.

定理 5.4.5　$f=\{f_t,t\in T\}$是从可测空间$(\Omega,\mathscr{S})$到乘积可测空间$\left(\prod\limits_{t\in T}X_t,\prod\limits_{t\in T}\mathscr{F}_t\right)$的可测映射当且仅当对每个 $t\in T$, f_t 是从

$(\Omega,\mathscr{S})$到$(X_t,\mathscr{F}_t)$的可测映射.

证明 留作习题. □

设$(X,\mathscr{F})$是可测空间而T是任意无穷集. 当对每个$t\in T$, $(X_t,\mathscr{F}_t)=(X,\mathscr{F})$时,乘积空间$\left(\prod_{t\in T}X_t,\prod_{t\in T}\mathscr{F}_t\right)$将记为$(X^T,\mathscr{F}^T)$. 如果$T$是$\boldsymbol{R}$的一个子集,那么由可测空间$(\Omega,\mathscr{S})$到$(\boldsymbol{R}^T,\mathscr{B}_{\boldsymbol{R}}^T)$的可测映射$f=\{f_t: t\in T\}$一般叫做**$T$上的随机过程**. 不难看出,$\boldsymbol{R}^T$中的每个元素都是一个定义在$T$上的实值函数. 随机过程在每个$\omega\in\Omega$处的值$f(\omega)=\{f_t(\omega): t\in T\}$称为它的一条**轨道**. 根据定理5.4.5, **$\{f_t,t\in T\}$是T上的随机过程当且仅当对每个$t\in T$, f_t是一个随机变量**.

4. 有限维概率测度族

设T是任意无穷集. 解决如何在"T维"乘积空间上建立概率测度的问题,必须对参与乘积的那些空间的拓扑性质有所要求. 虽然有更一般的结果,但我们只考虑最简单的情况:给定$(\boldsymbol{R}^T,\mathscr{B}_{\boldsymbol{R}}^T)$上的一族**有限维概率测度族**后,如何在它上面产生概率测度?

定义 5.4.1 称T上的一族有限维概率测度族

$$\{P_{t_1,\cdots,t_n}: t_1,\cdots,t_n\in T;n=1,2,\cdots\} \tag{5.4.1}$$

是**相容的**,如果它满足

(1) 对每个$n=1,2,\cdots$,每组$t_1,\cdots,t_n\in T$, $P_{t_1,\cdots,t_n}$是$\mathscr{B}_{\boldsymbol{R}}^n$上的概率测度;

(2) 对每个$n=1,2,\cdots$,每组$t_1,\cdots,t_n\in T$,每组$A_{t_1},\cdots,A_{t_n}\in\mathscr{B}_{\boldsymbol{R}}$和$t_1,\cdots,t_n$的每一重新排列$t(1),\cdots,t(n)$有

$$P_{t_1,\cdots,t_n}\left(\prod_{i=1}^n A_{t_i}\right)=P_{t(1),\cdots,t(n)}\left(\prod_{i=1}^n A_{t(i)}\right);$$

(3) 对每个$n=1,2,\cdots$,每组$t_1,\cdots,t_n,t_{n+1}\in T$和每组$A_{t_1},\cdots,A_{t_n}\in\mathscr{B}_{\boldsymbol{R}}$,有

$$P_{t_1,\cdots,t_n,t_{n+1}}\left(\prod_{i=1}^n A_{t_i}\times\boldsymbol{R}\right)=P_{t_1,\cdots,t_n}\left(\prod_{i=1}^n A_{t_i}\right).$$

5. Kolmogorov 相容性定理

首先证明一个在$(\boldsymbol{R}^\infty,\mathscr{B}_{\boldsymbol{R}}^\infty)$上产生概率测度的引理.引理的叙述和证明过程都沿用§3的记号.

引理 5.4.6 设概率测度族$\{P_{1,\cdots,n}: n=1,2,\cdots\}$满足条件

(1) 对每个$n=1,2,\cdots$, $P_{1,\cdots,n}$是$\mathscr{B}_{\boldsymbol{R}}^n$上的概率测度;

(2) 对每个$n=1,2,\cdots$和每组$A_1,\cdots,A_n\in\mathscr{B}_{\boldsymbol{R}}$,有

$$P_{1,\cdots,n+1}\left(\prod_{i=1}^n A_i\times\boldsymbol{R}\right)=P_{1,\cdots,n}\left(\prod_{i=1}^n A_i\right),$$

则在$(\boldsymbol{R}^\infty,\mathscr{B}_{\boldsymbol{R}}^\infty)$上有惟一的概率测度$P$,使对每个$n=1,2,\cdots$和每个$A\in\mathscr{B}_{\boldsymbol{R}}^n$,有

$$P\pi_{(n)}^{-1}(A)=P_{1,\cdots,n}(A).\tag{5.4.2}$$

证明 对每个$n=2,3,\cdots$,以$p_n(\cdot,\cdot)$记概率空间$(\boldsymbol{R}^n,\mathscr{B}_{\boldsymbol{R}}^n,P_{1,\cdots,n})$上的随机变量$\pi_n$关于随机向量$(\pi_1,\cdots,\pi_{n-1})$给定值的正则条件分布.不难看出,$p_n(\cdot,\cdot)$是由$(\boldsymbol{R}^{n-1},\mathscr{B}_{\boldsymbol{R}}^{n-1})$到$(\boldsymbol{R},\mathscr{B}_{\boldsymbol{R}})$的概率转移函数.由于$P_1$是$(\boldsymbol{R},\mathscr{B}_{\boldsymbol{R}})$上的概率测度,故从 Tulcea 定理推知:在$(\boldsymbol{R}^\infty,\mathscr{B}_{\boldsymbol{R}}^\infty)$上存在惟一的概率测度$P$,使对每个$n=1,2,\cdots$和每组$A_1,\cdots,A_n\in\mathscr{B}_{\boldsymbol{R}}$均有

$$P\pi_{(n)}^{-1}\left(\prod_{k=1}^n A_k\right)=\int_{A_1}P_1(\mathrm{d}x_1)\int_{A_2}p_2(x_1,\mathrm{d}x_2)\cdots\int_{A_n}p_n(x_1,\cdots,x_{n-1},\mathrm{d}x_n).\tag{5.4.3}$$

下面证明P满足(5.4.2)式.为此,只需证明:对每个$n=1,2,\cdots$和每个$A_1,\cdots,A_n\in\mathscr{B}_{\boldsymbol{R}}$,有

$$P_{1,\cdots,n}\left(\prod_{k=1}^n A_k\right)=\int_{A_1}P_1(\mathrm{d}x_1)\int_{A_2}p_2(x_1,\mathrm{d}x_2)\cdots\int_{A_n}p_n(x_1,\cdots,x_{n-1},\mathrm{d}x_n).\tag{5.4.4}$$

当$n=1$时,上式显然成立.设当$n=k$时(5.4.4)式成立.那么由定理5.1.9知

$$\int_{\boldsymbol{R}^k} f\mathrm{d}P_{1,\cdots,k} = \int_{\boldsymbol{R}} P_1(\mathrm{d}x_1)\int_{\boldsymbol{R}} p_2(x_1,\mathrm{d}x_2)$$

$$\cdots\int_{\boldsymbol{R}} f(x_1,\cdots,x_{k-1},x_k)\, p_k(x_1,\cdots,x_{k-1},\mathrm{d}x_k)$$

对$(\boldsymbol{R}^k,\mathscr{B}_{\boldsymbol{R}}^k)$上任何非负随机变量 f 成立. 特别地,对 $A_1,\cdots,A_{k+1}\in\mathscr{B}_{\boldsymbol{R}}$取

$$f(x_1,\cdots,x_k) = I_{\prod\limits_{i=1}^k A_i}(x_1,\cdots,x_k)\, p_{k+1}(x_1,\cdots,x_k,A_{k+1}),$$

并对每个 $i=1,\cdots,k$ 和每个 $x=(x_1,\cdots,x_{k+1})\in\boldsymbol{R}^{k+1}$,记

$$\pi_i^{k+1}(x_1,\cdots,x_{k+1}) = x_i.$$

则

$$\int_{A_1} P_1(\mathrm{d}x_1)\int_{A_2} p_2(x_1,\mathrm{d}x_2)\cdots\int_{A_{k+1}} p_{k+1}(x_1,\cdots,x_k,\mathrm{d}x_{k+1})$$

$$= \int_{\boldsymbol{R}} P_1(\mathrm{d}x_1)\int_{\boldsymbol{R}} p_2(x_1,\mathrm{d}x_2)$$

$$\cdots\int_{\boldsymbol{R}} f(x_1,\cdots,x_{k-1},x_k)\, p_k(x_1,\cdots,x_{k-1},\mathrm{d}x_k)$$

$$= \int_{\boldsymbol{R}^k} f\mathrm{d}P_{1,\cdots,k} \quad \text{(定理 5.1.9)}$$

$$= \int_{\boldsymbol{R}^k} I_{\prod\limits_{i=1}^k A_i}(\cdot)\, p_{k+1}(\cdot,A_{k+1})\mathrm{d}P_{1,\cdots,k}$$

$$= \int_{\prod\limits_{i=1}^k A_i} p_{k+1}(\cdot,A_{k+1})\mathrm{d}P_{1,\cdots,k+1}(\pi_1^{k+1},\cdots,\pi_k^{k+1})^{-1}$$

(条件(2))

$$= P_{1,\cdots,k+1}\left(\bigcap_{i=1}^{k+1}(\pi_i^{k+1})^{-1}A_i\right)$$

(正则条件分布的定义)

$$= P_{1,\cdots,k+1}\left(\prod_{i=1}^{k+1} A_i\right),$$

从而当 $n=k+1$ 时(5.4.4)式也成立. 这样,我们就用归纳法证明了引理. □

在定义 5.4.1 中, T 的任意有限个元素是按次序排列的. 但是,在任意无穷维乘积空间中 T 的元素是没有次序的. 因此,要利用相

容性条件来产生任意无穷维乘积空间的测度，在符号的使用上应该有点讲究．今后，花括号{ }用来表示由花括号里面的元素组成的集合，而圆括号( )则表示由里面的元素依次排列成的向量．设(5.4.1)式是$T=\{1,2,\cdots\}$上相容有限维概率测度族．对任何$n=1,2,\cdots$和任何$S=\{t_1,\cdots,t_n\}\in\mathscr{D}_n$，我们将定义$\mathscr{B}_{\boldsymbol{R}}^S$上的测度$P_S$，使对任何$\{A_t\in\mathscr{B}_{\boldsymbol{R}},t\in S\}$，有

$$P_S\left(\prod_{t\in S}A_t\right)=P_{t(1),\cdots,t(n)}\left(\prod_{i=1}^{n}A_{t(i)}\right),$$

其中$t(1)<\cdots<t(n)$是S中n个正整数按从小到大顺序的排列．

引理 5.4.7 对于$T=\{1,2,\cdots\}$上相容的有限维概率测度族(5.4.1)，存在$(\boldsymbol{R}^T,\mathscr{B}_{\boldsymbol{R}}^T)$上惟一的概率测度$\widetilde{P}$使对任何$S\in\mathscr{D}$和$A\in\mathscr{B}_{\boldsymbol{R}}^S$，有

$$\widetilde{P}\pi_S^{-1}(A)=P_S(A).\tag{5.4.5}$$

证明 由于相容有限维概率测度族(5.4.1)的子族$\{P_{1,\cdots,n}:n=1,2,\cdots\}$满足引理5.4.6的条件，故在$(\boldsymbol{R}^\infty,\mathscr{B}_{\boldsymbol{R}}^\infty)$上存在惟一的概率测度$P$，使(5.4.2)式对每个$n=1,2,\cdots$成立．这显然蕴含：对每个$n=1,2,\cdots$，每组$1\leqslant t(1)<\cdots<t(n)<\infty$和每组$A_{t(1)},\cdots,A_{t(n)}\in\mathscr{B}_{\boldsymbol{R}}$，有

$$P(\pi_{t(1)},\cdots,\pi_{t(n)})^{-1}\left(\prod_{k=1}^{n}A_{t(i)}\right)=P_{t(1),\cdots,t(n)}\left(\prod_{k=1}^{n}A_{t(i)}\right).\tag{5.4.6}$$

定义$\boldsymbol{R}^\infty$到$\boldsymbol{R}^T$的映射θ：对每个$(x_1,x_2,\cdots)\in\boldsymbol{R}^\infty$，

$$\theta((x_1,x_2,\cdots))=\{x_t,\ t\in T\}.$$

易见：θ是一对一的满映射，即对任何$\{x_t,t\in T\}\in\boldsymbol{R}^T$，存在惟一的$(x_1,x_2,\cdots)\in\boldsymbol{R}^\infty$使$\theta((x_1,x_2,\cdots))=\{x_t,t\in T\}$；$\theta$是双向可测映射，即$\theta$是由$\mathscr{B}_{\boldsymbol{R}}^\infty$到$\mathscr{B}_{\boldsymbol{R}}^T$的可测映射，而其逆映射$\theta^{-1}$是由$\mathscr{B}_{\boldsymbol{R}}^T$到$\mathscr{B}_{\boldsymbol{R}}^\infty$的可测映射．此外，对每个$n=1,2,\cdots$，每个$S=\{t_1,\cdots,t_n\}\in\mathscr{D}_n$和每个$\{A_t\in\mathscr{B}_{\boldsymbol{R}},t\in S\}$，以$1\leqslant t(1)<\cdots<t(n)<\infty$记$S=\{t_1,\cdots,t_n\}$中$n$个正整数$t_1,\cdots,t_n$按从小到大次序的排列，则有

$$\theta(\pi_{t(1)},\cdots,\pi_{t(n)})^{-1}\left(\prod_{i=1}^{n}A_{t(i)}\right)=\pi_S^{-1}\left(\prod_{t\in S}A_t\right).$$

于是，令$\widetilde{P}=P\theta^{-1}$，便得到

$$\begin{aligned}\widetilde{P}\pi_S^{-1}\Big(\prod_{t\in S}A_t\Big) &= P\theta^{-1}\pi_S^{-1}\Big(\prod_{t\in S}A_t\Big)\\ &= P(\pi_{t(1)},\cdots,\pi_{t(n)})^{-1}\Big(\prod_{i=1}^{n}A_{t(i)}\Big)\\ &= P_{t(1),\cdots,t(n)}\Big(\prod_{k=1}^{n}A_{t(k)}\Big)\quad(\text{用}(5.4.6))\\ &= P_S\Big(\prod_{t\in S}A_t\Big)\quad(\text{由 } P_S \text{ 的定义}).\end{aligned}$$

由此即推出(5.4.5)式. P 的惟一性决定了 $\widetilde{P}=P\theta^{-1}$的惟一性. □

设(5.4.1)式是任意无穷集 T 上的相容有限维概率测度族. 对任何 $n=1,2,\cdots$和任何 $S\in\mathscr{D}_n$,我们将定义 $\mathscr{B}_{\boldsymbol{R}}^S$上的测度 P_S 使对任何$\{A_t\in\mathscr{B}_{\boldsymbol{R}},t\in S\}$,有

$$P_S\Big(\prod_{t\in S}A_t\Big)=P_{t(1),\cdots,t(n)}\Big(\prod_{i=1}^{n}A_{t(i)}\Big),$$

其中 $t(1),\cdots,t(n)$是 S 中 n 个元素的按任何一种顺序的排列. 不难看出: 定义 5.4.1 之(2)保证了上述定义的一意性. 又容易从定义 5.4.1 推出这样定义出的概率测度族$\{P_S: S\in\mathscr{D}\}$满足: 任何满足 $S_0\subset S$ 的 $S_0,S\in\mathscr{D}$ 和$\{A_t\in\mathscr{B}_{\boldsymbol{R}},t\in S_0\}$,有

$$P_{S_0}\Big(\prod_{t\in S_0}A_t\Big)=P_S(\pi_{S_0}^S)^{-1}\Big(\prod_{t\in S_0}A_t\Big),\tag{5.4.7}$$

这里,对任何 $S\subset T_0\subset T$,$\pi_S^{T_0}$ 表示由 $\boldsymbol{R}^{T_0}$到 $\boldsymbol{R}^S$ 的投影:

$$\pi_S^{T_0}\{x_t,\ t\in T_0\}=\{x_t,\ t\in S\}.$$

定理 5.4.8(Kolmogorov 定理) 对任何无穷集 T 上相容的有限维概率测度族(5.4.1),存在$(\boldsymbol{R}^T,\mathscr{B}_{\boldsymbol{R}}^T)$上惟一的概率测度 P,使对每个 $S\in\mathscr{D}$ 和 $A\in\mathscr{B}_{\boldsymbol{R}}^S$有

$$P\pi_S^{-1}(A)=P_S(A).\tag{5.4.8}$$

证明 当 T 是可列集时,它的元素与$\{1,2,\cdots\}$有一一对应关系,故由引理 5.4.7 即知定理的结论成立. 因此,无妨设 T 是不可列的无穷集.

首先给出 P 的定义过程. 设 $A\in\mathscr{B}_{\boldsymbol{R}}^T$. 由命题 5.4.4 知,存在 $T_0\in\mathscr{N}$和 $A_0\in\mathscr{B}_{\boldsymbol{R}}^{T_0}$使 $A=\pi_{T_0}^{-1}A_0$. 对 T_0 上相容有限维概率测度族

$$\{P_{t_1,\cdots,t_n}: t_1,\cdots,t_n \in T_0;\ n = 1,2,\cdots\}$$

用引理 5.4.7 又知，存在 $(\boldsymbol{R}^{T_0},\mathscr{B}_{\boldsymbol{R}}^{T_0})$上惟一的概率测度 P_{T_0}，使对每个满足 $S\subset T_0$ 的 $S\in\mathscr{D}$ 和每个 $A\in\mathscr{B}_{\boldsymbol{R}}^{S}$ 有

$$P_{T_0}(\pi_S^{T_0})^{-1}(A) = P_S(A).$$

再对每个 $A\in\mathscr{B}_{\boldsymbol{R}}^{T}$，令

$$P(A) = P_{T_0}(A_0).$$

其次证明这样定义出来的 P 是一意的，也就是说，对任何 $A\in\mathscr{B}_{\boldsymbol{R}}^{T}$，如果存在 $T_1,T_2\in\mathscr{N}$，$A_1\in\mathscr{B}_{\boldsymbol{R}}^{T_1}$ 和 $A_2\in\mathscr{B}_{\boldsymbol{R}}^{T_2}$，使 $\pi_{T_1}^{-1}A_1=A=\pi_{T_2}^{-1}A_2$，则必有 $P_{T_1}(A_1)=P_{T_2}(A_2)$. 采用底放大法. 令 $T_0=T_1\cup T_2$，则由

$$\pi_{T_0}^{-1}((\pi_{T_1}^{T_0})^{-1}A_1) = \pi_{T_1}^{-1}A_1 = A = \pi_{T_2}^{-1}A_2 = \pi_{T_0}^{-1}((\pi_{T_2}^{T_0})^{-1}A_2)$$

推知$(\pi_{T_1}^{T_0})^{-1}A_1=(\pi_{T_2}^{T_0})^{-1}A_2$. 因此，为证 $P_{T_1}(A_1)=P_{T_2}(A_2)$，只需证

$$P_{T_0}((\pi_{T_i}^{T_0})^{-1}A_i) = P_{T_i}(A_i)$$

对 $i=1,2$ 均成立. 下面我们仅对 $i=1$ 写出证明. 记

$$\mathscr{E} = \{B \in \mathscr{B}_{\boldsymbol{R}}^{T_1}: P_{T_0}((\pi_{T_1}^{T_0})^{-1}B) = P_{T_1}(B)\}.$$

易证 $\mathscr{E}$ 是 λ 系. 由(5.4.7)式又不难见：对每个 $n=1,2,\cdots$，每个 $S\in\mathscr{D}_n$ 和每组$\{B_t\in\mathscr{B}_{\boldsymbol{R}},t\in S\}$，均有$(\pi_S^{T_1})^{-1}\left(\prod_{t\in S}B_t\right)\in\mathscr{E}$. 由于由一切形如$(\pi_S^{T_1})^{-1}\left(\prod_{t\in S}B_t\right)$之集组成 $\mathscr{B}_{\boldsymbol{R}}^{T_1}$中的半环(命题 5.4.2)，故由定理 1.2.4 推得 $\mathscr{E}=\mathscr{B}_{\boldsymbol{R}}^{T_1}$. P 的一意性得证.

最后证明 P 是 $\mathscr{B}_{\boldsymbol{R}}^{T}$上满足(5.4.8)式的概率测度. 设$\{A_n\in\mathscr{B}_{\boldsymbol{R}}^{T},n=1,2,\cdots\}$两两不交. 对每个 $n=1,2,\cdots$，取 $T_n\in\mathscr{N}$ 和 $B_n\in\mathscr{B}_{\boldsymbol{R}}^{T_n}$使 $A_n=\pi_{T_n}^{-1}B_n$，则 $T_0=\bigcup_{n=1}^{\infty}T_n\in\mathscr{N}$，对每个 $n=1,2,\cdots$有

$$A_n = \pi_{T_0}^{-1}((\pi_{T_n}^{T_0})^{-1}B_n),$$

而且$\{(\pi_{T_1}^{T_0})^{-1}B_n,n=1,2,\cdots\}$两两不交. 于是由定义的一意性推出

$$P\left(\bigcup_{n=1}^{\infty}A_n\right) = P_{T_0}\left(\bigcup_{n=1}^{\infty}(\pi_{T_n}^{T_0})^{-1}B_n\right)$$

$$= \sum_{n=1}^{\infty} P_{T_0}((\pi_{T_n}^{T_0})^{-1} B_n)$$

$$= \sum_{n=1}^{\infty} P_{T_n}(B_n)$$

$$= \sum_{n=1}^{\infty} P(A_n),$$

可见 P 有可列可加性. 另外,易见 $P(\varnothing)=0, P(\boldsymbol{R}^T)=1$ 和(5.4.8)式成立. 由(5.4.8)式、命题 5.4.4,以及相容性条件和测度扩张定理又可推出惟一性. □

6. 任意维乘积概率空间

设$\{P_t, t\in T\}$是$(\boldsymbol{R},\mathscr{B}_{\boldsymbol{R}})$上无穷个概率测度. 易见

$$\left\{P_{t_1,\cdots,t_n} \overset{\text{def}}{=\!=\!=} \prod_{i=1}^{n} P_{t_i}:\ t_1,\cdots,t_n \in T; n = 1,2,\cdots\right\}$$

是一个 T 上的相容有限维概率测度族. 把 Kolmogorov 定理用于该概率测度族,可以得到

定理 5.4.9　对任意无穷个$(\boldsymbol{R},\mathscr{B}_{\boldsymbol{R}})$上的概率测度$\{P_t, t\in T\}$,存在$(\boldsymbol{R}^T,\mathscr{B}_{\boldsymbol{R}}^T)$上惟一的概率测度 P,使对每个 $n=1,2,\cdots$,每个 $S=\{t_1,\cdots,t_n\}\in\mathscr{D}_n$ 和 $A\in\mathscr{B}_{\boldsymbol{R}}^S$,均有

$$P\pi_S^{-1}(A) = \left(\prod_{i=1}^{n} P_{t_i}\right)(A).$$

习　题　5

1. 对 $k=1,2$,设 $A_k, B_k\subset X_k$. 证明:

(1) $A_1\times A_2=\varnothing \Longleftrightarrow A_1=\varnothing$ 或 $A_2=\varnothing$.

(2) 如果 $A_1\times A_2\neq\varnothing$,则

$A_1 \times A_2 \subset B_1 \times B_2 \Longleftrightarrow A_k \subset B_k$ 对 $k = 1,2$ 均成立;

$A_1 \times A_2 = B_1 \times B_2 \Longleftrightarrow A_k = B_k$ 对 $k = 1,2$ 均成立.

(3) $(A_1\times A_2)\cap(B_1\times B_2)=(A_1\cap B_1)\times(A_2\cap B_2)$.

2. 设 $A, A_n\subset X_1\times X_2$. 证明:

$$A^c|_{x_1} = (A|_{x_1})^c; \quad \left(\bigcup_n A_n\right)\Big|_{x_1} = \bigcup_n A_n|_{x_1}.$$

3. 对 $k=1,2$,设 $\mathscr{Q}_k$ 是 X_k 上的半环.证明

$$\mathscr{Q} = \{A_1 \times A_2: A_k \in \mathscr{Q}_k,\ k = 1,2\}$$

是 $X_1 \times X_2$ 上的半环.

4. 用典型方法完成定理 5.1.4 之(2)的证明.

5. 设 F 是一个二元分布函数.证明:在$(\boldsymbol{R}^2, \mathscr{B}_{\boldsymbol{R}}^2)$上有惟一的概率测度 P 使对每个 $x_1, x_2 \in \boldsymbol{R}$ 有

$$P((-\infty, x_1] \times (-\infty, x_2]) = F(x_1, x_2).$$

6. 证明本章 §1 例 2 中 f 的重积分不存在.

7. 对任何 $0<a<b<\infty$,证明:$\int_0^1 \frac{x^b - x^a}{\ln x} \mathrm{d}x = \ln \frac{1+b}{1+a}$.

8. 试求准分布函数 F 和 G 在开区间(a,b)、右开左闭区间$[a,b)$和闭区间$[a,b]$上的分部积分公式.

9. 证明:如果 F 是一个连续分布函数,则 $\int_{\boldsymbol{R}} F(x)F(\mathrm{d}x) = \frac{1}{2}$.

10. 证明:对于测度空间$(X, \mathscr{F}, \mu)$上的非负可测函数 f 和实数 $\alpha>0$,总有

$$\int_X f^\alpha \mathrm{d}\mu = \alpha \int_0^\infty t^{\alpha-1} \mu(f > t) \mathrm{d}t.$$

11. 设$(X_1, \widetilde{\mathscr{F}}_1, \widetilde{\mu}_1)$和$(X_2, \widetilde{\mathscr{F}}_2, \widetilde{\mu}_2)$分别是 σ 有限测度空间$(X_1, \mathscr{F}_1, \mu_1)$和$(X_2, \mathscr{F}_2, \mu_2)$的完全化测度空间.令

$$(X, \mathscr{F}, \mu) = (X_1 \times X_2, \mathscr{F}_1 \times \mathscr{F}_2, \mu_1 \times \mu_2),$$

并以$(X, \widetilde{\mathscr{F}}, \widetilde{\mu})$记它的完全化测度空间.又设$(X, \widetilde{\mathscr{F}}, \widetilde{\mu})$上可测函数 $\widetilde{f}$ 的积分存在.证明:

(1) 以 N_1 记所有这样的 $x_1 \in X_1$ 的集合,它使 $\widetilde{f}(x_1, \cdot)$作为 X_2 上的函数是关于 $\widetilde{\mathscr{F}}_2$ 可测的,则 $\widetilde{\mu}_1(N_1^c)=0$;同样,以 N_2 记所有这样的 $x_2 \in X_2$ 的集合,它使 $\widetilde{f}(\cdot, x_2)$作为 X_1 上的函数是关于 $\widetilde{\mathscr{F}}_1$ 可测的,则 $\widetilde{\mu}_2(N_2^c)=0$.

(2) 下列重积分化为累次积分的公式:

$$\int_X \widetilde{f}\mathrm{d}\widetilde{\mu}=\int_{X_1}\widetilde{\mu}_1(\mathrm{d}x_1)\int_{X_2}\widetilde{f}(x_1,x_2)\widetilde{\mu}_2(\mathrm{d}x_2)$$
$$=\int_{X_2}\widetilde{\mu}_2(\mathrm{d}x_2)\int_{X_1}\widetilde{f}(x_1,x_2)\widetilde{\mu}_1(\mathrm{d}x_1).$$

12. 对 $n=2$ 的情况证明命题 5.2.1、命题 5.2.2 和命题 5.2.3.

13. 设随机向量 $(f_1,\cdots,f_n)$ 是离散型的,即存在

$$D\overset{\text{def}}{=\!=\!=}\{(a_{1,k},\cdots,a_{n,k}),\ k=1,2,\cdots\}$$

使 $P(D)=1$. 试求 $(f_1,\cdots,f_n)$ 独立的必要充分条件.

14. 设随机向量 $(f_1,\cdots,f_n)$ 是连续型的,即存在 L-S 可测函数 p 使对任何 $x_1,\cdots,x_n\in\boldsymbol{R}$ 有

$$P(f_1\leqslant x_1,\cdots,f_n\leqslant x_n)=\int_{-\infty}^{x_1}\cdots\int_{-\infty}^{x_n}p(y_1,\cdots,y_n)\mathrm{d}y_1\cdots\mathrm{d}y_n.$$

试求 $(f_1,\cdots,f_n)$ 独立的必要充分条件.

15. 设 $F_1,\cdots,F_n$ 是一元分布函数. 证明:存在一个概率空间 $(X,\mathscr{F},P)$ 和它上面的独立随机变量 $f_1,\cdots,f_n$ 使对每个 $k=1,\cdots,n$, f_k 的分布函数恰为 F_k.

16. 证明推论 5.2.6.

17. 证明命题 5.2.7.

18. 随机变量 f 和 g 相互独立同分布. 证明:

$$\mathrm{E}(f|f+g)=\mathrm{E}(g|f+g)=(f+g)/2\ \text{a.s.}$$

19. 设 $(\boldsymbol{R}^n,\mathscr{B}_{\boldsymbol{R}}^n,P)$ 是一个概率空间. 证明:存在 $(\boldsymbol{R},\mathscr{B}_{\boldsymbol{R}})$ 上的概率测度 P_1,又对每个 $k=1,\cdots,n-1$,存在由 $(\boldsymbol{R}^k,\mathscr{B}_{\boldsymbol{R}}^k)$ 到 $(\boldsymbol{R},\mathscr{B}_{\boldsymbol{R}})$ 概率转移函数 $p_{k+1}(\cdot,\cdot)$ 使

$$P\left(\prod_{k=1}^n A_k\right)=\int_{A_1}P_1(\mathrm{d}x_1)\int_{A_2}p_2(x_1,\mathrm{d}x_2)\cdots\int_{A_n}p_n(x_1,\cdots,x_{n-1},\mathrm{d}x_n)$$

对任何 $A_1,\cdots,A_n\in\mathscr{B}_{\boldsymbol{R}}$ 成立.

20. 证明命题 5.3.1 之(1)和(2).

21. 证明定理 5.3.3.

22. 设 $\{F_n,n=1,2,\cdots\}$ 是一元分布函数列. 证明:存在一个概率空间 $(X,\mathscr{F},P)$ 和它上面的独立随机变量序列 $\{f_n,n=1,2,\cdots\}$,使对每个 $n=1,2,\cdots$, f_n 的分布函数恰为 F_n.

23. 写出命题 5.4.4 的详细证明.

24. 证明定理 5.4.5.

25. 设 T 是任意无穷集. T 的有限子集上的概率测度族 $\{P_S: S\in\mathscr{D}\}$ 称为是相容的,如果

(1) 对每个 $S\in\mathscr{D}$, P_S 是 $(\boldsymbol{R}^S, \mathscr{B}_{\boldsymbol{R}}^S)$ 上的概率测度;

(2) 任何满足 $S_0\subset S$ 的 $S_0, S\in\mathscr{D}$ 和 $\{A_t\in\mathscr{B}_{\boldsymbol{R}}, t\in S_0\}$,有

$$P_{S_0}\left(\prod_{t\in S_0}A_t\right) = P_S(\pi_{S_0}^S)^{-1}\left(\prod_{t\in S_0}A_t\right).$$

证明:给定一个 T 的有限集上相容的概率测度族,可以惟一地决定一个相容的有限维概率测度族;反之亦然.

26. 证明随机过程的存在定理:设 T 是任意无穷集而

$$\{P_{t_1,\cdots,t_n}, t_1, \cdots, t_n \in T, n = 1,2,\cdots\}$$

是它上面的相容有限维概率测度族,则存在一个概率空间 $(\Omega,\mathscr{S},P)$ 以及它上面的随机过程 $\{f_t, t\in T\}$,使得对每个 $n=1,2,\cdots$,每组 $t_1,\cdots,t_n\in T$ 和每组 $A_{t_1},\cdots,A_{t_n}\in\mathscr{B}_{\boldsymbol{R}}$,有

$$P(f_{t_i}\in A_{t_i}, i=1,\cdots,n) = P_{t_1,\cdots,t_n}\left(\prod_{i=1}^n A_{t_i}\right).$$

27. 设 $T\subset\boldsymbol{R}$ 是任意无穷集;

$$\{F_{t_1,\cdots,t_n}: t_1,\cdots,t_n\in T, t_1<\cdots<t_n; n=1,2,\cdots\}$$

是 T 上的分布函数族. 证明:如果对每个 $n=2,3,\cdots$ 和每组满足 $t_1<\cdots<t_n$ 的 $t_1,\cdots,t_n\in T$,有

$$F_{t_1,\cdots,t_n}(\underbrace{\cdot,\cdots,\cdot}_{i-1},\infty,\underbrace{\cdot,\cdots,\cdot}_{n-i}) = F_{t_1,\cdots,t_{i-1},t_{i+1},\cdots,t_n}(\underbrace{\cdot,\cdots,\cdot}_{n-1}),$$

则存在一个概率空间 $(\Omega,\mathscr{S},P)$ 以及它上面的随机过程 $\{f_t, t\in T\}$,使对每个 $n=1,2,\cdots$,每组 $t_1,\cdots,t_n\in T$, $t_1<\cdots<t_n$ 和每组 $x_1,\cdots,x_n\in\boldsymbol{R}$,有

$$P(f_{t_i}\leqslant x_i, i=1,\cdots,n) = F_{t_1,\cdots,t_n}(x_1,\cdots,x_n).$$

28. 设 T 是任意无穷集而 $\{F_t, t\in T\}$ 是一族一维分布函数. 证明:存在一个概率空间 $(X,\mathscr{F},P)$ 和定义在它上面的独立随机变量族 $\{f_t, t\in T\}$,使对每个 $t\in T$, f_t 的分布函数恰为 F_t.

*第六章　独立随机变量序列

初等概率论的主要内容是分别对离散型和连续型随机变量，讨论其概率分布的描述和计算其数字特征.虽然也提到过一些大数定律和中心极限定理，但对于随机变量序列的各种收敛性的概念并没有也不可能作明确的定义，更谈不上对定理作严格的证明.独立随机变量序列部分和收敛性的研究不仅在概率论中有基本的意义，在数理统计中也有许多应用.作为测度论应用到概率论的一个例子，本章将对独立随机变量序列部分和的收敛性进行初步但是严格的讨论.

§1　零壹律和三级数定理

设$\{f_n,n=1,2,\cdots\}$是概率空间$(X,\mathscr{F},P)$上的随机变量序列.对每个$n=1,2,\cdots$，记

$$\mathscr{G}_n=\sigma(\{f_k,k=n,n+1,\cdots\}),$$

则$\mathscr{G}_n$是$\mathscr{F}$的子σ域.它们的交

$$\mathscr{G}\overset{\text{def}}{=\!=\!=}\bigcap_{n=1}^{\infty}\mathscr{G}_n$$

还是一个$\mathscr{F}$的子σ域，称之为随机变量序列$\{f_n,n=1,2,\cdots\}$的**尾σ域**.尾σ域中的事件称为**尾事件**；关于尾σ域$\mathscr{G}$可测的随机变量称为**尾随机变量**.

例 1　设$\{f_n,n=1,2,\cdots\}$是一串随机变量序列.则对任何$x\in X$，$\lim\limits_{n\to\infty}f_n(x)$存在当且仅当对任何正整数$N$，$\lim\limits_{n\to\infty}f_{n+N}(x)$存在.因此，对每个$N=1,2,\cdots$有

$$\{\lim_{n\to\infty}f_n\exists\}=\{\lim_{n\to\infty}f_{n+N}\exists\}\in\mathscr{G}_N.$$

这表明$\{\lim\limits_{n\to\infty}f_n\exists\}\in\mathscr{G}$，即$\{\lim\limits_{n\to\infty}f_n\exists\}$是一个尾事件.类似地可以证明：诸如“随机变量级数$\sum\limits_{n=1}^{\infty}f_n$收敛”，“随机变量序列前$n$项的平均数当

$n\to\infty$时的极限 $\lim\limits_{n\to\infty}\frac{1}{n}\sum\limits_{k=1}^{n}f_k$ 存在"等等都是尾事件.

例 2 设$\{f_n,n=1,2,\cdots\}$是一串随机变量序列. 设$a\in\boldsymbol{R}$,对每个$N=1,2,\cdots$有

$$\{\liminf_{n\to\infty}f_n>a\}=\{\liminf_{n\to\infty}f_{n+N}>a\}\in\mathscr{G}_N.$$

这表明$\{\liminf\limits_{n\to\infty}f_n>a\}\in\mathscr{G}$,故 $\liminf\limits_{n\to\infty}f_n$ 是一个尾随机变量. 类似地可以证明:

$$\limsup_{n\to\infty}f_n,\quad \liminf_{n\to\infty}\frac{1}{n}\sum_{k=1}^{n}f_k,\quad \limsup_{n\to\infty}\frac{1}{n}\sum_{k=1}^{n}f_k$$

等都是尾随机变量.

对于一般的随机变量序列而言,尾事件的概率可以是区间[0,1]内的任何一个数,但是,独立随机变量序列却有下列 Kolmogorov 零壹律所描述的特殊性质.

定理 6.1.1 独立随机变量序列任一尾事件的概率非 0 即 1,任一尾随机变量 a.s. 为一个常数.

证明 对每个 $n=1,2,\cdots$,记 $\mathscr{F}_n=\sigma(f_1,\cdots,f_n)$. 由推论 5.2.5 知 $\mathscr{F}_n$ 与 $\mathscr{G}_{n+1}$独立. 但是 $\mathscr{G}\subset\mathscr{G}_{n+1}$,故对每个 $n=1,2,\cdots$, $\mathscr{F}_n$ 与 $\mathscr{G}$ 独立. 再应用定理 5.2.4,就进而推出 $\mathscr{F}_\infty\xlongequal{\text{def}}\sigma\left(\bigcup\limits_{n=1}^{\infty}\mathscr{F}_n\right)$ 与 $\mathscr{G}$ 独立. 于是,对任何 $A\in\mathscr{G}$,表 $A=A\cap A$,并把其右端的第一个 A 当作 $\mathscr{F}_\infty$ 中的集合(因为 $\mathscr{G}\subset\mathscr{F}_\infty$,故这是对的),把右端的第二个 A 当作 $\mathscr{G}$ 中的集合,就得到

$$P(A)=P(A\cap A)=P^2(A),$$

可见 $P(A)=0$ 或 1. 第一个结论得证. 如果 g 是一个尾随机变量,那么对任何 $a\in\boldsymbol{R}$,事件$\{g\leqslant a\}$是一个尾事件,因而 $P(g\leqslant a)=0$ 或 1. 由此不难看出:令

$$a_0=\inf\{a\in\boldsymbol{R}:P(g\leqslant a)=1\},$$

则对任何满足 $P(g\leqslant a)=1$ 之 $a\in\boldsymbol{R}$ 有 $a\geqslant a_0$,从而由分布函数的右连续性推知

$$P(g\leqslant a_0)=\lim_{a\downarrow a_0}P(g\leqslant a)=1.$$

另一方面,对任何 $a<a_0$ 有 $P(g\leqslant a)=0$,因而

$$P(g < a_0) = \lim_{n\to\infty} P(g \leqslant a_0 - 1/n) = 0.$$

两式合并即得 $P(g=a_0)=1$. 第二个结论亦得证. □

Kolmogorov 零壹律证起来不能说很难,但是说明的问题却不少. 例如,如果 $\{f_n, n=1,2,\cdots\}$ 是一个独立随机变量序列,那么 $\sum_{n=1}^{\infty} f_n$ 要么 a.s. 收敛,要么 a.s. 发散. 它不可能以正概率收敛而同时又以正概率发散,因为"随机变量级数 $\sum_{n=1}^{\infty} f_n$ 收敛"是一个尾事件! 又例如,对于独立随机变量序列 $\{f_n, n=1,2,\cdots\}$,如果 $\lim_{n\to\infty}\frac{1}{n}\sum_{k=1}^{n} f_k$ a.s. 存在的话,那么它只能 a.s. 地是一个常数而决不可能是一个非常数的随机变量,因为 $\liminf_{n\to\infty}\frac{1}{n}\sum_{k=1}^{n} f_k$ 和 $\limsup_{n\to\infty}\frac{1}{n}\sum_{k=1}^{n} f_k$ 都是尾随机变量!

设 $\{A_n, n=1,2,\cdots\}\subset\mathscr{F}$. 令 $\{f_n=I_{A_n}, n=1,2,\cdots\}$,则不难看出

$$\limsup_{n\to\infty} A_n = \left\{\sum_{n=1}^{\infty} f_n = \infty\right\}.$$

如果事件 $\{A_n, n=1,2,\cdots\}\subset\mathscr{F}$ 是相互独立的,则根据前面的分析,由 Kolmogorov 零壹律可以得到

$$P(\limsup_{n\to\infty} A_n) = 0 \text{ 或 } 1.$$

这样就引发了一个进一步的问题:如何判断 $P(\limsup_{n\to\infty} A_n)$ 什么时候是 0,什么时候是 1 呢?下列 Borel-Cantelli 引理对此作出了回答.

定理 6.1.2 (Borel-Cantelli 引理) 设 $\{A_n, n=1,2,\cdots\}\subset\mathscr{F}$.

(1) 如果 $\sum_{n=1}^{\infty} P(A_n)<\infty$,则

$$P(\limsup_{n\to\infty} A_n)=0;$$

(2) 如果 $\{A_n, n=1,2,\cdots\}$ 独立且 $\sum_{n=1}^{\infty} P(A_n)=\infty$,则

$$P(\limsup_{n\to\infty} A_n)=1.$$

证明 (1) 由下列推导立得:

$$P(\limsup_{n\to\infty} A_n)= P\left(\bigcap_{n=1}^{\infty}\bigcup_{m=n}^{\infty} A_m\right) = \lim_{n\to\infty} P\left(\bigcup_{m=n}^{\infty} A_m\right)$$

$$\leqslant \lim_{n\to\infty}\sum_{m=n}^{\infty}P(A_m)=0.$$

为证(2),注意

$$P((\limsup_{n\to\infty}A_n)^c)=P\left(\bigcup_{n=1}^{\infty}\bigcap_{m=n}^{\infty}A_m^c\right)=\lim_{n\to\infty}P\left(\bigcap_{m=n}^{\infty}A_m^c\right)$$

$$=\lim_{n\to\infty}\lim_{k\to\infty}P\left(\bigcap_{m=n}^{k}A_m^c\right)=\lim_{n\to\infty}\lim_{k\to\infty}\prod_{m=n}^{k}[1-P(A_m)]$$

$$=\lim_{n\to\infty}\lim_{k\to\infty}\exp\left\{\sum_{m=n}^{k}\ln[1-P(A_m)]\right\}$$

$$\leqslant\lim_{n\to\infty}\lim_{k\to\infty}\exp\left\{-\sum_{m=n}^{k}P(A_m)\right\}$$

$$=\lim_{n\to\infty}\exp\left\{-\sum_{m=n}^{\infty}P(A_m)\right\}=0$$

即可. □

设$\{f_n\}$是独立随机变量序列. 本节的下一个任务是寻求级数 $\sum_{n=1}^{\infty}f_n$ a.s.收敛的必要充分条件. 今后,对每个$n=1,2,\cdots$,记

$$S_n=\sum_{k=1}^{n}f_k,$$

并把它们称为$\{f_n\}$的**部分和**.

引理 6.1.3　对任何随机变量序列$\{f_n\}$, $\sum_{n=1}^{\infty}f_n$ a.s.收敛当且仅当对任给$\varepsilon>0$有

$$\lim_{n\to\infty}\lim_{N\to\infty}P(\max_{n\leqslant l\leqslant N}|S_l-S_n|\geqslant\varepsilon)=0. \tag{6.1.1}$$

证明　对每个$m,n=1,2,\cdots$和$N=n,n+1,\cdots$,记

$$D_{m,n,N}=\{\max_{n\leqslant i,j\leqslant N}|S_i-S_j|>1/m\},$$

则

$$D\overset{\text{def}}{=\!=}\left\{\sum_{n=1}^{\infty}f_n\text{发散}\right\}=\bigcup_{m=1}^{\infty}\bigcap_{n=1}^{\infty}\bigcup_{N=n}^{\infty}D_{m,n,N}.$$

注意对任给$\varepsilon>0$,有

$$\{\max_{n\leqslant l\leqslant N}|S_l-S_n|\geqslant\varepsilon\}\subset\{\max_{n\leqslant i,j\leqslant N}|S_i-S_j|\geqslant\varepsilon\}$$

$$\subset \{\max_{n\leqslant i\leqslant N}|S_i - S_n| \geqslant \varepsilon/2\},$$

我们得

$$\sum_{n=1}^{\infty} f_n \text{ a.s. 收敛} \Longleftrightarrow P(D) = 0$$

$$\Longleftrightarrow \lim_{m\to\infty}\lim_{n\to\infty}\lim_{N\to\infty} P(D_{m,n,N}) = 0$$

$$\Longleftrightarrow \lim_{n\to\infty}\lim_{N\to\infty} P(\max_{n\leqslant i,j\leqslant N}|S_i - S_j| \geqslant \varepsilon) = 0$$

$$\Longleftrightarrow \lim_{n\to\infty}\lim_{N\to\infty} P(\max_{n\leqslant l\leqslant N}|S_l - S_n| \geqslant \varepsilon) = 0.$$

从而结论得证. □

设 $f\in L_2(X,\mathscr{F},P)$. 大家知道,对于方差有著名的 Chebyshev 不等式: 对任给 $\varepsilon>0$,有

$$P(|f - \mathrm{E}f| \geqslant \varepsilon) \leqslant \frac{\mathrm{var}f}{\varepsilon^2}.$$

下列引理的前半部分可以看作是 Chebyshev 不等式的推广. 引理的后半部分要用到随机变量**非退化**的概念: 对于随机变量 f,如果存在 $a\in\boldsymbol{R}$ 使 $f\equiv a$ a.s. ,则称它为(在 a 处)**退化的**;否则,称为**非退化的**. 容易证明: f 是非退化的当且仅当它的方差存在而且 $\mathrm{var}f>0$.

引理 6.1.4 设随机变量 $f_1,\cdots,f_n$ 相互独立. 如果 $\mathrm{E}f_k=0$ 和 $\sigma_k^2 \xlongequal{\text{def}} \mathrm{var}f_k<\infty$ 对每个 $k=1,\cdots,n$ 均成立,则对任给 $\varepsilon>0$ 有

$$P(\max_{1\leqslant k\leqslant n}|S_k| \geqslant \varepsilon) \leqslant \frac{1}{\varepsilon^2}\sum_{k=1}^{n}\sigma_k^2; \tag{6.1.2}$$

如果 $|f_k|\leqslant C$ a.s. 对每个 $k=1,\cdots,n$ 成立,且至少存在一个 k 使 f_k 非退化,则对任给 $\varepsilon>0$,有

$$P(\max_{1\leqslant k\leqslant n}|S_k| < \varepsilon) \leqslant (C+\varepsilon)\Big/\sum_{k=1}^{n}\sigma_k^2. \tag{6.1.3}$$

证明 对每个 $k=1,\cdots,n$,令

$$A_k = \{|S_1| < \varepsilon,\cdots,|S_{k-1}| < \varepsilon;\ |S_k| \geqslant \varepsilon\},$$

则 A_k 关于 $\sigma(S_1,\cdots,S_k)$ 可测且

$$A \xlongequal{\text{def}} \{\max_{1\leqslant k\leqslant n}|S_k| \geqslant \varepsilon\} = \bigcup_{k=1}^{n} A_k.$$

由独立性易得

$$\mathrm{E}(S_n - S_k)S_k I_{A_k} = \mathrm{E}(S_n - S_k)\cdot \mathrm{E}S_k I_{A_k} = 0,$$

$$\mathrm{E}(S_n - S_k)^2 I_{A_k} = \mathrm{E}(S_n - S_k)^2 \cdot \mathrm{E}I_{A_k} = P(A_k)\sum_{i=k+1}^{n}\sigma_i^2,$$

因而

$$\begin{aligned}\mathrm{E}S_n^2 I_{A_k} &= \mathrm{E}(S_k + S_n - S_k)^2 I_{A_k}\\ &= \mathrm{E}S_k^2 I_{A_k} + 2\mathrm{E}(S_n - S_k)S_k I_{A_k}\\ &\quad + \mathrm{E}(S_n - S_k)^2 I_{A_k}\\ &= \mathrm{E}S_k^2 I_{A_k} + P(A_k)\sum_{i=k+1}^{n}\sigma_i^2\\ &\geqslant \mathrm{E}S_k^2 I_{A_k}.\end{aligned} \tag{6.1.4}$$

由此可见，

$$\begin{aligned}P(\max_{1\leqslant k\leqslant n}|S_k| \geqslant \varepsilon) &= P\Big(\bigcup_{k=1}^{n} A_k\Big)\\ &= \sum_{k=1}^{n} P(A_k) = \sum_{k=1}^{n}\mathrm{E}I_{A_k}\\ &\leqslant \frac{1}{\varepsilon^2}\sum_{k=1}^{n}\mathrm{E}S_k^2 I_{A_k} \quad (\text{在 } A_k \text{ 上 } |S_k| \geqslant \varepsilon)\\ &\leqslant \frac{1}{\varepsilon^2}\sum_{k=1}^{n}\mathrm{E}S_n^2 I_{A_k} \quad (\text{用(6.1.4)式})\\ &= \frac{\mathrm{E}S_n^2 I_A}{\varepsilon^2} \leqslant \frac{\mathrm{E}S_n^2}{\varepsilon^2} = \frac{1}{\varepsilon^2}\sum_{k=1}^{n}\sigma_k^2,\end{aligned}$$

(6.1.2)式得证. 如果 $|f_k| \leqslant C$ a.s. 对每个 $k=1,\cdots,n$ 成立，则

$$\begin{aligned}\mathrm{E}S_n^2 I_A &= \sum_{k=1}^{n}\mathrm{E}S_n^2 I_{A_k}\\ &= \sum_{k=1}^{n}\mathrm{E}S_k^2 I_{A_k} + \sum_{k=1}^{n}P(A_k)\sum_{i=k+1}^{n}\sigma_i^2\\ &\qquad (\text{用(6.1.4)式})\\ &\leqslant \Big[(C+\varepsilon)^2 + \sum_{i=k+1}^{n}\sigma_k^2\Big]\sum_{k=1}^{n}P(A_k)\\ &\qquad (\text{在 } A_k \text{ 上 } |S_k| \leqslant |f_k| + |S_{k-1}| \leqslant C + \varepsilon)\end{aligned}$$

$$\leqslant \left[(C+\varepsilon)^2 + \sum_{k=1}^{n} \sigma_k^2 \right] P(A),$$

因而

$$\sum_{k=1}^{n} \sigma_k^2 = \mathrm{E}S_n^2 = \mathrm{E}S_n^2 I_A + \mathrm{E}S_n^2 I_{A^c}$$

$$\leqslant \left[(C+\varepsilon)^2 + \sum_{k=1}^{n} \sigma_k^2 \right] P(A) + \varepsilon^2 P(A^c)$$

$$\leqslant (C+\varepsilon)^2 + P(A) \sum_{k=1}^{n} \sigma_k^2.$$

如果存在 k 使 f_k 非退化，则 $\sum\limits_{k=1}^{n} \sigma_k^2 > 0$，因而上式等价于(6.1.3). □

设 f 是概率空间$(X,\mathscr{F},P)$上的随机变量.在今后的讨论中，我们将假定 f 赖以定义的那个概率空间是如此之“大”，在它上面定义着一个与 f 独立同分布的随机变量 f'，因而也定义着 f 的**对称化随机变量** $f^s \xlongequal{\text{def}} f-f'$.这样的假定并不会失去一般性.事实上，如果$(X,\mathscr{F},P)$没有想像的那么“大”，就在乘积测度空间$(X^2,\mathscr{F}^2,P^2)$上定义两个随机变量

$$g(x,y) = f(x), \quad \forall\ (x,y) \in X^2;$$

$$g'(x,y) = f(y), \quad \forall\ (x,y) \in X^2.$$

那么这两个随机变量 g,g' 显然相互独立而且都与 f 有相同的分布.以 g 代替 f，则分布的性质并未有任何改变，而 g 赖以定义的概率空间却被“放大”到符合以上的要求.类似的技巧也用到随机变量序列上.设$\{f_n\}$是概率空间$(X,\mathscr{F},P)$上的随机变量序列.我们也认为$\{f_n\}$赖以定义的那个概率空间是如此之“大”，在它上面定义着一个与$\{f_n\}$独立同分布的随机变量序列$\{f'_n\}$，因而也定义着$\{f_n\}$的**对称化随机变量序列**

$$\{f_n^s \xlongequal{\text{def}} f_n - f'_n\}.$$

命题 6.1.5 设$\{f_n\}$是独立随机变量序列，而且对每个 $n=1,2,\cdots$，均有 $\mathrm{E}f_n=0$ 和 $\sigma_n^2 \xlongequal{\text{def}} \mathrm{var} f_n < \infty$.如果 $\sum\limits_{n=1}^{\infty} \sigma_n^2 < \infty$，则 $\sum\limits_{n=1}^{\infty} f_n$ a.s.

收敛;反之,如果对每个 $n=1,2,\cdots$ 均有 $|f_n|\leqslant C$ a.s. 且 $\sum_{n=1}^{\infty} f_n$ a.s. 收敛,则 $\sum_{n=1}^{\infty}\sigma_n^2<\infty$.

证明 由引理 6.1.4 立得:对任何 $\varepsilon>0$ 有

$$P(\max_{n\leqslant l\leqslant N}|S_l-S_n|\geqslant\varepsilon)\leqslant\frac{1}{\varepsilon^2}\sum_{k=n}^{\infty}\sigma_k^2.$$

可见当 $\sum_{n=1}^{\infty}\sigma_n^2<\infty$ 时,(6.1.1)式成立. 根据引理 6.1.3,这表明

$$\sum_{n=1}^{\infty} f_n \text{ a.s. 收敛},$$

第一部分证毕. 以下证第二部分. 易见:如果每个 f_n 都 a.s. 是一个常数,所要的结论显然成立. 因此无妨设存在正整数 N_0 使 f_{N_0} 非退化,即 $\sigma_{N_0}^2>0$. 设 $\{f'_n\}$ 是与 $\{f_n\}$ 独立同分布的随机变量序列,$\{f_n^s=f_n-f'_n\}$ 是 $\{f_n\}$ 的对称化序列. 记 $S_n^s=\sum_{k=1}^{n} f_k^s$,则

$$\begin{aligned}\sum_{n=1}^{\infty} f_n \text{ a.s. 收敛} &\Rightarrow \sum_{n=1}^{\infty} f'_n \text{ a.s. 收敛}\\ &\Rightarrow \sum_{n=1}^{\infty} f_n^s \text{ a.s. 收敛}\\ &\Rightarrow P(\sup_{n\geqslant 1}|S_n^s|<\infty)=1\\ &\Rightarrow \lim_{m\to\infty}P(\sup_{n\geqslant 1}|S_n^s|<m)=1\\ &\Rightarrow \exists\, M\geqslant 1 \text{ 使 } P(\sup_{n\geqslant 1}|S_n^s|<M)\geqslant\frac{1}{2}\\ &\Rightarrow \exists\, M\geqslant 1 \text{ 使 } P(\max_{1\leqslant n\leqslant N}|S_n^s|<M)\geqslant\frac{1}{2}\end{aligned}$$

对每个 $N=1,2,\cdots$ 成立.

但是,对每个 $n=1,2,\cdots$,我们有 $|f_n^s|\leqslant 2C$ a.s., $\mathrm{E}f_n^s=0$ 和 $\mathrm{var}f_n^s=2\sigma_n^2$,故由不等式(6.1.3)推出

$$\frac{1}{2}\leqslant P(\max_{1\leqslant n\leqslant N}|S_n^s|<M)$$

$$\leqslant (2C+M)^2 \Big/ \sum_{n=1}^{N} \mathrm{var}(f_n^s)$$

$$= (2C+M)^2 \Big/ \Big[2\sum_{n=1}^{N} \sigma_n^2 \Big],$$

即 $\sum_{n=1}^{N} \sigma_n^2 \leqslant (2C+M)^2$ 对每个 $N \geqslant N_0$ 成立. 由此可见

$$\sum_{n=1}^{\infty} \sigma_n^2 \leqslant (2C+M)^2 < \infty.$$

命题的第二部分证完. □

最后我们来证明关于如何判断一般独立随机变量序列(方差不一定存在)级数是否收敛的 Kolmogorov 三级数定理.

定理 6.1.6 (Kolmogorov 三级数定理) 设$\{f_n\}$是独立随机变量序列. 级数 $\sum_{n=1}^{\infty} f_n$ a.s. 收敛的必要充分条件是对某一个 $C>0$或对任意的 $C>0$,下列三式成立:

$$\sum_{n=1}^{\infty} P(|f_n| > C) < \infty; \tag{6.1.5}$$

$$\sum_{n=1}^{\infty} \mathrm{E} f_n I_{\{|f_n| \leqslant C\}} \text{ 收敛}; \tag{6.1.6}$$

$$\sum_{n=1}^{\infty} \mathrm{var} f_n I_{\{|f_n| \leqslant C\}} < \infty. \tag{6.1.7}$$

证明 对每个 $n=1,2,\cdots$,记 $f_n^C = f_n I_{\{|f_n| \leqslant C\}}$. 易见$\{f_n^C\}$还是独立随机变量序列.

首先证明:如果(6.1.5)～(6.1.7)式对某个 $C>0$ 成立,则

$$\sum_{n=1}^{\infty} f_n \text{ a.s. 收敛.}$$

由命题 6.1.5 知:(6.1.7)式蕴含 $\sum_{n=1}^{\infty} (f_n^C - \mathrm{E} f_n^C)$ a.s. 收敛. 由后者加上(6.1.6)式又推出

$$\sum_{n=1}^{\infty} f_n^C \text{ a.s. 收敛.} \tag{6.1.8}$$

由(6.1.5)式可见

$$\sum_{n=1}^{\infty} P(f_n \neq f_n^C) \leqslant \sum_{n=1}^{\infty} P(|f_n| > C) < \infty,$$

故应用定理 6.1.2 立得 $P(\limsup_{n\to\infty}\{f_n \neq f_n^C\}) = 0$，即

$$P(\liminf_{n\to\infty}\{f_n = f_n^C\}) = 1. \tag{6.1.9}$$

注意对任给 $x \in \liminf_{n\to\infty}\{f_n = f_n^C\}$，存在正整数 n_x 使 $f_n(x) = f_n^C(x)$ 当 $n \geqslant n_x$ 时成立，故上式表明，级数 $\sum_{n=1}^{\infty} f_n$ 与 $\sum_{n=1}^{\infty} f_n^C$ 同时 a.s. 收敛或同时 a.s. 发散. 于是由(6.1.8)式推知 $\sum_{n=1}^{\infty} f_n$ a.s. 收敛.

其次证明：如果 $\sum_{n=1}^{\infty} f_n$ a.s. 收敛，则(6.1.5)～(6.1.7)式对任意 $C>0$ 成立. 事实上，由于

$$\{\limsup_{n\to\infty}|f_n| \geqslant C\} \supset \limsup_{n\to\infty}\{|f_n| > C\},$$

我们有

$$\begin{aligned}\sum_{n=1}^{\infty} f_n \text{ a.s. 收敛} &\Longrightarrow |f_n| \xrightarrow{\text{a.s.}} 0 \\ &\Longrightarrow P(\limsup_{n\to\infty}|f_n| \geqslant C) = 0 \\ &\Longrightarrow P(\limsup_{n\to\infty}\{|f_n| > C\}) = 0. \end{aligned} \tag{6.1.10}$$

据 Borel-Cantelli 引理，(6.1.10)式蕴含(6.1.5)式对任意 $C>0$ 成立. 另一方面，(6.1.10)式还蕴含(6.1.9)式，从而(6.1.8)式成立. 因此，对 $\{f_n^C\}$ 用命题 6.1.5 后半部分的结论，即得(6.1.7)式. 最后，对 $\{f_n - f_n^C\}$ 用命题 6.1.5 前半部分的结论，知 $\sum_{n=1}^{\infty}(f_n^C - \mathrm{E}f_n^C)$ a.s. 收敛. 因为 $\sum_{n=1}^{\infty} f_n^C$ 和 $\sum_{n=1}^{\infty}(f_n^C - \mathrm{E}f_n^C)$ 都 a.s. 收敛，所以 $\sum_{n=1}^{\infty} \mathrm{E}f_n^C$ 必收敛，即(6.1.6)式也成立. □

§2 强大数律

初等概率论中曾经分别对离散型和连续型的独立随机变量序列得到过如下的 Chebychev 大数律：如果 $\{f_n\} \subset L_2$ 是独立随机变量序

列,而且存在 $C>0$ 使 $\mathrm{var} f_n \leqslant C$ 对每个 $n=1,2,\cdots$ 成立,则有

$$\frac{S_n - \mathrm{E}S_n}{n} \xrightarrow{P} 0.$$

这类关于随机变量序列部分和依概率收敛的问题,称为**弱大数律**.类似的问题,但不是讨论依概率收敛,而是讨论 a.s. 收敛,则称为**强大数律**.本节将讨论独立随机变量序列的强大数律:一个是关于一般独立随机变量的强大数律;另一个是关于独立同分布随机变量序列的强大数律.这两个强大数律的主要工具是 §1 的 Kollmogorov 三级数定理,所以都叫做 Kollmogorov 强大数律.作为准备工作,我们先证明关于实数列的 Kronecker 引理.

引理 6.2.1(Abel 引理) 设对每个 $k=1,\cdots,n$, $c_k, d_k \in \boldsymbol{R}$ 并记 $\delta_k = \sum\limits_{i=1}^{k} d_i$, 则

$$\sum_{k=1}^{n} c_k d_k = \sum_{k=1}^{n-1} (c_k - c_{k+1})\delta_k + c_n \delta_n.$$

证明 略. □

引理 6.2.2 设对每个 $n=1,2,\cdots$, $u_n \in \boldsymbol{R}, v_n \geqslant 0$. 如果 $\lim\limits_{n\to\infty} u_n = u \in \boldsymbol{R}$ 和 $\sum\limits_{n=1}^{\infty} v_n = \infty$, 则

$$\lim_{n\to\infty} \frac{1}{\sum\limits_{k=1}^{n} v_k} \sum_{k=1}^{n} u_k v_k = u.$$

证明 略. □

命题 6.2.3(Kronecker 引理) 设对每个 $n=1,2,\cdots$, $a_n, b_n \in \boldsymbol{R}$ 且 $0<b_n \uparrow \infty$. 如果 $\sum\limits_{n=1}^{\infty} \frac{a_n}{b_n}$ 收敛,则

$$\lim_{n\to\infty} \frac{1}{b_n} \sum_{k=1}^{n} a_k = 0.$$

证明 对每个 $n=1,2,\cdots$,取 $c_n = b_n$ 和 $d_n = a_n / b_n$,则由引理 6.2.1 得

$$\frac{1}{b_n} \sum_{k=1}^{n} a_k = \frac{1}{b_n} \sum_{k=1}^{n} b_k \cdot \frac{a_k}{b_k}$$

$$= \frac{1}{b_n}\sum_{k=1}^{n-1}(b_k - b_{k+1})\sum_{i=1}^{k}\frac{a_i}{b_i} + \frac{1}{b_n}\cdot b_n\sum_{k=1}^{n}\frac{a_k}{b_k}$$

$$= -\frac{1}{b_n}\sum_{k=2}^{n}(b_k - b_{k-1})\sum_{i=1}^{k-1}\frac{a_i}{b_i} + \sum_{k=1}^{n}\frac{a_k}{b_k}. \qquad (6.2.1)$$

于引理 6.2.2 中取 $v_n = b_n - b_{n-1}$ 和 $u_n = \sum_{k=1}^{k-1}\frac{a_k}{b_k}$ (令 $b_0 = u_0 = 0$),由引理 6.2.2 知,(6.2.1)式右端第一项趋于 $-\sum_{n=1}^{\infty}\frac{a_n}{b_n}$,与第二项的极限正好差一个符号. 可见命题结论成立. □

Kolmogorov 第一个强大数律可由 Kronecker 引理直接得到.

定理 6.2.4 设 $\{f_n\} \subset L_2$ 是独立随机变量序列. 如果 $\sum_{n=1}^{\infty}\frac{\mathrm{var} f_n}{n^2} < \infty$,则

$$\frac{S_n - \mathrm{E}S_n}{n} \xrightarrow{\text{a.s.}} 0. \qquad (6.2.2)$$

证明 由命题 6.1.3 之第一部分知,$\sum_{n=1}^{\infty}\frac{\mathrm{var} f_n}{n^2} < \infty$ 蕴含

$$\sum_{n=1}^{\infty}\frac{f_n - \mathrm{E}f_n}{n} \text{ a.s. 收敛.}$$

但据 Kronecker 引理,后者又蕴含(6.2.2)式. □

为了推导 Kolmogorov 关于独立同分布随机变量序列的强大数律,还需要两个引理.

引理 6.2.5 如果 $f \in L_1$,则 $\sum_{n=1}^{\infty}\frac{1}{n^2}\mathrm{E}f^2 I_{\{|f|\leqslant n\}} < \infty$.

证明 注意

$$\sum_{n=1}^{\infty}\frac{1}{n^2}\mathrm{E}f^2 I_{\{|f|\leqslant n\}} = \sum_{n=1}^{\infty}\frac{1}{n^2}\sum_{k=1}^{n}\mathrm{E}f^2 I_{\{k-1<|f|\leqslant k\}}$$

$$= \sum_{k=1}^{\infty}\mathrm{E}f^2 I_{\{k-1<|f|\leqslant k\}}\sum_{n=k}^{\infty}\frac{1}{n^2}$$

$$\leqslant 2\sum_{k=1}^{\infty}\mathrm{E}f^2 I_{\{k-1<|f|\leqslant k\}}\sum_{n=k}^{\infty}\frac{1}{n(n+1)}$$

$$= 2\sum_{k=1}^{\infty}\frac{1}{k}\mathrm{E}f^2 I_{\{k-1<|f|\leqslant k\}}$$

$$\leqslant 2\sum_{k=1}^{\infty}\mathrm{E}|f|I_{\{k-1<|f|\leqslant k\}}$$

$$= 2\mathrm{E}|f| < \infty. \quad \square$$

引理 6.2.6 如果$\{f_n\}\subset L_1$是独立同分布随机变量序列,则

$$\sum_{n=1}^{\infty}\frac{1}{n}[f_n - \mathrm{E}f_1 I_{\{|f_1|\leqslant n\}}] \text{ a.s. 收敛.} \tag{6.2.3}$$

证明 对每个$n=1,2,\cdots$,令

$$g_n = \frac{1}{n}[f_n I_{\{|f_n|\leqslant n\}} - \mathrm{E}f_1 I_{\{|f_1|\leqslant n\}}],$$

则$\mathrm{E}g_n=0$且

$$\mathrm{var}g_n = \frac{1}{n^2}\mathrm{E}[f_1 I_{\{|f_1|\leqslant n\}} - \mathrm{E}f_1 I_{\{|f_1|\leqslant n\}}]^2$$

$$\leqslant \frac{1}{n^2}\mathrm{E}f_1^2 I_{\{|f_1|\leqslant n\}},$$

从而由引理 6.2.5 推知 $\sum\limits_{n=1}^{\infty}\mathrm{var}g_n<\infty$. 根据命题 6.1.5,这表明

$$\sum_{n=1}^{\infty}\frac{1}{n}[f_n I_{\{|f_n|\leqslant n\}} - \mathrm{E}f_1 I_{\{|f_1|\leqslant n\}}] = \sum_{n=1}^{\infty} g_n \text{ a.s. 收敛.} \tag{6.2.4}$$

但是,我们有

$$\sum_{n=1}^{\infty}P(f_n \neq f_n I_{\{|f_n|\leqslant n\}}) = \sum_{n=1}^{\infty}P(f_1 \neq f_1 I_{\{|f_1|\leqslant n\}})$$

$$\leqslant \sum_{n=1}^{\infty}P(|f_1|\geqslant n)$$

$$= \sum_{n=1}^{\infty}\sum_{k=n}^{\infty}P(k\leqslant |f_1| < k+1)$$

$$= \sum_{k=1}^{\infty}\sum_{n=1}^{k}P(k\leqslant |f_1| < k+1)$$

$$= \sum_{n=1}^{\infty}kP(k\leqslant |f_1| < k+1)$$

$$\leqslant \mathrm{E}|f_1| < \infty.$$

故由 Borel-Cantelli 引理推知(6.2.4)和(6.2.3)式等价. $\square$

定理 6.2.7 设$\{f_n\}$是独立同分布随机变量序列. 如果$\mathrm{E}|f_1|<$

∞,则

$$\frac{S_n}{n} \xrightarrow{\text{a.s.}} \mathrm{E}f_1; \tag{6.2.5}$$

反之,如果 $\lim\limits_{n\to\infty} S_n/n$ a.s. 存在,则 $\mathrm{E}|f_1|<\infty$ 而且 $\lim\limits_{n\to\infty} S_n/n$ 就 a.s. 等于 $\mathrm{E}f_1$.

证明 先证第一个结论. 如果 $\mathrm{E}|f_1|<\infty$,则由引理 6.2.6 得 (6.2.3)式. 再用 Kronecker 引理又得

$$\frac{S_n}{n} - \frac{1}{n}\sum_{k=1}^{n} \mathrm{E}f_1 I_{\{|f_1|\leqslant k\}} = \frac{1}{n}\sum_{k=1}^{n}[f_k - \mathrm{E}f_1 I_{\{|f_1|\leqslant k\}}] \xrightarrow{\text{a.s.}} 0.$$

但是,在条件 $\mathrm{E}|f_1|<\infty$ 之下, $\mathrm{E}f_1 I_{\{|f_1|\leqslant n\}} \to \mathrm{E}f_1$,从而

$$\frac{1}{n}\sum_{k=1}^{n} \mathrm{E}f_1 I_{\{|f_1|\leqslant k\}} \to \mathrm{E}f_1,$$

故(6.2.5)式成立.

再证第二个结论. 如果 $\lim\limits_{n\to\infty} S_n/n$ a.s. 存在,则

$$\frac{f_n}{n} = \frac{S_n}{n} - \frac{n-1}{n} \cdot \frac{S_{n-1}}{n-1} \xrightarrow{\text{a.s.}} 0.$$

这表明 $P(\limsup\limits_{n\to\infty}\{|f_n|>n\})=0$,从而由 Borel-Cantelli 引理推出

$$\sum_{n=1}^{\infty} P(|f_1|>n) = \sum_{n=1}^{\infty} P(|f_n|>n) < \infty.$$

由此可见

$$\begin{aligned}
\mathrm{E}|f_1| &= \sum_{k=1}^{\infty} \mathrm{E}|f_1| I_{\{k-1<|f_1|\leqslant k\}} \\
&\leqslant \sum_{k=1}^{\infty} kP(k-1<|f_1|\leqslant k) \\
&= \sum_{k=1}^{\infty}\sum_{n=1}^{k} P(k-1<|f_1|\leqslant k) \\
&= \sum_{n=1}^{\infty}\sum_{k=n}^{\infty} P(k-1<|f_1|\leqslant k) \\
&= \sum_{n=1}^{\infty} P(|f_1|\geqslant n) < \infty.
\end{aligned}$$

用已证之第一个结论又知 $\lim\limits_{n\to\infty} S_n/n$ a.s. 等于 $\mathrm{E}f_1$. □

Kolmogorov 的第二个强大数率说明：独立同分布随机变量序列强大数律(6.2.5)式成立当且仅当该随机变量列的共同期望存在. 这个结论的充分性部分可以进一步地推广如下.

推论 6.2.8 设$\{f_n\}$是独立同分布随机变量序列. 如果 $\mathrm{E}f_1$ 有意义,则

$$\frac{S_n}{n}\xrightarrow{\text{a.s.}}\mathrm{E}f_1.$$

下面是强大数律的一些例子.

例 1 熟知,每一个 $z\in(0,1]$都有所谓二进制表示：

$$z=0.f_1(z)f_2(z)\cdots,$$

其中对每个 $k=1,2,\cdots,f_k(z)=0$ 或 1. 为了使表示方法惟一,规定 $f_1(z),f_2(z)\cdots$中必须有无穷多个 1. 例如：1 表为 0.11⋯；1/2 表为 0.011⋯而不是 0.100⋯；1/4 表为 0.0011⋯而不是 0.0100⋯；如此等等. 考查概率空间$((0,1],(0,1]\cap\mathscr{B}_R,\lambda)$上的映射序列$\{f_n,n=1,2,\cdots\}$. 注意

$$f_1(z)=0\Longleftrightarrow z\in(0,1/2];$$
$$f_2(z)=0\Longleftrightarrow z\in(0,1/4]\cup(1/2,3/4];$$
$$\cdots\cdots\cdots\cdots$$

可见这是一个随机变量序列而且对每个 $k=1,2,\cdots$有

$$\lambda(f_k=0)=\lambda(f_k=1)=\frac{1}{2}.$$

另一方面,对每个 $n=1,2,\cdots$和 n 个非 0 即 1 的数 $z_1,\cdots,z_n$,又有

$$\lambda(f_1=z_1,\cdots,f_n=z_n)=\frac{1}{2^n},$$

所以随机变量序列$\{f_k,k=1,2,\cdots\}$是相互独立的. 注意

$$\mathrm{E}f_1=0\times\frac{1}{2}+1\times\frac{1}{2}=\frac{1}{2},$$

作为定理 6.2.7 的一个特殊情形,我们得

$$\lambda\left(\lim_{n\to\infty}\frac{1}{n}\sum_{k=1}^{n}f_k=\frac{1}{2}\right)=1.$$

人们一般把 $z\in(0,1]$中满足 $\lim\limits_{n\to\infty}\frac{1}{n}\sum\limits_{k=1}^{n}f_k(z)=\frac{1}{2}$ 的那些数称为**正**

规数. 该例子表明：(0,1]**中由正规数的全体组成之集的** Lebesgue **测度为** 1.

例 2 考虑由 0 和 1 两个数组成的集合 $\{0,1\}$. 以 $\mathscr{T}$ 记由 $\{0,1\}$ 的一切子集组成的 σ 域，即 $\mathscr{T}=\{\varnothing,\{0\},\{1\},\{0,1\}\}$. 在 $\mathscr{T}$ 上定义概率测度 μ 使

$$\mu(\{1\}) = p \text{ 和 } \mu(\{0\}) = q \xlongequal{\text{def}} 1 - p,$$

其中 $0<p<1$. 把可列个概率空间 $(\{0,1\},\mathscr{T},\mu)$ 的乘积空间记为 $(Y,\mathscr{S},P)$，即 $Y=\{0,1\}^{\infty}$ 和 $\mathscr{S}=\mathscr{T}^{\infty}$，而对每个 $n=1,2,\cdots$ 和每组非 0 即 1 的 $y_1,\cdots,y_n$，有

$$P(\pi_1 = y_1,\cdots,\pi_n = y_n) = \prod_{k=1}^{n}\mu(\{y_k\}),$$

这里沿用第五章§3 的符号，用 π_n 表示投影映射. 易见 $\{\pi_n,n=1,2,\cdots\}$ 是概率空间 $(Y,\mathscr{S},P)$ 上独立同分布的随机变量序列，其共同的分布是

$$P(\pi_n = 1) = p;$$
$$P(\pi_n = 0) = q.$$

以 N 记由 Y 中这样的元素 $y=(y_1,y_2,\cdots)$ 组成的集合，对于它，存在正整数 n 使对一切 $k\geqslant n$ 均有 $y_k=0$. 易见

$$\begin{aligned}
P(N) &= P\Big(\bigcup_{n=1}^{\infty}\bigcap_{k=n}^{\infty}\{y:\ y_k = 0\}\Big) \\
&\leqslant \sum_{n=1}^{\infty}\lim_{m\to\infty}P\Big(\bigcap_{k=n}^{n+m}\{y:\ y_k = 0\}\Big) \\
&= \sum_{n=1}^{\infty}\lim_{m\to\infty}\prod_{k=n}^{n+m}\mu(\{0\}) \\
&= \sum_{n=1}^{\infty}\lim_{m\to\infty}q^m = 0.
\end{aligned}$$

令 $X=N^c$ 和 $\mathscr{F}=N^c\cap\mathscr{S}$，则 $(X,\mathscr{F},P)$ 还是概率空间且 $\{\pi_n,n=1,2,\cdots\}$ 是该概率空间上独立具有相同分布的随机变量序列. 注意 $\mathrm{E}\pi_n=p$，由强大数律立得：在概率空间 $(X,\mathscr{F},P)$ 上有

$$\lim_{n\to\infty}\frac{1}{n}\sum_{i=1}^{n}\pi_i = p \text{ a.s.}.$$

综合例 1 和例 2,我们在下面来构造一个奇异型随机变量的例子.

例 3 考虑从例 2 的$(X,\mathscr{F},P)$到例 1 的可测空间$((0,1],(0,1]\cap\mathscr{B}_R)$的随机变量

$$g:(z_1,z_2,\cdots)\in X\to 0.z_1z_2\cdots\in(0,1].$$

易见 g 是一对一的、双向可测(即 g 和 g^{-1}都可测)的满映射.又不难看出:对任何 $z=0.z_1z_2\cdots\in(0,1]$,有

$$P(g=z)=P(\pi_n=z_n,n=1,2,\cdots)=0,$$

所以 g 的**分布函数连续**.由于 g 把$(X,\mathscr{F})$上的随机序列$\{\pi_n,n=1,2,\cdots\}$变成为$((0,1],(0,1]\cap\mathscr{B}_R)$上的随机变量 $0.\pi_1\pi_2\cdots$,记

$$A_p=\left\{0.\pi_1\pi_2\cdots\in(0,1]:\lim_{n\to\infty}\frac{1}{n}\sum_{i=1}^{n}\pi_i=p\right\},$$

则由例 1 的结论得 $\lambda(A_{1/2})=1$.另一方面,由例 2 的结论和定理 6.2.7 又知

$$\begin{aligned}Pg^{-1}(A_p)&=P(g\in A_p)\\&=P\left(\lim_{n\to\infty}\frac{1}{n}\sum_{i=1}^{n}\pi_i=p\right)=1.\end{aligned}$$

如果 $p\neq 1/2$,则 $A_p\subset A_{1/2}^c$,因而 $Pg^{-1}(A_{1/2}^c)=1$.这说明了 g **的概率分布与 L 测度奇异**.因此,g 是概率空间$(X,\mathscr{F},P)$上的奇异型随机变量.

§3 特征函数

设$(X,\mathscr{F},P)$是一个概率空间而 g 是 X 上的复值函数.把 g 的实部和虚部分别记作 $\mathrm{Re}g$ 和 $\mathrm{Im}g$,即 $g=\mathrm{Re}g+\mathrm{i}\mathrm{Im}g$.如果 $\mathrm{Re}g$ 和 $\mathrm{Im}g$ 都是可积的,则称 g 是**可积的**,并把

$$\mathrm{E}g\xlongequal{\text{def}}\mathrm{E}(\mathrm{Re}g)+\mathrm{i}\mathrm{E}(\mathrm{Im}g)$$

叫做它的**积分**.以 $|g|=\sqrt{(\mathrm{Re}g)^2+(\mathrm{Im}g)^2}$记 g 的模,则有

$$\max\{|\mathrm{Re}g|,|\mathrm{Im}g|\}\leqslant|g|\leqslant|\mathrm{Re}g|+|\mathrm{Im}g|.$$

由此可见,g 可积当且仅当$|g|$可积而且不等式

$$|\mathrm{E}g|\leqslant\mathrm{E}|g| \tag{6.3.1}$$

成立.

设 f 是概率空间$(X,\mathscr{F},P)$上的随机变量. 由于$|e^{itf}|=1$,故对每个 $t\in\boldsymbol{R}$,$e^{itf}=\cos tf+i\sin tf$ 是$(X,\mathscr{F},P)$上的复值可积函数. 对每个 $t\in\boldsymbol{R}$,令

$$\phi(t)=\mathrm{E}e^{itf}\overset{\text{def}}{=\!=\!=}\mathrm{E}\cos(tf)+i\mathrm{E}\sin(tf).$$

我们将称 ϕ 为 r.v. f 的**特征函数**. 如果 r.v. f 的分布函数为 F,即 $f\sim F$,则利用公式(3.4.1)可以把 f 的特征函数 ϕ 用它的分布函数的 L-S 积分表为

$$\begin{aligned}\phi(t)&=\mathrm{E}e^{itf}=\mathrm{E}\cos(tf)+i\mathrm{E}\sin(tf)\\&=\int_{\boldsymbol{R}}\cos tx\mathrm{d}F(x)+i\int_{\boldsymbol{R}}\sin tx\mathrm{d}F(x)\\&\overset{\text{def}}{=\!=\!=}\int_{\boldsymbol{R}}e^{itx}\mathrm{d}F(x).\end{aligned}$$

任意给定 d.f. F,对任意的 $t\in\boldsymbol{R}$,定义

$$\phi(t)=\int_{\boldsymbol{R}}e^{itx}\mathrm{d}F(x),\tag{6.3.2}$$

并称 ϕ 为 F 的**特征函数**. 正如第二章 §5 所指出的,任意一个 d.f. F 都是某个随机变量的分布函数. 因此,在提到特征函数的时候,既可以把它看成是某个分布函数的特征函数,也可以认为它是某个随机变量的特征函数. 特征函数是由英文 characteristic function 翻译过来的,常常缩写为 c.f..

例 1 在 $a\in\boldsymbol{R}$ 处退化的 r.v. f 的特征函数是

$$\phi(t)=\mathrm{E}e^{itf}=e^{iat}.$$

特别地,如果 $f=0$ a.s.,则 $\phi\equiv1$.

例 2 设 $a\in\boldsymbol{R}^+$和 $b\in\boldsymbol{R}$. 利用著名的积分公式

$$\int_0^\infty e^{-ax^2}\cos bx\mathrm{d}x=\frac{1}{2}\sqrt{\frac{\pi}{a}}e^{-\frac{b^2}{4a}},$$

并注意对任何 $t\in\boldsymbol{R}$,$e^{-x^2/2}\sin tx$ 作为 $x\in\boldsymbol{R}$ 的函数是一个奇函数,可求出标准正态分布函数的特征函数是

$$\phi(t)=\frac{1}{\sqrt{2\pi}}\int_{-\infty}^{\infty}e^{-x^2/2}\cos tx\mathrm{d}x$$

$$= \sqrt{\frac{2}{\pi}}\int_0^{\infty} e^{-x^2/2}\cos tx\,dx$$

$$= \sqrt{\frac{2}{\pi}}\cdot\frac{1}{2}\sqrt{2\pi}e^{-\frac{t^2}{2}} = e^{-\frac{t^2}{2}}.$$

例 3 对每个 $x\in\boldsymbol{R}$,令

$$p(x) = \frac{1}{\pi(1+x^2)}.$$

具有密度函数 p 的分布函数称为 **Cauchy 分布函数**. 设 $b\in\boldsymbol{R}$. 利用著名的积分公式

$$\int_0^{\infty}\frac{\cos bx}{1+x^2}dx = \frac{\pi}{2}e^{-|b|},$$

并注意对任何 $t\in\boldsymbol{R}$, $\frac{\sin tx}{1+x^2}$作为 $x\in\boldsymbol{R}$ 的函数是一个奇函数,可求出 Cauchy 分布函数的特征函数是

$$\phi(t) = \frac{1}{\pi}\int_{-\infty}^{\infty}\frac{\cos tx}{1+x^2}dx = \frac{2}{\pi}\int_0^{\infty}\frac{\cos tx}{1+x^2}dx = e^{-|t|}.$$

在讨论特征函数的性质之前,先引进一个初等的积分公式.

引理 6.3.1 对任何正整数 n 和 $x\in\boldsymbol{R}$,有

$$e^{ix} - \sum_{j=0}^{n-1}\frac{(ix)^j}{j!} = \begin{cases} i^n\int_0^x dt_n\int_0^{t_n}dt_{n-1}\cdots\int_0^{t_2}e^{it_1}dt_1, & x\geqslant 0,\\ (-i)^n\int_x^0 dt_n\int_{t_n}^0 dt_{n-1}\cdots\int_{t_2}^0 e^{it_1}dt_1, & x<0.\end{cases} \tag{6.3.3}$$

证明 我们仅对 $x<0$ 的情况证明, $x\geqslant 0$ 的情况相对来说要更简单些. 当 $n=1$ 时,易见对任何 $x<0$ 有

$$\begin{aligned}-i\int_x^0 e^{it}dt &= -i\left[\int_x^0\cos t\,dt + i\int_x^0\sin t\,dt\right]\\ &= -i[-\sin x + i(\cos x - 1)]\\ &= \cos x + i\sin x - 1\\ &= e^{ix} - 1,\end{aligned}$$

故此时(6.3.3)式成立. 如果(6.3.3)式当 $n=k$ 时成立,则当 $n=k+1$ 时有

$$(-\mathrm{i})^{k+1}\int_x^0 \mathrm{d}t_{k+1}\int_{t_{k+1}}^0 \mathrm{d}t_k\cdots\int_{t_2}^0 \mathrm{e}^{\mathrm{i}t_1}\mathrm{d}t_1$$

$$=(-\mathrm{i})^k\int_x^0 \mathrm{d}t_{k+1}\int_{t_{k+1}}^0 \mathrm{d}t_k\cdots\int_{t_3}^0 (\mathrm{e}^{\mathrm{i}t_2}-1)\mathrm{d}t_2$$

$$=\left[\mathrm{e}^{\mathrm{i}x}-\sum_{j=0}^{k-1}\frac{(\mathrm{i}x)^j}{j!}\right]-\frac{\mathrm{i}^k x^k}{k!}$$

$$=\mathrm{e}^{\mathrm{i}x}-\sum_{j=0}^{k}\frac{(\mathrm{i}x)^j}{j!}.$$

于是由数学归纳法知,(6.3.3)式对任何正整数 n 成立. □

从(6.3.3)式直接可得:对任何 $x\in\boldsymbol{R}$ 有

$$\left|\mathrm{e}^{\mathrm{i}x}-\sum_{j=0}^{n}\frac{(\mathrm{i}x)^j}{j!}\right|\leqslant\int_0^{|x|}\mathrm{d}t_{n+1}\int_0^{t_{n+1}}\mathrm{d}t_n\cdots\int_0^{t_2}\mathrm{d}t_1$$

$$=\frac{|x|^{n+1}}{(n+1)!},$$

由此又可得

$$\left|\mathrm{e}^{\mathrm{i}x}-\sum_{j=0}^{n}\frac{(\mathrm{i}x)^j}{j!}\right|\leqslant\left|\mathrm{e}^{\mathrm{i}x}-\sum_{j=0}^{n-1}\frac{(\mathrm{i}x)^j}{j!}\right|+\frac{|x|^n}{n!}$$

$$\leqslant\frac{2|x|^n}{n!}.$$

两者合在一起即知

$$\left|\mathrm{e}^{\mathrm{i}x}-\sum_{j=0}^{n}\frac{(\mathrm{i}x)^j}{j!}\right|\leqslant\min\left\{\frac{|x|^{n+1}}{(n+1)!},\frac{2|x|^n}{n!}\right\} \qquad (6.3.4)$$

对任何 $x\in\boldsymbol{R}$ 和任何 $n=0,1,2,\cdots$ 成立. 后者正是我们今后要常用的一个不等式.

下面讨论特征函数的性质. 根据我们的需要,将只介绍它的五条性质. 首先是下列最基本的性质.

命题 6.3.2 特征函数 ϕ 满足

(1) $\phi(0)=1$;

(2) $|\phi(t)|\leqslant 1,\ \forall t\in\boldsymbol{R}$;

(3) ϕ 在 $\boldsymbol{R}$ 上一致连续.

证明 (1) 显然. (2) 可由定义和(6.3.1)式得到. 于不等式(6.3.4)中取 $n=0$ 得:对任何 $x\in\boldsymbol{R}$ 有

$$|e^{ix}-1|\leqslant|x|.$$

因此,如果 ϕ 是 r.v. f 的特征函数,则有

$$|\phi(t+\Delta t)-\phi(t)|=|\mathrm{E}[e^{i(t+\Delta t)f}-e^{itf}]|$$
$$\leqslant \mathrm{E}|e^{i(\Delta t)f}-1|\leqslant|\Delta t|.$$

这说明(3)也是正确的. □

第二个性质用来说明随机变量 f 的矩与它的特征函数的导数之间的密切联系.

命题 6.3.3 设 ϕ 是随机变量 f 的特征函数. 如果 f 的 k 阶矩存在,则 ϕ 的 k 阶导数 $\phi^{(k)}$ 存在,且对每个 $t\in\boldsymbol{R}$ 有

$$\phi^{(k)}(t)=i^k\mathrm{E}f^ke^{itf}. \tag{6.3.5}$$

特别地,下列关系成立: $\phi^{(k)}(0)=i^k\mathrm{E}f^k$.

证明 对任何 $t\in\boldsymbol{R}$,表

$$\frac{\phi(t+\Delta t)-\phi(t)}{\Delta t}=\mathrm{E}e^{itf}\frac{e^{i(\Delta t)f}-1}{\Delta t}.$$

但由(6.3.4)式知

$$\left|e^{itf}\frac{e^{i(\Delta t)f}-1}{\Delta t}\right|\leqslant|f|.$$

如果 r.v. f 的一阶矩存在,则由 Lebesgue 控制收敛定理推得

$$\phi'(t)=\lim_{\Delta t\to 0}\frac{\phi(t+\Delta t)-\phi(t)}{\Delta t}$$
$$=\mathrm{E}e^{itf}\lim_{\Delta t\to 0}\frac{e^{i(\Delta t)f}-1}{\Delta t}$$
$$=i\mathrm{E}fe^{itf}.$$

这说明当 $k=1$ 时(6.3.5)式成立. 假设(6.3.5)式对 $k=l$ 成立,那么运用类似的推理可以证明它对 $k=l+1$ 也成立. 于是由数学归纳法证得(6.3.5)式. 在(6.3.5)式中令 $t=0$ 即得 $\phi^{(k)}(0)=i^k\mathrm{E}f^k$. □

第三个性质说明: 独立随机变量和的特征函数可以表为单个随机变量诸特征函数之乘积.

命题 6.3.4 如果 $\phi_1,\cdots,\phi_n$ 分别是独立随机变量 $f_1,\cdots,f_n$ 对应的特征函数,对每个 $t\in\boldsymbol{R}$,令

$$g_n(t)=\prod_{i=1}^n\phi_i(t),$$

则 g_n 是 $S_n=f_1+\cdots+f_n$ 的特征函数.

证明 当 $n=2$ 时,结论由下列推理可得:

$$\begin{aligned} g_2(t) &= \mathrm{E}e^{it(f_1+f_2)} \\ &= \mathrm{E}\cos t(f_1+f_2)+i\mathrm{E}\sin t(f_1+f_2) \\ &= \mathrm{E}(\cos tf_1\cos tf_2)-\mathrm{E}(\sin tf_1\sin tf_2) \\ &\quad +i[\mathrm{E}(\sin tf_1\cos tf_2)+\mathrm{E}(\cos tf_1\sin tf_2)] \\ &\quad (\text{初等三角公式}) \\ &= \mathrm{E}\cos tf_1\mathrm{E}\cos tf_2-\mathrm{E}\sin tf_1\mathrm{E}\sin tf_2 \\ &\quad +i[\mathrm{E}\sin tf_1\mathrm{E}\cos tf_2+\mathrm{E}\cos tf_1\mathrm{E}\sin tf_2] \\ &\quad (\text{独立性}) \\ &= (\mathrm{E}\cos tf_1+i\mathrm{E}\sin tf_1)\mathrm{E}\cos tf_2 \\ &\quad +i(\mathrm{E}\cos tf_1+i\sin tf_1)\mathrm{E}\sin tf_2 \\ &\quad (\text{写 } -1=i^2) \\ &= (\mathrm{E}\cos tf_1+i\mathrm{E}\sin tf_1)(\mathrm{E}\cos tf_2+i\mathrm{E}\sin tf_2) \\ &= (\mathrm{E}e^{itf_1})(\mathrm{E}e^{itf_2})=\phi_1(t)\phi_2(t). \end{aligned}$$

由此出发,用数学归纳法即可证得命题. □

给定 d. f. F,它的 c. f. ϕ 可通过(6. 3. 2)式表示出来. 反过来, d. f. F 的 c. f. ϕ 是不是也可以把 d. f. F 表示出来呢?被称为**反演公式**的第四个性质对此给出了肯定的回答.

定理 6. 3. 5 如果 ϕ 是 d. f. F 的特征函数,则

$$\overline{F}(b)-\overline{F}(a)=\frac{1}{2\pi}\lim_{T\to\infty}\int_{-T}^{T}\frac{e^{-itb}-e^{-ita}}{-it}\phi(t)\mathrm{d}t$$

对任何 $a,b\in\boldsymbol{R}$ 成立,这里

$$\left.\frac{e^{-itb}-e^{-ita}}{-it}\right|_{t=0}\stackrel{\text{def}}{=\!=}\lim_{t\to 0}\frac{e^{-itb}-e^{-ita}}{-it}=b-a,$$

而对每个 $x\in\boldsymbol{R}$,

$$\overline{F}(x)=\frac{F(x)+F(x-0)}{2}.$$

证明 无妨设 $a<b$. 注意

$$\left|e^{itx}\frac{e^{-itb}-e^{-ita}}{-it}\right|\leqslant|b-a|,$$

由 Fubini 定理易得

$$I_T \xlongequal{\text{def}} \frac{1}{2\pi}\int_{-T}^{T} \frac{e^{-itb}-e^{-ita}}{-it}\phi(t)dt$$

$$= \frac{1}{2\pi}\int_{-T}^{T} \frac{e^{-itb}-e^{-ita}}{-it}\left\{\int_{\boldsymbol{R}} e^{itx}dF(x)\right\}dt$$

$$= \frac{1}{2\pi}\int_{\boldsymbol{R}} dF(x)\int_{-T}^{T} \frac{e^{it(x-b)}-e^{it(x-a)}}{-it}dt.$$

但是,对于任意固定的 $a,b,x\in\boldsymbol{R}$,$[e^{t(x-b)}-e^{t(x-a)}]/(-t)$的实部和虚部分别是变量 t 的奇函数和偶函数,故进而得

$$I_T = \frac{1}{\pi}\int_{\boldsymbol{R}} dF(x)\int_0^T \frac{\sin t(x-b)-\sin t(x-a)}{-t}dt,$$

由于

$$\lim_{T\to\infty}\int_0^T \frac{\sin t}{t}dt = \int_0^\infty \frac{\sin t}{t}dt = \frac{\pi}{2},$$

又由于对任何 $T>0$ 和 $\alpha\in\boldsymbol{R}$,我们有

$$\int_0^T \frac{\sin\alpha t}{t}dt = \int_0^T \frac{\sin\alpha t}{\alpha t}d(\alpha t)$$

$$= \begin{cases} \int_0^{\alpha T}\frac{\sin t}{t}dt, & \alpha>0, \\ 0, & \alpha=0, \\ -\int_0^{-\alpha T}\frac{\sin t}{t}dt, & \alpha<0. \end{cases}$$

所以上面得到的 I_T 的表达式中第二个积分号内的函数对 $T>0$ 是一致有界的. 注意

$$\int_0^\infty \frac{\sin t(x-b)-\sin t(x-a)}{-t}dt$$

$$= \begin{cases} 0, & x<a \text{ 或 } x>b, \\ \pi/2, & x=a \text{ 或 } x=b, \\ \pi, & a<x<b, \end{cases}$$

由 Lebesgue 有界收敛定理就推得

$$\lim_{T\to\infty} I_T = \frac{1}{\pi}\int_{\boldsymbol{R}} dF(x)\int_0^\infty \frac{\sin t(x-b)-\sin t(x-a)}{-t}dt$$

$$= \frac{1}{2}[F(a) - F(a-0)] + [F(b-0) - F(a)]$$
$$+ \frac{1}{2}[F(b) - F(b-0)]$$
$$= \overline{F}(b) - \overline{F}(a). \quad \square$$

以 $\widetilde{\mathscr{P}}_{\boldsymbol{R}}$ 记由所有这样的$(a,b]$组成的集合，其端点 a 和 b 是 F 的连续点. 如果$(a,b]\in\widetilde{\mathscr{P}}_{\boldsymbol{R}}$ 且 $a\geqslant b$，则 $\lambda_F((a,b])=0$；如果 $a<b$，则

$$\lambda_F(a,b) = F(b) - F(a)$$
$$= \frac{1}{2\pi}\lim_{T\to\infty}\int_{-T}^{T}\frac{\mathrm{e}^{-\mathrm{i}tb}-\mathrm{e}^{-\mathrm{i}ta}}{-\mathrm{i}t}\phi(t)\mathrm{d}t.$$

由于 $\widetilde{\mathscr{P}}_{\boldsymbol{R}}$ 形成一个 π 系而且 $\mathscr{B}_{\boldsymbol{R}}=\sigma(\mathscr{P}_{\boldsymbol{R}})$，故由命题 2.3.1 推知：$F$ 导出的 L-S 测度 λ_F 由其特征函数惟一决定. 这样，我们就从反演公式得到如下的惟一性定理.

推论 6.3.6 分布函数由其特征函数惟一决定.

特征函数是研究分布函数弱收敛和随机变量序列依分布收敛的有力工具. 其理论根据是如下的被称为**连续性定理**的第五个性质.

定理 6.3.7 分布函数序列$\{F_n,n=1,2,\cdots\}$弱收敛到分布函数 F 的必要充分条件是对应的特征函数序列点点收敛到 F 的特征函数.

定理 6.3.7 充分性部分的证明是容易的. 事实上，它只是习题 3 第 25 题的一个推论. 但是，我们将要证明的是一个比定理 6.3.7 的充分性更强一点的结论. 如不另作说明，我们将以$\{\phi_n,n=1,2,\cdots\}$和 ϕ 分别表示分布函数序列$\{F_n,n=1,2,\cdots\}$和分布函数 F 的特征函数.

定理 6.3.8 如果 $F_n\xrightarrow{w}F$，则对任何 $T>0$，$\phi_n(t)\to\phi(t)$在区间$[-T,T]$上一致成立.

证明 对任何 $M,N\in\boldsymbol{R}$ 和 $M<N$，利用分部积分公式(推论 5.1.8)易得

$$\int_{(M,N]}\mathrm{e}^{\mathrm{i}tx}\mathrm{d}F(x) = \mathrm{e}^{\mathrm{i}tN}F(N) - \mathrm{e}^{\mathrm{i}tM}F(M) - \mathrm{i}t\int_{(M,N)}\mathrm{e}^{\mathrm{i}ty}F(y)\mathrm{d}y;$$

$$\int_{(M,N]} e^{itx}dF_n(x) = e^{itN}F_n(N) - e^{itM}F_n(M) - it\int_{(M,N)} e^{ity}F_n(y)dy.$$

把以上两个式子相减便得到

$$\int_{(M,N]} e^{itx}dF_n(x) - \int_{(M,N]} e^{itx}dF(x)$$
$$= e^{itN}[F_n(N) - F(N)] - e^{itM}[F_n(M) - F(M)]$$
$$- it\int_{(M,N)} e^{ity}[F_n(y) - F(y)]dy.$$

于是，我们有表达式

$$\begin{aligned}\phi_n(t) - \phi(t) &= \int_{(-\infty,M]\cup(N,\infty)} e^{itx}dF_n(x) - \int_{(-\infty,M]\cup(N,\infty)} e^{itx}dF(x)\\ &\quad + e^{itN}[F_n(N) - F(N)] - e^{itM}[F_n(M) - F(M)]\\ &\quad - it\int_{(M,N)} e^{ity}[F_n(y) - F(y)]dy\\ &\xlongequal{\text{def}} I_{n,1}(M,N) + I_2(M,N) + I_{n,3}(N)\\ &\quad + I_{n,4}(M) + I_{n,5}(t,M,N).\end{aligned} \tag{6.3.6}$$

任给 $\varepsilon>0$，取 F 的连续点 M,N 使 $M<N$ 且

$$F(M) + [1 - F(N)] < \varepsilon,$$

则

$$|I_2(M,N)| \leqslant F(M) + [1 - F(N)] < \varepsilon.$$

由于 $F_n \xrightarrow{w} F$ 且 M,N 是 F 的连续点，故当 n 充分大时还应有

$$|I_{n,3}(N)| \leqslant |F_n(N) - F(N)| < \varepsilon,$$
$$|I_{n,4}(M)| \leqslant |F_n(M) - F(M)| < \varepsilon$$

和

$$|I_{n,1}(M,N)| \leqslant F_n(M) + [1 - F_n(N)] < \varepsilon.$$

最后，由于 $F_n(y)\to F(y)$ 对 $(M,N]$ 中所有 F 的连续点成立，故对区间 $(M,N]$ 上的 L 测度而言有 $F_n\to F$ a. e.. 于是，由 Lebesgue 有界收敛定理就又得

$$\lim_{n\to\infty}\int_{(M,N)} e^{ity}[F_n(y) - F(y)]dy = 0,$$

从而当 n 充分大时

$$|I_{n,5}(t,M,N)| \leqslant T\left|\int_{(M,N)} \mathrm{e}^{ity}[F_n(y)-F(y)]\mathrm{d}y\right| < \varepsilon$$

对一切 $|t|\leqslant T$ 成立. 这样定理的证明就经由(6.3.6)式而完成. □

为了完成定理 6.3.7 必要性部分的证明,需要对于弱收敛有关的性质进行更深入的讨论. 首先,我们要证明下列命题.

命题 6.3.9(Helly 引理) 对任何分布函数列 $\{F_n, n=1,2,\cdots\}$,存在一个满足 $n_k\uparrow\infty$ 的正整数列 $\{n_k, k=1,2,\cdots\}$ 和一个准分布函数 G,使对每个 $x\in\boldsymbol{R}$ 有 $0\leqslant G(x)\leqslant 1$,而且

$$F_n \xrightarrow{w} G.$$

证明 把有理数排列成 $\boldsymbol{Q}=\{r_1,r_2,\cdots\}$. 对序列 $\{F_n(r_1), n=1,2,\cdots\}$,取正整数列的子列 $n_1(1)<n_1(2)<\cdots$ 使

$$\lim_{m\to\infty} F_{n_1(m)}(r_1) = g(r_1)$$

对某个 $g(r_1)\in[0,1]$ 成立. 对序列 $\{F_{n_1(m)}(r_1), m=1,2,\cdots\}$,再取正整数列子列 $\{n_1(m), m=1,2,\cdots\}$ 的子列 $n_2(1)<n_2(2)<\cdots$,使

$$\lim_{m\to\infty} F_{n_2(m)}(r_2) = g(r_2)$$

对某个 $g(r_2)\in[0,1]$ 成立. 如此继续,对 $k\geqslant 2$,我们取 $\{n_{k-1}(m), m=1,2,\cdots\}$ 的子列 $n_k(1)<n_k(2)<\cdots$,使

$$\lim_{m\to\infty} F_{n_k(m)}(r_k) = g(r_k)$$

对某个 $g(r_k)\in[0,1]$ 成立. 对每个 $k=1,2,\cdots$ 令 $n_k=n_k(k)$,则 $\{n_k, k=1,2,\cdots\}$ 是诸子列

$$\{\{n_l(m), m=1,2,\cdots\}, l=1,2,\cdots\}$$

的公共子列,因而对任何 $r\in\boldsymbol{Q}$ 有

$$\lim_{k\to\infty} F_{n_k}(r) = g(r).$$

令 $G(x)=\inf\{g(r): r>x\}$. 不难验证: G 是准分布函数,对任何 $x\in\boldsymbol{R}$ 满足 $0\leqslant G(x)\leqslant 1$,而且 $F_n \xrightarrow{w} G$. □

Helly 引理中的那个准分布函数 G 当然不一定是分布函数. 事实上,对每个 $n=1,2,\cdots$,令

$$F_n(x) = \begin{cases} 0, & x\leqslant n, \\ 1, & x\geqslant n, \end{cases}$$

则 $\{F_n, n=1,2,\cdots\}$ 是一个分布函数列. 易见对每个 $x\in\boldsymbol{R}$ 有 $F_n(x)\to$

0,但极限函数 $G\equiv 0$ 并非分布函数.

定义 6.3.1 如果分布函数列 $\{F_n, n=1,2,\cdots\}$ 的任一弱收敛子列的极限函数都是分布函数,则称 $\{F_n, n=1,2,\cdots\}$ 是**弱列紧的**.

根据 Helly 引理,分布函数列 $\{F_n, n=1,2,\cdots\}$ 是弱列紧的当且仅当:对它的任一子列,存在该子列的一个子列 $\{F_{n''}\}$ 和一个分布函数 F'' 使 $F_{n''}\xrightarrow{w}F''$. 弱列紧概念对于研究分布函数弱收敛的重要性从下面的命题可以体现出来.

命题 6.3.10 如果分布函数列 $\{F_n, n=1,2,\cdots\}$ 是弱列紧的,而且它的任何一个弱收敛的子列弱收敛到同一个分布函数 F,则 $F_n\xrightarrow{w}F$.

证明 如所述命题不成立,则存在 F 的连续点 x_0 使 $F_n(x_0)$ 不收敛到 $F(x_0)$,即存在 $\varepsilon_0>0$ 和正整数的子列 $\{n_k\}$ 使对每个 $k=1,2,\cdots$ 有

$$|F_{n_k}(x_0)-F(x_0)|>\varepsilon_0. \tag{6.3.7}$$

但 $\{F_n, n=1,2,\cdots\}$ 是弱列紧的,因而存在 $\{F_{n_k}, k=1,2,\cdots\}$ 的子列 $\{F_{n''}\}$ 使 $F_{n''}\xrightarrow{w}F$,与(6.3.7)式发生矛盾. □

既然弱列紧的概念很重要,我们就需要寻求它的判别方法. 为此,引进**胎紧**的概念.

定义 6.3.2 如果对任给 $\varepsilon>0$,存在 $M>0$ 使

$$\sup_{n\geqslant 1}[F_n(-M)+1-F_n(M)]<\varepsilon,$$

则称 $\{F_n, n=1,2,\cdots\}$ 是**胎紧的**.

易见,分布函数列 $\{F_n, n=1,2,\cdots\}$ 是胎紧的当且仅当对任意给定的正整数 n_0, $\{F_n, n=n_0, n_0+1,\cdots\}$ 是胎紧的. 下列命题表明:分布函数列的胎紧和弱列紧实际上是等价的.

命题 6.3.11 分布函数列 $\{F_n, n=1,2,\cdots\}$ 是胎紧的当且仅当它是弱列紧的.

证明 必要性 由命题 6.3.9 可知,对 $\{F_n, n=1,2,\cdots\}$ 的任一子列 $\{F_{n'}\}$,存在该子列的子列 $\{F_{n''}\}$ 和满足 $0\leqslant F''\leqslant 1$ 的准分布函数 F'' 使

$$F_{n''} \xrightarrow{w} F''.$$

由$\{F_n, n=1,2,\cdots\}$胎紧知$\{F_{n''}\}$亦胎紧，故对任给$\varepsilon>0$，存在$M<0<N$使M,N都是F''的连续点且

$$F_{n''}(M)+1-F_{n''}(N)<\varepsilon, \quad \forall n''.$$

上式中令$n''\to\infty$即得

$$F''(M)+1-F''(N)\leqslant\varepsilon.$$

注意F''非降和$0\leqslant F''\leqslant 1$，由上式即知$F''$必是分布函数.

充分性　设$\{F_n, n=1,2,\cdots\}$弱列紧但非胎紧. 由非胎紧推知：存在$\varepsilon_0>0$使对每个$k=1,2,\cdots$可找到正整数n_k使

$$F_{n_k}(-k)+1-F_{n_k}(k)>\varepsilon_0. \tag{6.3.8}$$

不难看出，序列$\{n_k\}$必含有无穷多个正整数，故$\{F_{n_k}, k=1,2,\cdots\}$是序列$\{F_n, n=1,2,\cdots\}$的子列. 于是，由弱列紧性又知：存在$\{F_{n_k}, k=1,2,\cdots\}$的子列$\{F_{n''}\}$和分布函数$F''$使$F_{n''}\xrightarrow{w}F''$. 取$F''$的连续点$M<N$使

$$F''(M)+1-F''(N)<\varepsilon_0,$$

则存在正整数n_0使当$n\geqslant n_0$时$F_{n''}(M)+1-F_{n''}(N)<\varepsilon_0$. 这表明：对任何$k\geqslant\max(|M|,|N|)$和任何$n\geqslant n_0$，

$$F_{n''}(-k)+1-F_{n''}(k)<\varepsilon_0,$$

与(6.3.8)式矛盾. □

下列引理将说明如何利用特征函数来判别分布函数列是否胎紧.

引理 6.3.12　如果存在一个在 0 点连续的实变复值函数ϕ，使

$$\phi_n(t)\to\phi(t) \tag{6.3.9}$$

对每个$t\in\boldsymbol{R}$成立，则$\{F_n, n=1,2,\cdots\}$胎紧.

证明　由命题 6.3.2 和(6.3.9)可见$\phi(0)=1$. 由于ϕ在 0 点的连续性，故对任给$\varepsilon>0$，存在$\delta>0$，使$|\phi(t)-\phi(0)|<\varepsilon$当$|t|<\delta$时成立，从而

$$\left|\frac{1}{\delta}\int_{-\delta}^{\delta}[1-\phi(t)]\mathrm{d}t\right|=\left|\frac{1}{\delta}\int_{-\delta}^{\delta}[\phi(0)-\phi(t)]\mathrm{d}t\right|$$

$$\leqslant 2|\phi(0)-\phi(t)|<2\varepsilon.$$

但是,由 Lebesgue 有界收敛定理和(6.3.9)式又知

$$\lim_{n\to\infty}\frac{1}{\delta}\int_{-\delta}^{\delta}[1-\phi_n(t)]\mathrm{d}t=\frac{1}{\delta}\int_{-\delta}^{\delta}[1-\phi(t)]\mathrm{d}t,$$

故对上述 $\varepsilon>0$,存在正整数 n_0,使

$$\left|\frac{1}{\delta}\int_{-\delta}^{\delta}[1-\phi_n(t)]\mathrm{d}t\right|<2\varepsilon$$

当 $n\geqslant n_0$ 时成立. 利用 Fubini 定理易得

$$\begin{aligned}\frac{1}{\delta}\int_{-\delta}^{\delta}[1-\phi_n(t)]\mathrm{d}t&=\frac{1}{\delta}\int_{-\delta}^{\delta}\mathrm{d}t\int_{\boldsymbol{R}}(1-\mathrm{e}^{\mathrm{i}tx})\mathrm{d}F_n(x)\\&=\frac{1}{\delta}\int_{\boldsymbol{R}}\mathrm{d}F_n(x)\int_{-\delta}^{\delta}(1-\mathrm{e}^{\mathrm{i}tx})\mathrm{d}t\\&=\frac{2}{\delta}\int_{\boldsymbol{R}}\mathrm{d}F_n(x)\int_0^{\delta}(1-\cos tx)\mathrm{d}t\\&=2\int_{\boldsymbol{R}}\left(1-\frac{\sin\delta x}{\delta x}\right)\mathrm{d}F_n(x)\\&\geqslant 2\int_{|x|\geqslant 2\delta^{-1}}\left(1-\frac{\sin\delta x}{\delta x}\right)\mathrm{d}F_n(x)\\&\geqslant 2\int_{|x|\geqslant 2\delta^{-1}}\left(1-\frac{1}{\delta|x|}\right)\mathrm{d}F_n(x)\\&\geqslant F_n(-2\delta^{-1})+1-F_n(2\delta^{-1}-0).\end{aligned}$$

于是,对任给 $\varepsilon>0$,取 $M>2\delta^{-1}$,就知当 $n\geqslant n_0$ 时,

$$F_n(-M)+1-F_n(M)<\varepsilon$$

成立. 可见 $\{F_n,n=1,2,\cdots\}$ 胎紧. □

现在,完成定理 6.3.7 必要性部分证明的准备工作已经就绪. 事实上,下面的定理是一个比必要性部分还要强些的结论.

定理 6.3.13 以 $\{\phi_n,n=1,2,\cdots\}$ 记分布函数列 $\{F_n,n=1,2,\cdots\}$ 的特征函数. 如果存在在 0 点连续的实变复值函数 ϕ,使(6.3.9)式成立,则

(1) $F_n\xrightarrow{w}F$ 对某一分布函数 F 成立;

(2) 该实变复值函数 ϕ 是上述分布函数 F 的特征函数.

证明 由引理 6.3.12 知 $\{F_n,n=1,2,\cdots\}$ 胎紧. 由命题 6.3.11 又进一步知 $\{F_n,n=1,2,\cdots\}$ 弱列紧. 设 $\{F_{n'}\}$ 是 $\{F_n,n=1,2,\cdots\}$ 的弱

收敛子列,即存在 d.f. F' 使 $F_{n'}\xrightarrow{w}F'$. 那么由定理 6.3.8 知,对每个 $t\in\boldsymbol{R}$ 有

$$\phi_{n'}(t)\to\phi'(t),$$

其中 ϕ' 是 F' 的特征函数. 把此式与(6.3.9)式对照即可知 $\phi=\phi'$,从而 ϕ 是 F' 的特征函数. 这说明 $\{F_n, n=1,2,\cdots\}$ 是弱列紧的,而且它的任何一个弱收敛的子列收敛到由 ϕ 确定的那一个分布函数. 于是,由命题 6.3.10 即得定理的结论. □

§4　弱 大 数 律

我们将对独立随机变量序列 $\{f_n\}$ 的部分和序列 $\{S_n\}$ 的弱大数律进行讨论,主要任务是寻求存在实数列 $\{0<a_n\uparrow\infty\}$,使

$$S_n/a_n\xrightarrow{P}0 \tag{6.4.1}$$

成立的必要充分条件.

命题 6.4.1　对任何 $\{a_n\in\boldsymbol{R}^+\}$,如果

$$\begin{cases}\lim\limits_{n\to\infty}\sum\limits_{k=1}^{n}P(|f_k|\geqslant a_n)=0,\\ \lim\limits_{n\to\infty}\dfrac{1}{a_n}\sum\limits_{k=1}^{n}\mathrm{E}f_kI_{\{|f_k|<a_n\}}=0,\\ \lim\limits_{n\to\infty}\dfrac{1}{a_n^2}\sum\limits_{k=1}^{n}\mathrm{var}f_kI_{\{|f_k|<a_n\}}=0,\end{cases} \tag{6.4.2}$$

则(6.4.1)式成立.

证明　对任给 $\varepsilon>0$,由 Chebyshev 不等式和(6.4.2)式之第三式推出

$$P\left(\frac{1}{a_n}\left|\sum_{k=1}^{n}f_kI_{\{|f_k|<a_n\}}-\sum_{k=1}^{n}\mathrm{E}f_kI_{\{|f_k|<a_n\}}\right|\geqslant\varepsilon\right)$$

$$\leqslant\frac{1}{\varepsilon^2a_n^2}\sum_{k=1}^{n}\mathrm{var}f_kI_{\{|f_k|<a_n\}}\to 0.$$

此式和(6.4.2)式之第二式一起便给出

$$\frac{1}{a_n}\sum_{k=1}^{n}f_kI_{\{|f_k|<a_n\}}\xrightarrow{P}0.$$

另一方面，(6.4.2)式之第一式表明：对任给 $\varepsilon\in(0,1)$，

$$P\left(\frac{1}{a_n}\left|S_n-\sum_{k=1}^{n}f_kI_{\{|f_k|<a_n\}}\right|\geqslant\varepsilon\right)$$

$$=P\left(\frac{1}{a_n}\left|\sum_{k=1}^{n}f_kI_{\{|f_k|\geqslant a_n\}}\right|\geqslant\varepsilon\right)$$

$$\leqslant P\left(\sum_{k=1}^{n}I_{\{|f_k|\geqslant a_n\}}\geqslant\varepsilon\right)$$

$$\leqslant P\left(\bigcup_{k=1}^{n}\{|f_k|\geqslant a_n\}\right)$$

$$\leqslant\sum_{k=1}^{n}P(|f_k|\geqslant a_n)\to 0.$$

这又证明了

$$\frac{1}{a_n}\left[S_n-\sum_{k=1}^{n}f_kI_{\{|f_k|<a_n\}}\right]\xrightarrow{P}0,$$

可见(6.4.1)式成立. □

上述命题表明：即使不要求 $\{a_n\in\boldsymbol{R}^+\}$ 非降，条件组(6.4.2)对于(6.4.1)式也是充分的. 下面，我们加上 $\{0<a_n\uparrow\infty\}$ 这个附加条件来证明该条件组是必要的. 这项任务相对来说要艰巨一些. 因此，需要适当的准备工作. 设 f 是一个随机变量，$f^s=f-f'$ 是它的对称化随机变量.

引理 6.4.2 对任给 $\varepsilon>0$，有

$$2P(|f|<\varepsilon)\mathrm{var}fI_{\{|f|<\varepsilon\}}\leqslant\mathrm{var}f^sI_{\{|f^s|<2\varepsilon\}}+2\varepsilon^2P(|f|\geqslant\varepsilon).$$

证明 易见 $\mathrm{E}f^sI_{\{|f^s|<\varepsilon\}}=0$. 因此

$$\begin{aligned}\mathrm{var}f^sI_{\{|f^s|<2\varepsilon\}}&=\mathrm{E}(f^s)^2I_{\{|f^s|<2\varepsilon\}}\\&\geqslant\mathrm{E}(f-f')^2I_{\{|f|<\varepsilon\}}I_{\{|f'|<\varepsilon\}}\\&=2P(|f|<\varepsilon)\mathrm{E}f^2I_{\{|f|<\varepsilon\}}-2\mathrm{E}^2fI_{\{|f|<\varepsilon\}}\\&=2P(|f|<\varepsilon)\mathrm{var}fI_{\{|f|<\varepsilon\}}-2P(|f|\geqslant\varepsilon)\mathrm{E}^2fI_{\{|f|<\varepsilon\}}\\&\geqslant2P(|f|<\varepsilon)\mathrm{var}fI_{\{|f|<\varepsilon\}}-2\varepsilon^2P(|f|\geqslant\varepsilon),\end{aligned}$$

引理得证. □

对任何 $q\in(0,1)$，凡满足

$$P(f\leqslant m_q)\geqslant q\quad\text{和}\quad P(f\geqslant m_q)\geqslant 1-q$$

的实数 m_q 称为 r.v. f 的 q **分位点**. 特别地，f 的 $q=1/2$ 分位点称为它的**中位数**. **任何** r.v. f **的** q **分位点总是存在的**. 事实上，

$$m_q = F^{\leftarrow}(q)$$

就是一个 q 分位点. 还容易举出一个 r.v. f,它的 q 分位点并不惟一.

引理 6.4.3 以 m 记 r.v. f 的中位数,则对任何 $\varepsilon>0$ 和 $a\in\boldsymbol{R}$,有

$$P(|f-m|\geqslant\varepsilon)\leqslant 2P(|f^s|\geqslant\varepsilon)\leqslant 4P(|f-a|\geqslant 1/2).$$

证明 注意 m 也是 r.v. f' 的中位数,得

$$\begin{aligned}P(f^s\geqslant\varepsilon)&\geqslant P(f-m\geqslant\varepsilon, f'-m\leqslant 0)\\&=P(f-m\geqslant\varepsilon)P(f'\leqslant m)\\&\geqslant\frac{1}{2}P(f-m\geqslant\varepsilon).\end{aligned}$$

类似可证 $P(f^s\leqslant-\varepsilon)\geqslant\frac{1}{2}P(f-m\leqslant-\varepsilon)$. 两式合并即证得引理之第一个不等式. 又对 $a\in\boldsymbol{R}$,有

$$\begin{aligned}P(|f^s|\geqslant\varepsilon)&=P(|(f-a)-(f'-a)|\geqslant\varepsilon)\\&\leqslant P(|f-a|\geqslant\varepsilon/2)+P(|f'-a|\geqslant\varepsilon/2)\\&=2P(|f-a|\geqslant\varepsilon/2),\end{aligned}$$

故引理之第二个不等式亦成立. □

根据定理 2.5.6 和习题 2 之第 29 题，(6.4.1)式等价于

$$S_n/a_n\xrightarrow{d}0.$$

前面已经提到过特征函数是讨论依分布收敛问题的有力工具. 在讨论(6.4.1)式成立的必要条件时,特征函数方法将起重要作用.

引理 6.4.4 以 ϕ 记 r.v. f 的特征函数. 如果 $0<\mathrm{Re}\phi(t)\leqslant 1$ 对每个 $t\in[0,1]$成立,则对任给 $\varepsilon>0$,存在 $C>0$ 使

$$P(|f|\geqslant\varepsilon)\leqslant -C\int_0^1\ln\mathrm{Re}\phi(t)\mathrm{d}t;$$

$$\mathrm{E}f^2I_{\{|f|<\varepsilon\}}\leqslant -C\ln\mathrm{Re}\phi(1).$$

证明 证明依赖于下列不等式：对任何 $x\in(0,1]$有

$$\ln x=\ln[1-(1-x)]\leqslant-(1-x).\qquad(6.4.3)$$

定义$\left.\frac{\sin x}{x}\right|_{x=0}=\lim_{x\to 0}\frac{\sin x}{x}=1$,则$\frac{\sin x}{x}$在 $\boldsymbol{R}$ 有界连续且对任给 $\varepsilon>0$,存在$C>0$,使

$$1-\frac{\sin x}{x}\geqslant\frac{1}{C}$$

对一切$|x|\geqslant\varepsilon$成立. 于是

$$\begin{aligned}
-C\int_0^1\ln\mathrm{Re}\phi(t)\mathrm{d}t &\geqslant C\int_0^1[1-\mathrm{Re}\phi(t)]\mathrm{d}t \\
&\quad(\text{利用}(6.4.3)\text{式}) \\
&= C\int_0^1\mathrm{E}(1-\cos tf)\mathrm{d}t = C\mathrm{E}\int_0^1(1-\cos tf)\mathrm{d}t \\
&\quad(\text{Fubini 定理}) \\
&= \mathrm{E}\left[C\left(1-\frac{\sin f}{f}\right)\right]\geqslant\mathrm{E}\left[C\left(1-\frac{\sin f}{f}\right)\right]I_{\{|f|\geqslant\varepsilon\}} \\
&\quad\left(\text{因为}\frac{\sin x}{x}\leqslant 1\right) \\
&\geqslant P(|f|\geqslant\varepsilon).
\end{aligned}$$

引理的第一个不等式证毕.

类似地,定义$\left.\frac{1-\cos x}{x^2}\right|_{x=0}=\lim_{x\to 0}\frac{1-\cos x}{x^2}=\frac{1}{2}$,则$\frac{1-\cos x}{x^2}$在 $\boldsymbol{R}$ 上有界连续,而且对任给 $\varepsilon>0$,存在 $C>0$ 使

$$\frac{1-\cos x}{x^2}\geqslant\frac{1}{C}$$

对一切$|x|<\varepsilon$成立. 于是

$$\begin{aligned}
-C\ln\mathrm{Re}\phi(1)&\geqslant C[1-\mathrm{Re}\phi(1)]\geqslant C\mathrm{E}(1-\cos f)I_{\{|f|<\varepsilon\}} \\
&\geqslant \mathrm{E}f^2I_{\{|f|<\varepsilon\}},
\end{aligned}$$

证得引理的第二个不等式. □

设$\{g_{n,k}:\ k=1,\cdots,n;\ n=1,2,\cdots\}$是一个随机变量阵列. 如果对任给 $\varepsilon>0$ 均有

$$\lim_{n\to\infty}\max_{1\leqslant k\leqslant n}P(|g_{n,k}|\geqslant\varepsilon)=0,$$

则称它为**一致渐近可忽略的**.

命题 6.4.5 如果$\{g_{n,k}:\ k=1,\cdots,n;\ n=1,2,\cdots\}$是一致渐近可

忽略的，以 $\phi_{n,k}$ 记 $g_{n,k}$ 的特征函数，$m_{n,k}$ 记 $g_{n,k}$ 的一个中位数，则

$$\lim_{n\to\infty}\max_{1\leqslant k\leqslant n} m_{n,k}=0,$$

且对每个 $t\in\boldsymbol{R}$ 有

$$\max_{1\leqslant k\leqslant n}|\phi_{n,k}(t)-1|\to 0.$$

证明　对任给 $\varepsilon>0$，于(6.3.4)式中取 $n=0$ 便得

$$\begin{aligned}|\phi_{n,k}(t)-1|&\leqslant \mathrm{E}|\mathrm{e}^{itg_{n,k}}-1|\\&\leqslant 2\mathrm{E}\min\{|tg_{n,k}|,1\}\\&\leqslant 2\mathrm{E}[|tg_{n,k}|I_{\{|g_{n,k}|<\varepsilon\}}+I_{\{|g_{n,k}|\geqslant\varepsilon\}}]\\&\leqslant 2[\varepsilon|t|+P(|g_{n,k}|\geqslant\varepsilon)].\end{aligned}$$

上式先令 $n\to\infty$，再令 $\varepsilon\to 0$ 即得命题的第二式. 另外，用反证法极易证明命题的第一式. □

引理 6.4.6　如果(6.4.1)对 $\{0<a_n\uparrow\infty\}$ 成立，则

$$\{g_{n,k}=f_k/a_n:\ k=1,\cdots,n;\ n=1,2,\cdots\}$$

是一致渐近可忽略的.

证明　如结论不成立，则存在 $\varepsilon_0,\delta_0>0$ 和正整数 $N_n\uparrow\infty$，使

$$\max_{1\leqslant k\leqslant N_n}P(|f_k|\geqslant\varepsilon_0 a_{N_n})\geqslant\delta_0$$

对每个 $n=1,2,\cdots$ 成立. 显然，这蕴含着存在 $1\leqslant k_n\leqslant N_n$ 使

$$P(|f_{k_n}|\geqslant\varepsilon_0 a_{N_n})\geqslant\delta_0. \tag{6.4.4}$$

当存在 $K>0$ 使 $1\leqslant k_n\leqslant K$ 对一切 $n=1,2,\cdots$ 成立时，我们有

$$|f_{k_n}|/a_{N_n}\leqslant\max_{1\leqslant k\leqslant K}|f_k|/a_{N_n}\to 0\quad(\text{因为 }a_{N_n}\uparrow\infty),$$

可见此时(6.4.4)式是不可能成立的. 于是无妨设 $k_n\uparrow\infty$. 但此时由(6.4.4)式推出的

$$P(|f_{k_n}|\geqslant\varepsilon_0 a_{k_n})\geqslant P(|f_{k_n}|\geqslant\varepsilon_0 a_{N_n})\geqslant\delta_0$$

对一切 $n=1,2,\cdots$ 成立，这又与由(6.4.1)式推出的

$$\begin{aligned}|f_n|/a_n&=|S_n-S_{n-1}|/a_n\\&\leqslant|S_n|/a_n+|S_{n-1}|/a_{n-1}\xrightarrow{P}0\end{aligned}$$

矛盾. 可见引理的结论必须成立. □

下面来讨论必要性问题. 以 ϕ_n 和 m_n 分别表示 f_n 的特征函数和

中位数. 不难看出,此时分别有 $\phi_{n,k}(t)=\phi_k(t/a_n)$ 和 $m_{n,k}=m_k/a_n$.

命题 6.4.7 如果(6.4.1)对$\{0<a_n\uparrow\infty\}$成立,则对任给 $\varepsilon>0$,有

$$\begin{cases}\lim\limits_{n\to\infty}\sum\limits_{k=1}^{n}P(|f_k|\geqslant\varepsilon a_n)=0,\\ \lim\limits_{n\to\infty}\dfrac{1}{a_n}\sum\limits_{k=1}^{n}\mathrm{E}f_kI_{\{|f_k|<\varepsilon a_n\}}=0,\\ \lim\limits_{n\to\infty}\dfrac{1}{a_n^2}\sum\limits_{k=1}^{n}\mathrm{var}f_kI_{\{|f_k|<\varepsilon a_n\}}=0.\end{cases}\tag{6.4.5}$$

证明 根据引理 6.4.6,只需在$\{f_k/a_n: k=1,\cdots,n;\ n=1,2,\cdots\}$是一致渐近可忽略的条件下来证明命题. 对每个 $n=1,2,\cdots$,以 f_n^s 记 f_n 的对称化随机变量,则易见 $S_n^s\xlongequal{\text{def}}\sum\limits_{k=1}^{n}f_k^s$ 是 S_n 的对称化. 不难看出,(6.4.1)式蕴含 $S_n^s/a_n\xrightarrow{P}0$. 以 ϕ_n 记 f_n 的特征函数,则 f_n^s 的特征函数为$|\phi_n|^2$. 利用命题 6.3.4、定理 6.3.8 并参见§3 的例 1,即知 $S_n^s/a_n\xrightarrow{P}0$ 又等价于

$$\lim_{n\to\infty}\prod_{k=1}^{n}|\phi_k|^2(t/a_n)=1\tag{6.4.6}$$

在 t 的任意有限区间一致成立. 于是,存在正整数 n_0,使当 $n\geqslant n_0$ 时,

$$1/2\leqslant\prod_{k=1}^{n}|\phi_k|^2(t/a_n)\leqslant 1$$

对一切 $t\in[0,1]$成立. 这样对任给 $\varepsilon>0$,就得

$$\sum_{k=1}^{n}P(|f_k-m_k|\geqslant\varepsilon a_n)\leqslant 2\sum_{k=1}^{n}P(|f_k^s|\geqslant\varepsilon a_n)$$

(引理 6.4.3)

$$\leqslant -2C\sum_{k=1}^{n}\int_0^1\ln|\phi_k|^2(t/a_n)\mathrm{d}t$$

(引理 6.4.4 第一式)

$$=-2C\int_0^1\ln\prod_{k=1}^{n}|\phi_k|^2(t/a_n)\mathrm{d}t$$

$$\to 0\quad((6.4.6)\text{ 式}).$$

此式和命题 6.4.5 之第一式合在一起即给出了(6.4.5)式之第一式.注意,由

$$
\begin{aligned}
& 2\min_{1\leqslant k\leqslant n} P(|f_k|<\varepsilon a_n)\cdot\frac{1}{a_n^2}\sum_{k=1}^{n}\operatorname{var} f_k I_{\{|f_k|<\varepsilon a_n\}} \\
& \leqslant 2\frac{1}{a_n^2}\sum_{k=1}^{n} P(|f_k|<\varepsilon a_n)\operatorname{var} f_k I_{\{|f_k|<\varepsilon a_n\}} \\
& \leqslant \frac{1}{a_n^2}\sum_{k=1}^{n}\operatorname{var} f_k^s I_{\{|f_k^s|<2\varepsilon a_n\}} + 2\varepsilon^2\sum_{k=1}^{n} P(|f_k|\geqslant\varepsilon a_n) \\
& \quad (\text{引理 } 6.4.2) \\
& \leqslant -C\sum_{k=1}^{n}\ln|\phi_k|^2(t/a_n) + 2\varepsilon^2\sum_{k=1}^{n} P(|f_k|\geqslant\varepsilon a_n) \\
& \quad (\text{引理 } 6.4.4 \text{ 第二式}) \\
& \quad \to 0 \quad ((6.4.6)\text{ 和已证完之}(6.4.5)\text{ 式第一式}),
\end{aligned}
$$

以及一致渐近可忽略性蕴含 $\min\limits_{1\leqslant k\leqslant n} P(|f_k|<\varepsilon a_n)\to 1$ 又得(6.4.5)式之第三式.最后,由(6.4.1)式和

$$
\begin{aligned}
& P\left(\left|S_n-\sum_{k=1}^{n} f_k I_{\{|f_k|<\varepsilon a_n\}}\right|\geqslant\varepsilon a_n\right) = P\left(\left|\sum_{k=1}^{n} f_k I_{\{|f_k|\geqslant\varepsilon a_n\}}\right|\geqslant\varepsilon a_n\right) \\
& \leqslant P\left(\sum_{k=1}^{n}|f_k| I_{\{|f_k|\geqslant\varepsilon a_n\}}\geqslant\varepsilon a_n\right) \leqslant P\left(\sum_{k=1}^{n} I_{\{|f_k|\geqslant\varepsilon a_n\}}\geqslant 1\right) \\
& \leqslant P\left(\bigcup_{k=1}^{n}\{|f_k|\geqslant\varepsilon a_n\}\right) \leqslant \sum_{k=1}^{n} P(|f_k|\geqslant\varepsilon a_n) \\
& \to 0 \quad (\text{已证之}(6.4.5)\text{ 式第一式})
\end{aligned}
$$

推知 $\dfrac{1}{a_n}\sum\limits_{k=1}^{n} f_k I_{\{|f_k|<\varepsilon a_n\}}\xrightarrow{P}0$. 但是我们又有

$$
\begin{aligned}
& P\left(\left|\sum_{k=1}^{n} f_k I_{\{|f_k|<\varepsilon a_n\}}-\sum_{k=1}^{n}\mathrm{E} f_k I_{\{|f_k|<\varepsilon a_n\}}\right|\geqslant\varepsilon a_n\right) \\
& \leqslant \frac{1}{\varepsilon^2 a_n^2}\sum_{k=1}^{n}\operatorname{var} f_k I_{\{|f_k|<\varepsilon a_n\}} \quad (\text{Chebyshev 不等式}) \\
& \to 0 \quad (\text{已证之}(6.4.5)\text{ 式第三式}),
\end{aligned}
$$

可见(6.4.5)式之第二式亦必成立.　□

把命题 6.4.1 和命题 6.4.7 合在一起,我们就完成了本节开头

提出来的任务.

定理 6.4.8 (6.4.1)式对$\{0<a_n\uparrow\infty\}$成立的必要充分条件是(6.4.2)式成立.

该定理讨论的是一般的独立随机变量序列,把它应用到独立同分布的情况,可以得到更简洁的表达.

定理 6.4.9 如果$\{f_n,n=1,2,\cdots\}$是独立同分布的随机变量序列,则

$$S_n/n-b_n\xrightarrow{P}0 \tag{6.4.7}$$

对某个$\{b_n\in\boldsymbol{R}\}$成立,当且仅当

$$\lim_{n\to\infty}nP(|f_1|\geqslant n)=0. \tag{6.4.8}$$

证明 由引理 6.4.3 立得:(6.4.7)式等价于$S_n^s/n\xrightarrow{P}0$.由定理 6.4.8 又知后者等价于下列三式:

$$\lim_{n\to\infty}nP(|f_1^s|\geqslant n)=0;$$

$$\lim_{n\to\infty}\mathrm{E}f_1^sI_{\{|f_1^s|<n\}}=0;$$

$$\lim_{n\to\infty}\frac{1}{n}\mathrm{var}f_1^sI_{\{|f_1^s|<n\}}=0.$$

由于f_1^s的分布是对称的,故$\mathrm{E}f_1^sI_{\{|f_1^s|<n\}}=0$,从而上列三式中之第二式是自然成立的.但是,引理 6.4.3 表明第一式等价于(6.4.8)式.因此,为完成定理的证明,只需证明上列三式中之第一式蕴含第三式.注意

$$\begin{aligned}\frac{1}{n}\mathrm{var}f_1^sI_{\{|f_1^s|<n\}}&=\frac{1}{n}\mathrm{E}(f_1^s)^2I_{\{|f_1^s|<n\}}\\&=\frac{1}{n}\sum_{k=1}^{n}\mathrm{E}(f_1^s)^2I_{\{k-1\leqslant|f_1^s|<k\}}\\&\leqslant\frac{1}{n}\sum_{k=1}^{n}k^2P(k-1\leqslant|f_1^s|<k)\\&\leqslant\frac{1}{n}\sum_{k=1}^{n}\sum_{j=1}^{k}jP(k-1\leqslant|f_1^s|<k)\end{aligned}$$

$$= \frac{1}{n}\sum_{j=1}^{n} j \sum_{k=j}^{n} P(k-1 \leqslant |f_1^s| < k)$$

$$\leqslant \frac{1}{n}\sum_{j=1}^{n} jP(|f_1^s| \geqslant j-1)$$

$$\leqslant \frac{1}{n} + \frac{2}{n}\sum_{j=1}^{n}(j-1)P(|f_1^s| \geqslant j-1) \to 0,$$

即可见这确实是对的. □

§5　中心极限定理

所谓随机变量序列$\{S_n, n=1,2,\cdots\}$服从中心极限定理,是指存在正实数列$\{a_n, n=1,2,\cdots\}$和实数列$\{b_n, n=1,2,\cdots\}$,使

$$\frac{S_n - b_n}{a_n} \xrightarrow{d} \Phi.$$

这里,Φ记标准正态分布函数.正数列$\{a_n\}$和实数列$\{b_n\}$分别称为$\{S_n\}$的**正则化常数**和**中心化常数**,而$\{(S_n-b_n)/a_n\}$则称为$\{S_n\}$的**正则化序列**.

设$\{f_n, n=1,2,\cdots\}$是一个随机变量序列.本节将以特征函数为工具,讨论其部分和序列$\{S_n\}$的中心极限定理.对一般随机变量序列的部分和序列在适当正则化以后的中心极限定理讨论起来比较复杂.我们仅限于讨论独立随机变量序列的情况,因为这时$\{S_n, n=1,2,\cdots\}$的特征函数与$\{f_n, n=1,2,\cdots\}$的特征函数有命题 6.3.4 所描述的简单关系.

例 1　设独立随机变量序列$\{f_n, n=1,2,\cdots\}$具有共同的 Cauchy 分布函数.由命题 6.3.4 并参考§2 例 3,容易得到

$$\mathrm{E}\mathrm{e}^{\mathrm{i}tS_n/n} = \prod_{k=1}^{n}\mathrm{E}\mathrm{e}^{\mathrm{i}tf_k/n} = (\mathrm{E}\mathrm{e}^{\mathrm{i}tf_1/n})^n = \mathrm{E}\mathrm{e}^{\mathrm{i}tf_1} = \mathrm{e}^{-|t|},$$

从而对每个$t \in \boldsymbol{R}$,有

$$\mathrm{E}\mathrm{e}^{\mathrm{i}tS_n/n} \to \mathrm{e}^{-|t|}.$$

根据连续性定理,这表明$S_n/n \xrightarrow{d}$ Cauchy 分布函数.

这个例子说明命题 6.3.4 加上连续性定理便可以用来解决独立

随机变量序列部分和的依分布收敛问题. 它还说明,即使对于独立同分布随机变量序列的部分和,它依分布收敛时也不一定就非收敛到正态分布不可. 我们之所以只讨论中心极限定理,一是它比较重要,二是因为讨论起来相对简单一些.

例 2 设独立随机变量序列$\{f_n, n=1,2,\cdots\}$具有共同的分布函数,其密度为

$$p(x)=\begin{cases} x^{-3}, & x>1, \\ 0, & |x|\leqslant 1, \\ -x^{-3}, & x<-1. \end{cases}$$

由此容易计算出其特征函数为

$$\begin{aligned}\phi(t) &= 2\int_1^\infty \frac{\cos tx}{x^3}\mathrm{d}x = 1-2\int_1^\infty \frac{1-\cos tx}{x^3}\mathrm{d}x \\ &= 1-4\int_1^\infty \frac{\sin^2(tx/2)}{x^3}\mathrm{d}x = 1-t^2\int_{|t|/2}^\infty \frac{\sin^2 y}{y^3}\mathrm{d}y,\end{aligned}$$

对每个 $t\in\boldsymbol{R}$ 和 $u\in\boldsymbol{R}^+$,记

$$I_u(t)=\frac{t^2}{u\ln u}\int_{|t|/(2\sqrt{u\ln u})}^\infty \frac{\sin^2 x}{x^3}\mathrm{d}x,$$

则

$$\begin{aligned}\mathrm{E}\mathrm{e}^{\mathrm{i}tS_n/\sqrt{n\ln n}} &= \prod_{k=1}^n \mathrm{E}\mathrm{e}^{\mathrm{i}tf_k/\sqrt{n\ln n}} = (\mathrm{E}\mathrm{e}^{\mathrm{i}tf_1/\sqrt{n\ln n}})^n \\ &= \phi^n(t/\sqrt{n\ln n}) = [1-I_n(t)]^n.\end{aligned}$$

但是,对任何 $t\in\boldsymbol{R}$ 有

$$\begin{aligned}\lim_{u\to\infty} uI_u(t) &= \lim_{u\to\infty}\frac{t^2}{\ln u}\int_{|t|/(2\sqrt{u\ln u})}^\infty \frac{\sin^2 x}{x^3}\mathrm{d}x \\ &= \lim_{u\to\infty}\frac{t^2}{\ln u}\int_{|t|/(2\sqrt{u\ln u})}^1 \frac{\sin^2 x}{x^3}\mathrm{d}x \\ &\quad \left(\text{因为} \int_1^\infty \frac{\sin^2 x}{x^3}\mathrm{d}x \text{ 有限}\right) \\ &= -\lim_{u\to\infty}\left[ut^2\cdot\frac{\sin^2|t|/(2\sqrt{u\ln u})}{[|t|/(2\sqrt{u\ln u})]^3}\cdot\frac{|t|(\ln u+1)}{4(u\ln u)^{3/2}}\right] \\ &\quad (\text{L'Hôpital 法则})\end{aligned}$$

$$= -\lim_{u\to\infty}\left[t^2\cdot\frac{\sin^2|t|/(2\sqrt{u\ln u})}{[|t|/(2\sqrt{u\ln u})]^2}\cdot\frac{\ln u+1}{2\ln u}\right]$$

$$= -\frac{t^2}{2},$$

亦即

$$\lim_{n\to\infty}\mathrm{E}e^{itS_n/\sqrt{n\ln n}} = \lim_{n\to\infty}[1-I_n(t)]^n = e^{-t^2/2}.$$

这样,我们就证明了

$$S_n/\sqrt{n\ln n}\xrightarrow{d}\Phi.$$

不难看出,在例 2 中, $\mathrm{E}f_1=0$ 但其方差并不存在.这说明对于独立随机变量序列的中心极限定理而言,方差存在并不是前提条件.但是方差不存在时一般理论的建立也比较麻烦.因此,即使对于独立随机变量序列的中心极限定理,也仅限于讨论方差存在的情况.在这种情况下,我们将力求得到比较完整的结果.

设对每个 $n=1,2,\cdots$, r.v. f_n 的方差存在,而且不全退化,即存在正整数 n,使 $\sigma_n^2=\mathrm{var}f_n>0$(参见习题 6 第 12 题).注意:"不全退化"并非一个额外的假设,它只是为了避免出现对每个 $n=1,2,\cdots$, r.v. f_n 都 a.s. 是一个常数的那种在初等微积分中已经作了充分讨论的情况.对每个 $n=1,2,\cdots$,记

$$M_n=\sum_{k=1}^{n}\mathrm{E}f_n;\quad D_n^2=\sum_{k=1}^{n}\sigma_k^2.$$

又对每个 $n=1,2,\cdots$和每个 $k=1,\cdots,n$,令

$$g_{n,k}=(f_k-\mathrm{E}f_k)/D_n,$$

则易见

$$\mathrm{E}g_{n,k}=0,\quad \sigma_{n,k}^2\xlongequal{\text{def}}\mathrm{var}g_{n,k}=\sigma_k^2/D_n^2,$$

而且对每个 $n=1,2,\cdots$有

$$\sum_{k=1}^{n}\sigma_{n,k}^2=1. \tag{6.5.1}$$

引理 6.5.1 如果

$$\lim_{n\to\infty}\max_{1\leqslant k\leqslant n}\sigma_{n,k}^2=0, \tag{6.5.2}$$

则$\{g_{n,k}:\ k=1,\cdots,n;\ n=1,2,\cdots\}$一致渐近可忽略.

证明 由 Chebychev 不等式立得. □

如果对任何 $\varepsilon>0$ 均有

$$\lim_{n\to\infty}\frac{1}{D_n^2}\sum_{i=1}^{n}\mathrm{E}(f_i-\mathrm{E}f_i)^2 I_{\{|f_i-\mathrm{E}f_i|\geqslant\varepsilon D_n\}}=0,$$

则称$\{f_n,n=1,2,\cdots\}$满足 Lindeberg 条件.不难看出,利用上面引进的阵列$\{g_{n,k}\}$, Lindeberg 条件可以表达为

$$\lim_{n\to\infty}\sum_{k=1}^{n}\mathrm{E}g_{n,k}^2 I_{\{|g_{n,k}|\geqslant\varepsilon\}}=0. \tag{6.5.3}$$

下面的引理表明:对于满足 Lindeberg 条件的序列$\{f_n\}$,阵列$\{g_{n,k}\}$必是一致渐近可忽略的.

引理 6.5.2 如果$\{f_n,n=1,2,\cdots\}$满足 Lindeberg 条件,则(6.5.2)式成立,从而$\{g_{n,k}\}$一致渐近可忽略.

证明 对任何 $\varepsilon>0$,我们有

$$\begin{aligned}\max_{1\leqslant k\leqslant n}\sigma_{n,k}^2&=\max_{1\leqslant k\leqslant n}\mathrm{E}g_{n,k}^2\\&=\max_{1\leqslant k\leqslant n}\mathrm{E}g_{n,k}^2(I_{\{|g_{n,k}|<\varepsilon\}}+I_{\{|g_{n,k}|\geqslant\varepsilon\}})\\&\leqslant\varepsilon^2+\sum_{k=1}^{n}\mathrm{E}g_{n,k}^2 I_{\{|g_{n,k}|\geqslant\varepsilon\}}.\end{aligned}$$

在上式中先令 $n\to\infty$,再令 $\varepsilon\to 0$ 即得(6.5.2)式.再用引理 6.5.1 即知$\{g_{n,k}\}$一致渐近可忽略. □

下面的 Lindeberg 定理给出了方差存在时独立随机变量序列的中心极限定理成立的充分条件.

定理 6.5.3(Lindeberg 定理) 如果独立不全退化的随机变量序列$\{f_n,n=1,2,\cdots\}$满足 Lindeberg 条件,则

$$\frac{S_n-M_n}{D_n}\xrightarrow{d}\Phi. \tag{6.5.4}$$

证明 记$\{g_{n,k}\}$如前并对每个 $n=1,2,\cdots$,令 $T_n=\sum\limits_{k=1}^{n}g_{n,k}$,则问题化简为:在条件(6.5.3)之下来证明

$$T_n\xrightarrow{d}\Phi. \tag{6.5.5}$$

以$\{\phi_{n,k}\}$记$\{g_{n,k}\}$对应的特征函数列并任意固定 $t\in\boldsymbol{R}$. 考查恒等式

$$\prod_{k=1}^{n}\phi_{n,k}(t)-\prod_{k=1}^{n}(1-\sigma_{n,k}^2t^2/2)$$

$$=\sum_{l=1}^{n}\left[\prod_{k=1}^{l-1}(1-\sigma_{n,k}^2t^2/2)\right][\phi_{n,l}(t)-(1-\sigma_{n,k}^2t^2/2)]$$

$$\cdot\left[\prod_{k=l+1}^{n}\phi_{n,k}(t)\right]. \qquad (6.5.6)$$

对上式右端求和号内的第一项,用引理 6.5.1 知

$$0<\prod_{k=1}^{l-1}(1-\sigma_{n,k}^2t^2/2)\leqslant 1$$

当 n 充分大时对每个 $l=1,\cdots,n$ 成立. 对(6.5.6)式右端求和号内的第二项,利用(6.3.4)可得: 对任给 $\varepsilon>0$,

$$\begin{aligned}&|\phi_{n,l}(t)-(1-\sigma_{n,l}^2t^2/2)|\\&\leqslant \mathrm{E}|\mathrm{e}^{\mathrm{i}tg_{n,l}}-[1+\mathrm{i}tg_{n,l}+(\mathrm{i}tg_{n,l})^2/2!]|\\&\leqslant \mathrm{E}\min\left\{\left|\frac{(tg_{n,l})^3}{3!}\right|,|(tg_{n,l})^2|\right\}\\&\leqslant \mathrm{E}\min\{|tg_{n,l}|^3,t^2g_{n,l}^2\}\\&\leqslant \mathrm{E}\min\{|tg_{n,l}|^3,t^2g_{n,l}^2\}I_{\{|g_{n,l}|\geqslant\varepsilon\}}\\&\quad+\mathrm{E}\min\{|tg_{n,l}|^3,t^2g_{n,l}^2\}I_{\{|g_{n,l}|<\varepsilon\}}\\&\leqslant t^2\mathrm{E}g_{n,l}^2I_{\{|g_{n,l}|\geqslant\varepsilon\}}+|t|^3\mathrm{E}|g_{n,l}|^3I_{\{|g_{n,l}|<\varepsilon\}}\\&\leqslant t^2\mathrm{E}g_{n,l}^2I_{\{|g_{n,l}|\geqslant\varepsilon\}}+\varepsilon|t|^3\sigma_{n,l}^2\end{aligned}$$

对每个正整数 n 和每个 $l=1,\cdots,n$ 成立. 对(6.5.6)式右端求和号内的第三项,由命题 6.3.2 之(2)可见

$$\left|\prod_{k=l+1}^{n}\phi_{n,k}(t)\right|\leqslant 1$$

对每个正整数 n 和每个 $l=1,\cdots,n$ 成立. 综上所述,由(6.5.6)和(6.5.1)式得到

$$\left|\prod_{k=1}^{n}\phi_{n,k}(t)-\prod_{k=1}^{n}(1-\sigma_{n,k}^2t^2/2)\right|$$

$$\leqslant\sum_{l=1}^{n}|\phi_{n,l}(t)-(1-\sigma_{n,l}^2t^2/2)|$$

$$\leqslant t^2\sum_{k=1}^{n}\mathrm{E}g_{n,k}^2 I_{\{|g_{n,k}|\geqslant\varepsilon\}}+\varepsilon|t|^3$$

对充分大的 n 成立. 上式中先令 $n\to\infty$,再令 $\varepsilon\to 0$,便由(6.5.3)式得

$$\prod_{k=1}^{n}\phi_{n,k}(t)-\prod_{k=1}^{n}(1-\sigma_{n,k}^2t^2/2)=o(1) \qquad (6.5.7)$$

当 $n\to\infty$时成立. 接着考虑(6.5.7)式左端的第二项. 由(6.5.2)式知: 当 n 充分大时有

$$0\leqslant\max_{1\leqslant k\leqslant n}\sigma_{n,k}^2\leqslant 1/2.$$

但是,对任何 $x\in[0,1/2]$有

$$-x-x^2\leqslant\ln(1-x)\leqslant -x.$$

因此,由(6.5.1)式即知

$$-t^2/2-t^4\max_{1\leqslant k\leqslant n}\sigma_{n,k}^2\leqslant -t^2/2-t^4\sum_{k=1}^{n}\sigma_{n,k}^4$$

$$\leqslant\sum_{k=1}^{n}\ln(1-\sigma_{n,k}^2t^2/2)\leqslant -t^2/2$$

对充分大的 n 成立. 这样就进一步推出

$$\mathrm{e}^{-t^2/2}\cdot\exp\left[-t^4\max_{1\leqslant k\leqslant n}\sigma_{n,k}^2\right]\leqslant\prod_{k=1}^{n}(1-\sigma_{n,k}^2t^2/2)$$

$$=\exp\sum_{k=1}^{n}\ln(1-\sigma_{n,k}^2/2)\leqslant\mathrm{e}^{-t^2/2}.$$

于是,再一次引用引理 6.5.2,就得到

$$\prod_{k=1}^{n}(1-\sigma_{n,k}^2t^2/2)=\mathrm{e}^{-t^2/2}+o(1)$$

当 $n\to\infty$时成立. 后者与(6.5.7)式一起说明

$$\lim_{n\to\infty}\mathrm{E}\mathrm{e}^{\mathrm{i}tT_n}=\lim_{n\to\infty}\prod_{k=1}^{n}\phi_{n,k}(t)=\mathrm{e}^{-t^2/2}.$$

根据连续性定理,又注意标准正态分布的特征函数是 $\mathrm{e}^{-t^2/2}$,即证得(6.5.5)式. □

Lindeberg 定理有两个重要推论. 第一个推论是所谓的 Lyapounov 定理;第二个推论则是关于独立同分布序列的中心极限定理.

定理 6.5.4 (Lyapounov 定理) 设$\{f_n, n=1,2,\cdots\}$为独立不全

退化的随机变量序列. 如果存在 $\delta>0$ 使 $\mathrm{E}|f_n|^{2+\delta}<\infty$ 且满足 Lyapounov 条件

$$\lim_{n\to\infty}\frac{1}{D_n^{2+\delta}}\sum_{k=1}^{n}\mathrm{E}|f_k-\mathrm{E}f_k|^{2+\delta}=0,$$

则(6.5.4)式成立.

证明　因为对每个正整数 n,有

$$\frac{1}{D_n^2}\sum_{k=1}^{n}\mathrm{E}(f_k-\mathrm{E}f_k)^2 I_{\{|f_k-\mathrm{E}f_k|\geqslant\varepsilon D_n\}}$$

$$\leqslant\frac{1}{\varepsilon^{\delta}D_n^{2+\delta}}\sum_{k=1}^{n}\mathrm{E}|f_k-\mathrm{E}f_k|^{2+\delta}\to 0,$$

故 Lyapounov 条件蕴含 Lindeberg 条件. □

定理 6.5.5　如果独立同分布随机变量序列 $\{f_n,n=1,2,\cdots\}$ 有正方差. 记 $\sigma^2=\mathrm{var}f_1$,则

$$\frac{S_n-n\mathrm{E}f_1}{\sqrt{n}\,\sigma}\xrightarrow{d}\Phi.$$

证明　注意此时有: $M_n=n\mathrm{E}f_1$ 和 $D_n^2=n\sigma^2$. 又因方差存在,故

$$\frac{1}{D_n^2}\sum_{k=1}^{n}\mathrm{E}(f_k-\mathrm{E}f_k)^2 I_{\{|f_k-\mathrm{E}f_k|\geqslant\varepsilon D_n\}}$$

$$=\frac{1}{\sigma^2}\mathrm{E}(f_1-\mathrm{E}f_1)^2 I_{\{|f_1-\mathrm{E}f_1|\geqslant\varepsilon\sqrt{n}\,\sigma\}}\to 0,$$

即 Lindeberg 条件被满足. □

对方差存在的独立随机变量序列而言, Lindeberg 条件不仅对中心极限定理的成立是充分的,而且在一致渐近可忽略的条件下也是必要的.

定理 6.5.6 (Feller 定理)　如果独立不全退化的随机变量序列 $\{f_n,n=1,2,\cdots\}$的方差存在而且

$$\{g_{n,k}=(f_k-\mathrm{E}f_k)/D_n:\ k=1,\cdots,n,\ n=1,2,\cdots\}$$

是一致渐近可忽略的,则当(6.5.4)成立时, Lindeberg 条件必满足.

证明　固定 $t\in\boldsymbol{R}$ 并记 $\phi_{n,k}(t)-1=x_{n,k}+\mathrm{i}y_{n,k}=z_{n,k}$. 由于

$$|1+x_{n,k}|\leqslant|\phi_{n,k}(t)|\leqslant 1,$$

我们得

$$|e^{z_{n,k}}| = e^{x_{n,k}} = e^{-1+(1+x_{n,k})} \leqslant 1, \tag{6.5.8}$$

于是，利用等式

$$\prod_{k=1}^{n} e^{z_{n,k}} - \prod_{k=1}^{n} \phi_{n,k}(t) = \sum_{l=1}^{n} \left[\prod_{k=1}^{l-1} \phi_{n,k}(t)\right] \cdot [e^{z_{n,k}} - \phi_{n,k}(t)] \cdot \left[\prod_{k=l+1}^{n} e^{z_{n,k}}\right]$$

便可以得到

$$\left|\prod_{k=1}^{n} e^{z_{n,k}} - \prod_{k=1}^{n} \phi_{n,k}(t)\right| \leqslant \sum_{k=1}^{n} |e^{z_{n,k}} - \phi_{n,k}(t)|. \tag{6.5.9}$$

考查(6.5.9)式的右端. 因为$\{g_{n,k}\}$是一致渐近可忽略的. 由命题6.4.5之第二式可知

$$\lim_{n\to\infty} \max_{1\leqslant k\leqslant n} |z_{n,k}| = \lim_{n\to\infty} \max_{1\leqslant k\leqslant n} |\phi_{n,k}(t) - 1| = 0. \tag{6.5.10}$$

故当 n 充分大时，对每个 $k=1,\cdots,n$ 有$|z_{n,k}|\leqslant 1/2$，从而更有

$$|x_{n,k}| \leqslant 1/2; \quad |y_{n,k}| \leqslant 1/2.$$

但是，对任何 $x\in[-1/2,1/2]$，有

$$|e^{x} - 1| \leqslant 2|x|; \quad |e^{x} - 1 - x| \leqslant x^2; \quad |e^{ix} - 1 - ix| \leqslant x^2.$$

故利用(6.5.8)和(6.5.10)式又得到

$$\begin{aligned}\sum_{k=1}^{n} |e^{z_{n,k}} - \phi_{n,k}(t)| &\leqslant \sum_{k=1}^{n} [|e^{x_{n,k}} - 1 - x_{n,k}| \\ &\qquad + e^{x_{n,k}}|e^{iy_{n,k}} - 1 - iy_{n,k}| \\ &\qquad + |y_{n,k}(e^{x_{n,k}} - 1)|] \\ &\leqslant \sum_{k=1}^{n} [x_{n,k}^2 + e^{x_{n,k}} y_{n,k}^2 + 2|x_{n,k}y_{n,k}|] \\ &\leqslant 2\sum_{k=1}^{n} (x_{n,k}^2 + y_{n,k}^2) = 2\sum_{k=1}^{n} |z_{n,k}|^2. \end{aligned} \tag{6.5.11}$$

再考查(6.5.11)式的右端. 利用(6.3.4)和(6.5.1)式可得

$$\begin{aligned}\sum_{k=1}^{n} |z_{n,k}| &\leqslant \sum_{k=1}^{n} \mathrm{E}|e^{itg_{n,k}} - 1 - itg_{n,k}| \\ &\leqslant \frac{t^2}{2}\sum_{k=1}^{n} \sigma_{n,k}^2 = \frac{t^2}{2},\end{aligned}$$

因而由(6.5.10)式推知

$$\sum_{k=1}^{n} |z_{n,k}|^2 \leqslant 2(\max_{1\leqslant k\leqslant n} |z_{n,k}|) \sum_{k=1}^{n} |z_{n,k}|$$

$$\leqslant t^2(\max_{1\leqslant k\leqslant n}|z_{n,k}|)\to 0. \qquad (6.5.12)$$

因为(6.5.4)式等价于 $\lim\limits_{n\to\infty}\prod\limits_{k=1}^{n}\phi_{n,k}(t)=\mathrm{e}^{-t^2/2}$，把后者与(6.5.9)、(6.5.11)和(6.5.12)式串联起来，便推出

$$\lim_{n\to\infty}\exp\sum_{k=1}^{n}z_{n,k}=\lim_{n\to\infty}\prod_{k=1}^{n}\mathrm{e}^{z_{n,k}}=\lim_{n\to\infty}\prod_{k=1}^{n}\phi_{n,k}(t)=\mathrm{e}^{-t^2/2},$$

也就是说

$$\lim_{n\to\infty}\exp\left\{\mathrm{Re}\sum_{k=1}^{n}z_{n,k}\right\}=\lim_{n\to\infty}\left|\exp\sum_{k=1}^{n}z_{n,k}\right|=\mathrm{e}^{-t^2/2}.$$

将上式两端取对数，即得

$$\begin{aligned}\lim_{n\to\infty}\sum_{k=1}^{n}\mathrm{E}[\cos tg_{n,k}-1]&=\mathrm{E}\lim_{n\to\infty}\mathrm{Re}\sum_{k=1}^{n}[\phi_{n,k}(t)-1]\\&=\lim_{n\to\infty}\mathrm{Re}\sum_{k=1}^{n}z_{n,k}=-\frac{t^2}{2}\\&=-\frac{t^2}{2}\sum_{k=1}^{n}\mathrm{E}g_{n,k}^2,\end{aligned}$$

即

$$\lim_{n\to\infty}\sum_{k=1}^{n}\mathrm{E}[t^2g_{n,k}^2/2-(1-\cos tg_{n,k})]=0. \qquad (6.5.13)$$

但是，对任给 $\varepsilon>0$ 和任意的 $t\in\boldsymbol{R}$ 有

$$\begin{aligned}&\mathrm{E}[t^2g_{n,k}^2/2-(1-\cos tg_{n,k})]\\&\quad\geqslant\mathrm{E}[t^2g_{n,k}^2/2-(1-\cos tg_{n,k})]I_{\{|g_{n,k}|\geqslant\varepsilon\}}\\&\quad(\text{因为 }1-\cos x\leqslant x^2/2,\forall\, x\in\boldsymbol{R})\\&\quad\geqslant\mathrm{E}(t^2g_{n,k}^2/2-2)I_{\{|g_{n,k}|\geqslant\varepsilon\}}\\&\quad\geqslant(t^2/2-2/\varepsilon^2)\mathrm{E}g_{n,k}^2I_{\{|g_{n,k}|\geqslant\varepsilon\}}.\end{aligned}$$

在上式中取 t 使 $|t|>2/\varepsilon$，则可见(6.5.13)蕴含 Lindeberg 条件. □

人们经常把定理 6.5.3 和定理 6.5.6 写在一起成为如下形式：

定理 6.5.7 设 $\{f_n,n=1,2,\cdots\}$ 是独立不全退化的随机变量序列. 则 Lindeberg 条件是使(6.5.2)和(6.5.4)式同时成立的必要充分条件.

习　题　6

1. 设$\{f_n,n=1,2,\cdots\}$是随机变量序列. 证明：事件

$$\left\{\sum_{n=1}^{\infty} f_n \text{ 收敛}\right\} \text{ 和 } \left\{\lim_{n\to\infty}\frac{1}{n}\sum_{k=1}^{n} f_k \text{ 存在}\right\}$$

都是尾事件.

2. 设$\{f_n,n=1,2,\cdots\}$是随机变量序列，f是一个随机变量. 试问：$\left\{\sum_{n=1}^{\infty} f_n=f\right\}$是不是尾事件，为什么？

3. 设$\{f_n,n=1,2,\cdots\}$是随机变量序列. 证明：如果对任给$\varepsilon>0$均有

$$\sum_{n=1}^{\infty} P(|f_n|\geqslant\varepsilon)<\infty,$$

则$f_n \xrightarrow{\text{a.s.}} 0$.

4. 证明：对任何随机变量序列$\{f_n,n=1,2,\cdots\}$，存在实数列$\{a_n>0\}$和$\{b_n\}$使

$$(f_n-b_n)/a_n \xrightarrow{\text{a.s.}} 0.$$

5. 设$\{f_n\}$是某给定概率空间上的随机变量序列. 试构造一个概率空间，在它上面定义的随机变量序列$\{g_n\}$和$\{\tilde{g}_n\}$，使$\{g_n\}$和$\{\tilde{g}_n\}$相互独立而且都与$\{f_n\}$同分布.

6. 证明 Chebyshev 不等式并用它来证明：如果独立随机变量序列$\{f_n\}$满足

$$\lim_{n\to\infty}\frac{1}{n^2}\sum_{i=1}^{n}\operatorname{var} f_i=0,$$

则$(S_n-\mathrm{E}S_n)/n \xrightarrow{P} 0$.

7. 设$\{f_n\}$是独立随机变量序列. 对任何$C>0$和$n=1,2,\cdots$，记

$$\tilde{f}_n^C=f_n I_{\{|f_n|\leqslant C\}}+C I_{\{|f_n|>C\}}.$$

证明定理 6.1.6 中的条件(6.1.6)和(6.1.7)可以分别换成

$$\sum_{n=1}^{\infty}\mathrm{E}\widetilde{f}_n^C \text{ 收敛}, \quad \sum_{n=1}^{\infty}\mathrm{var}\,\widetilde{f}_n^C < \infty.$$

8. 设$\{f_n\}$是独立随机变量序列且$\mathrm{E}f_n=0$对每个$n=1,2,\cdots$成立. 证明：如果存在$C>0$使

$$\sum_{n=1}^{\infty}\mathrm{E}|f_n|I_{\{|f_n|>C\}} < \infty \text{ 和 } \sum_{n=1}^{\infty}\mathrm{E}f_n^2 I_{\{|f_n|\leqslant C\}} < \infty,$$

则$\sum_{n=1}^{\infty}f_n$ a.s. 收敛.

9. 设$\{f_n\}$是独立随机变量序列，$\mathrm{E}f_n=0$对每个$n=1,2,\cdots$成立. 证明：如果存在$\alpha_n\in[1,2]$使$\sum_{n=1}^{\infty}\mathrm{E}|f_n|^{\alpha_n}<\infty$，则$\sum_{n=1}^{\infty}f_n$ a.s. 收敛.

10. 设$\{f_n\}$是独立随机变量序列，对每个$n=1,2,\cdots$，有

$$P(f_n=1/n)+P(f_n=-1/n)=1.$$

讨论$\sum_{n=1}^{\infty}f_n$的收敛性.

11. $\{f_n\}$是独立随机变量序列，对每个$n=1,2,\cdots$，f_n有密度

$$p_n(x)=\begin{cases}0, & x<0,\\ \lambda_n e^{-\lambda_n x}, & x\geqslant 0,\end{cases}$$

其中$\lambda_n>0$. 讨论$\sum_{n=1}^{\infty}f_n$的收敛性.

12. 证明：r.v. f是退化的当且仅当它的方差存在且$\mathrm{var}f=0$.

13. 证明引理 6.2.1 和引理 6.2.2.

14. 完成推论 6.2.8 之证明.

15. 举例说明：对独立随机变量序列$\{f_n\}$而言，即使$\sum_{n=1}^{\infty}\frac{\mathrm{var}f_n}{n^2}=\infty$，(6.2.2)式仍可能成立.

16. 设独立随机变量序列$\{f_n\}$满足：存在$\{p_n>0\}$，使对每个$n=1,2,\cdots$有

$$P(f_n=1)=p_n;\quad P(f_n=0)=1-p_n.$$

证明：如果$\sum_{n=1}^{\infty}p_n=\infty$，则$\frac{S_n}{\mathrm{E}S_n}\xrightarrow{\text{a.s.}}1$.

17. 证明：如果 r.v. f的k阶矩存在，则其 c.f. ϕ的k阶导数

$\phi^{(k)}$一致连续.

18. 证明：如果 r.v. f 的 k 阶矩存在，则其 c.f. ϕ 当 $t\to 0$ 时有展开式

$$\phi(t) = \sum_{l=1}^{k} \frac{(\mathrm{i}t)^l}{l!}\mathrm{E}f^l + o(t^k).$$

19. 证明：如果 d.f. F 的 c.f. ϕ 满足 $\int_{\boldsymbol{R}}|\phi(t)|\mathrm{d}t<\infty$，则 F 有密度函数 p，而且下列反演公式成立：

$$p(x) = \frac{1}{2\pi}\int_{\boldsymbol{R}} \mathrm{e}^{-\mathrm{i}tx}\phi(t)\mathrm{d}t, \quad \forall\, x \in \boldsymbol{R}.$$

20. 设 d.f. F 的密度存在. 证明：其 c.f. ϕ 满足 $\lim\limits_{|t|\to\infty}\phi(t)=0$.

21. 证明：任何 r.v. f 的 q 分位点存在. 举例说明：有的随机变量的 q 分位点并不惟一.

22. 证明：对任何随机变量序列$\{f_n, n=1,2,\cdots\}$，下列命题等价：

(1) 存在$\{b_n\}\subset\boldsymbol{R}$，使 $f_n-b_n \xrightarrow{P} 0$；

(2) $f_n^s \xrightarrow{P} 0$；

(3) $f_n-m_n \xrightarrow{P} 0$，其中 m_n 表 f_n 的中位数.

23. 用命题 6.4.1 证明独立不全退化的随机变量序列$\{f_n, n=1,2,\cdots\}$的 Chebyshev 大数律：如果存在 $C>0$ 使 $\mathrm{var}f_n\leqslant C$ 对每个 $n=1,2,\cdots$成立，则

$$(S_n - \mathrm{E}S_n)/\mathrm{var}S_n \xrightarrow{P} 0.$$

24. 用定理 6.4.9 证明独立同分布随机变量序列$\{f_n, n=1,2,\cdots\}$的 Khinchine 大数律：如果 $\mathrm{E}|f_1|<\infty$，则 $S_n/n \xrightarrow{P} 0$.

25. 设$\{f_n, n=1,2,\cdots\}$是独立随机变量序列. 证明：如果存在 $C>0$，使$|f_n|\leqslant C$ a.s. 对每个 $n=1,2,\cdots$成立，并且 $\lim\limits_{n\to\infty}\mathrm{var}S_n=\infty$，则

$$(S_n - \mathrm{E}S_n)/\sqrt{\mathrm{var}S_n} \xrightarrow{d} \Phi.$$

26. 设$\{f_n, n=1,2,\cdots\}$是独立同分布随机变量序列，其共同分

布函数为 F. 对每个 $n=1,2,\cdots$ 和每个 $x\in\boldsymbol{R}$，令 $F_n(x)=\frac{1}{n}\sum_{k=1}^{n}I_{\{f_k\leqslant x\}}$ 并称之为 F 的经验分布函数. 证明：对每个 $x\in\boldsymbol{R}$ 有

$$F_n(x)\xrightarrow{\text{a.s.}}F(x);$$

如果 $x\in\boldsymbol{R}$ 满足 $0<F(x)<1$，则还有

$$\frac{F_n(x)-F(x)}{\sqrt{nF(x)[1-F(x)]}}\xrightarrow{d}\Phi.$$

27. 设 $\{f_n, n=1,2,\cdots\}$ 是独立同分布非退化的随机变量序列而且 $\mathrm{E}f_n^4<\infty$. 证明

$$\frac{S_n-\mathrm{E}S_n}{\sqrt{\sum_{k=1}^{n}(f_k-\mathrm{E}f_k)^2}}\xrightarrow{d}\Phi.$$

附录　习题解答与提示

习　题　1

2. 用反证法证明 $\limsup_{n\to\infty} A_n=\varnothing$.

3. 取 $A\in\mathscr{Q}$,则存在有限个不交集合 $C_1,\cdots,C_n\in\mathscr{Q}$,使 $A\backslash A=\bigcup_{i=1}^{n}C_i$.

但又有 $A\backslash A=\varnothing$,故 $C_1=\cdots=C_n=\varnothing$.

4. 因为 $A,B\in\mathscr{Q}\Longrightarrow A\cap B\in\mathscr{Q}$ 且 $A\backslash B=A\backslash(A\cap B)$.

8. 设 $A_n\in\mathscr{F}$,$n=1,2,\cdots$,则 $B_n=A_n\Big\backslash\bigcup_{k=1}^{n-1}A_k\in\mathscr{F}$ 两两不交且

$$\bigcup_{n=1}^{\infty}A_n=\bigcup_{n=1}^{\infty}B_n\in\mathscr{F}.$$

9. (4) 每一个开区间可以表为可列个左开右闭区间的并;每一个左开右闭区间可以表为可列个开区间的交.

10. $\left\{\bigcup_{i\in I}E_i:I\subset\{1,2,\cdots\}\right\}$.

11. $\sigma(\mathscr{E})$就是由 X 的一切子集形成的 σ 域 $\mathscr{T}$.

12. $\mathscr{Q}\subset r(\mathscr{Q})\Longrightarrow r(\mathscr{Q})\subset\sigma(\mathscr{Q})\subset\sigma(r(\mathscr{Q}))\Longrightarrow\sigma(r(\mathscr{Q}))\subset\sigma(\mathscr{Q})$.

14. 反例:令 $\mathscr{E}=\left\{\left(\frac{1}{n},1+\frac{1}{n}\right):n=1,2,\cdots\right\}$和 $A\in\left(\frac{1}{2},2\right)$,则

$$\left(\frac{1}{2},1\right]\in m(A\cap E);\quad\left(\frac{1}{2},1\right]\notin A\cap m(E).$$

17. 事实上,(1.4.1)式以及相应的式子

$$\begin{aligned}\mathscr{B}_{\boldsymbol{R}}&=\sigma((-\infty,a):a\in\boldsymbol{R})=\sigma((-\infty,a]:a\in\boldsymbol{R})\\&=\sigma((a,\infty):a\in\boldsymbol{R})=\sigma([a,\infty):a\in\boldsymbol{R})\end{aligned}$$

中把“$a\in\boldsymbol{R}$”改为“$a\in D$”以后仍然成立.

18. 当 $a+b$ 有意义时,可表 $aI_A+bI_B=aI_{A\backslash B}+(a+b)I_{A\cap B}+bI_{B\backslash A}$.

19. 当 f 只取有限个实数 $b_1,\cdots,b_n$ 时,可表 $f=\sum_{i=1}^{n}b_iI_{\{f=b_i\}}$.

20. $f=\sum_{i=1}^{n} b_i I_{A_i}$,其中 $b_1,\cdots,b_n\in\overline{\boldsymbol{R}}$.

21. 对任何 $a\in\boldsymbol{R}$,$\{f\leqslant a\}$是一个带或不带端点的半条直线.

22. 对任何 $a\in\boldsymbol{R}$,$\{f<a\}$是一个开集.

23. 表 $f=\sum_{i=1}^{n} f_i I_{A_i}$.

24. 对$\{f_n,n=1,2,\cdots\}$先用定理 1.5.2 再用推论 1.4.7 即得第一个结论. 为证第二个结论,记

$$A_1=\{f=\infty\};\quad A_2=\{|f|<\infty\};\quad A_3=\{f=-\infty\}.$$

然后证明$\{\lim\limits_{n\to\infty} f_n=f\}\cap A_i\in\mathscr{F}$ 对 $i=1,2,3$ 均成立. 例如

$$\{\lim_{n\to\infty} f_n=f\}\cap A_2=\bigcap_{k=1}^{\infty}\bigcup_{N=1}^{\infty}\bigcap_{n=N}^{\infty}\{|f_n-f|<1/k\}\in\mathscr{F}.$$

25. 对任何 $k=1,2,\cdots,n$ 和任何 $a\in\boldsymbol{R}$,有

$$\{f_{(k)}\leqslant a\}=\left\{\sum_{i=1}^{n} I_{\{f_i\leqslant a\}}\geqslant k\right\}.$$

习 题 2

3. (1) 对每个 $n=1,2,\cdots$,均有 $a_n\geqslant 0$;

(2) 对每个 $n=1,2,\cdots$,均有 $0\leqslant a_n<\infty$;

(3) 对每个 $n=1,2,\cdots$,均有 $a_n\geqslant 0$ 且 $\sum\limits_{n=1}^{\infty} a_n<\infty$;

(4) 对每个 $n=1,2,\cdots$,均有 $a_n\geqslant 0$ 且 $\sum\limits_{n=1}^{\infty} a_n=1$.

4. *必要性* 如果 μ 是 σ 有限的,则存在$\{A_n\in\mathscr{Q},n=1,2,\cdots\}$使 $\mu(A_n)<\infty$且 $\bigcup\limits_{n=1}^{\infty} A_n=X$. 对每个 $n=1,2,\cdots$,可把

$$A_n\Big\backslash\Big(\bigcup_{i=1}^{n-1} A_i\Big)=\bigcap_{i=1}^{n-1}(A\backslash A_i)$$

表成 $\mathscr{Q}$ 中不交集合的并.

5. 利用定理 1.3.2,对每个正整数 k,可以把 $A\Big\backslash\Big(\bigcup\limits_{n=1}^{k} A_n\Big)$ 表成 $\mathscr{Q}$ 中有限个不交集合 $C_1,0,C_l$ 的并. 因此

$$\sum_{n=1}^{k}\mu(A_n)\leqslant\sum_{n=1}^{k}\mu(A_n)+\sum_{n=1}^{l}\mu(C_n)=\mu(A)$$

对每个正整数 k 成立.

6. 用数学归纳法.

7. 利用 $\lim\limits_{n\to\infty}\inf A_n$ 和 $\lim\limits_{n\to\infty}\sup A_n$ 的定义以及测度的下、上连续性.

8. 易见 $\mu(\varnothing)=0$,故只需验证 μ 的下连续性. 设$\{A_n\in\mathscr{A},n=1,2,\cdots\}$满足 $A_n\uparrow A\in\mathscr{A}$,记 $B_0=A$. 任给 $\varepsilon>0$,对每个 $k=1,2,\cdots$,取 $B_k\in\mathscr{E}$ 使

$$B_k\subset B_{k-1}\backslash A_k\quad 和\quad \mu((B_{k-1}\backslash A_k)\backslash B_k)<\varepsilon/2^k.$$

易见: $A=B_0\supset B_1\supset B_2\supset\cdots$ 且 $A_k\cap B_k=\varnothing$ 对每个 $k=1,2,\cdots$ 成立. 此时必有 $\bigcap\limits_{k=1}^{\infty}B_k=\varnothing$ (如果存在 $x\in\bigcap\limits_{k=1}^{\infty}B_k$,则由

$$\begin{aligned}x\in B_k,\ k=1,2,\cdots &\Longrightarrow x\notin A_k,\ k=1,2,\cdots\\ &\Longrightarrow x\notin\bigcup_{k=1}^{\infty}A_k=A\end{aligned}$$

导致矛盾). 因此,利用紧集的性质进一步推知: 存在 $n_0\in\boldsymbol{N}$,使当 $n\geqslant n_0$ 时有 $B_n=\bigcap\limits_{k=1}^{n}B_k=\varnothing$. 于是

$$\begin{aligned}\mu(A_n)\leqslant\mu(A)&=\mu(A_1\cup B_1)+\mu(A\backslash(A_1\cup B_1))\\ &<\mu(A_1\cup B_1)+\frac{\varepsilon}{2}\\ &=\mu(A_2\cup B_2)+\mu(B_1\backslash(A_2\cup B_2))+\frac{\varepsilon}{2}\\ &<\mu(A_2\cup B_2)+\frac{\varepsilon}{2}+\frac{\varepsilon}{2^2}\\ &=\cdots\cdots\\ &<\mu(A_n\cup B_n)+\frac{\varepsilon}{2}+\cdots+\frac{\varepsilon}{2^n}\\ &=\mu(A_n)+\frac{\varepsilon}{2}+\cdots+\frac{\varepsilon}{2^n}\\ &<\mu(A_n)+\varepsilon\end{aligned}$$

对一切 $n\geqslant n_0$ 成立,下连续性得证.

9. 用反证法. 如果 A 是$(\boldsymbol{R},\mathscr{F}_\lambda)$上 L 测度 λ 的原子,则存在正整数

N 使 $N^{-1}<\lambda(A)$. 表 $\boldsymbol{R}=\bigcup_{i=-\infty}^{\infty}(i/N,(i+1)/N]$,则又存在正整数 i_0 使

$$\lambda(A)=\lambda(A\cap(i_0/N,(i_0+1)/N])$$
$$\leqslant\lambda((i_0/N,(i_0+1)/N])=N^{-1}.$$

12. 只需证明"⇐"部分,即如果 $A\subset X$ 满足

$$\tau(E)=\tau(E\cap A)+\tau(E\cap A^c),\quad\forall\, E\in\mathscr{E},\qquad(*)$$

则必满足 $\tau(D)=\tau(D\cap A)+\tau(D\cap A^c)$, $\forall\, D\in\mathscr{T}$. 但外测度是半有限可加的,故又只需证: 如果 $A\subset X$ 满足 $(*)$,则亦满足

$$\tau(D)\geqslant\tau(D\cap A)+\tau(D\cap A^c),\quad\forall\, D\in\mathscr{T}.\qquad(**)$$

无妨设 $\tau(D)<\infty$. 任给 $\varepsilon>0$,对每个 $n=1,2,\cdots$,取 $B_n\in\mathscr{E}$ 使 $\bigcup_{n=1}^{\infty}B_n\supset D$ 且 $\sum_{n=1}^{\infty}\mu(B_n)<\tau(D)+\varepsilon$,则有

$$\begin{aligned}&\tau(D\cap A)+\tau(D\cap A^c)\\&\leqslant\tau\Big(\bigcup_{n=1}^{\infty}B_n\cap A\Big)+\tau\Big(\bigcup_{n=1}^{\infty}B_n\cap A^c\Big)\\&=\sum_{n=1}^{\infty}\tau(B_n)\quad(\text{利用}(*)\text{式})\\&\leqslant\sum_{n=1}^{\infty}\mu(B_n)\quad(\text{因为 }B_n\subset B_n\cup\varnothing\cup\cdots\cup\varnothing)\\&<\tau(D)+\varepsilon.\end{aligned}$$

$(**)$得证.

13. 如果 $D\subset A\in\mathscr{F}$,则令 $A_1=A$ 和 $A_2=A_3=\cdots=\varnothing$,可见

$$\inf\left\{\sum_{n=1}^{\infty}\mu(A_n):A_n\in\mathscr{F},N\geqslant 1;\ \bigcup_{n=1}^{\infty}A_n\supset D\right\}$$
$$\leqslant\inf\{\mu(A):D\subset A\in\mathscr{F}\}.$$

反之,又有

$$\inf\left\{\sum_{n=1}^{\infty}\mu(A_n):A_n\in\mathscr{F},n\geqslant 1;\ \bigcup_{n=1}^{\infty}A_n\supset D\right\}$$
$$\geqslant\inf\left\{\sum_{n=1}^{\infty}\mu\Big(A_n\setminus\bigcup_{k=1}^{n-1}A_k\Big):A_n\in\mathscr{F},n\geqslant 1;\ \bigcup_{n=1}^{\infty}A_n\supset D\right\}$$

$$= \inf\left\{\mu\left(\bigcup_{n=1}^{\infty} A_n\right): A_n \in \mathscr{F}, n \geqslant 1;\ \bigcup_{n=1}^{\infty} A_n \supset D\right\}$$

$$\geqslant \inf\{\mu(A): D \subset A \in \mathscr{F}\}.$$

15. 为证必要性,构造 F 如下:

$$F(x) = \begin{cases} \mu((0,x]), & x \geqslant 0, \\ -\mu((x,0]), & x < 0. \end{cases}$$

16. 反例:$F(x)=\begin{cases}1, & x\geqslant 0,\\ 0, & x<0.\end{cases}$

17. 任给 $A\in\mathscr{F}$,有

$$\begin{cases} A \supset X_0 \cap A \\ A^c \supset X_0 \cap A^c \end{cases} \Longrightarrow \begin{cases} \tau(X_0 \cap A) \leqslant \mu(A) \\ \tau(X_0 \cap A^c) \leqslant \mu(A^c) \end{cases}$$

$$\Longrightarrow \tau(X_0) = \tau(X_0 \cap A) + \tau(X_0 \cap A^c)$$

$$\leqslant \mu(A) + \mu(A^c) = \mu(X).$$

但 $\tau(X_0)=\mu(X)$ 有限,故所要等式成立.

19. 令 $\mathscr{B}=\{A\in\sigma(\mathscr{A}): \mu(A)=\nu(A)\}$,则 $\mathscr{A}\subset\mathscr{B}$. 易见

$$A_n \in \mathscr{B},\ n = 1,2,\cdots \text{ 且 } A_n \uparrow A \Longrightarrow A \in \mathscr{B}.$$

设 $\{A_n\in\mathscr{B}, n=1,2,\cdots\}$ 满足 $A_n\downarrow A$. 取两两不交的 $\{B_k\in\mathscr{A}$, $k=1,2,\cdots\}$ 使对每个 $k=1,2,\cdots$ 有 $\mu(B_k)<\infty$ 且 $\bigcup_{k=1}^{\infty} B_k\supset A_1$,则

$$A_n \cap B_k \in \mathscr{B},\ n = 1,2,\cdots \text{ 且 } A_n \cap B_k \downarrow A \cap B_k$$

$$\Longrightarrow A \cap B_k \in \mathscr{B}$$

对每个 $k=1,2,\cdots$ 成立. 这意味着 $A=\bigcup_{k=1}^{\infty} A\cap B_k\in\mathscr{B}$. 因此 $\mathscr{B}$ 是一单调系,从而有 $\sigma(\mathscr{A})=m(\mathscr{A})\subset\mathscr{B}$.

20. 注意 μ 在 $\sigma(\mathscr{Q})$ 上与 $\mathscr{Q}$ 上测度 μ 产生的外测度重合. 由外测度的定义立得:对每个 $A\in\sigma(\mathscr{Q})$ 和每个 $\varepsilon>0$,可取有限或可列个集合 $\{A_n\}\subset\mathscr{Q}$ 使

$$\bigcup_n A_n \supset A \quad \text{且} \quad \mu\left(\bigcup_n A_n \setminus A\right) < \varepsilon. \qquad (*)$$

根据半环的定义,对每个正整数 n, $A_n\Big\backslash\bigcup_{k=1}^{n-1} A_k$ 可表为 $\mathscr{Q}$ 中两两不交集合的并. 因此,$(*)$中的 $\{A_n\}\subset\mathscr{Q}$ 可取为两两不交的.

(1)得证.

设 $\mu(A)<\infty$ 而可列个两两不交集合 $\{A_n,n=1,2,\cdots\}\subset\mathscr{Q}$ 使 (＊)成立,则易见

$$\sum_{n=1}^{\infty}\mu(A_n)=\mu\Big(\bigcup_{n=1}^{\infty}A_n\Big)<\infty.$$

于是,存在正整数 N 使得

$$\begin{aligned}\mu\Big(A\Big\backslash\Big(\bigcup_{n=1}^{N}A_n\Big)\Big)&\leqslant\mu\Big(\Big(\bigcup_{n=1}^{\infty}A_n\Big)\Big\backslash\Big(\bigcup_{n=1}^{N}A_n\Big)\Big)\\&\leqslant\sum_{n=N+1}^{\infty}\mu(A_n)<\varepsilon.\end{aligned}$$

此式与(＊)一起即可给出(2).

21. 如果 $B\supset N$,则

$$A\triangle N=(A\backslash B)\cup((A\triangle N)\cap B);$$
$$A\cup N=(A\cup B)\triangle(B\backslash(A\cup N)).$$

22. 当 $f_n\xrightarrow{\text{a.e.}}f$ 和 $f_n\xrightarrow{\text{a.e.}}g$ 时,

$$\begin{aligned}\mu(f\neq g)&=\mu(f\neq g,\lim_{n\to\infty}f_n\neq f)\\&\quad+\mu(f\neq g,\lim_{n\to\infty}f_n=f,\lim_{n\to\infty}f_n\neq g)\\&\leqslant\mu(\lim_{n\to\infty}f_n\neq f)+\mu(\lim_{n\to\infty}f_n\neq g)=0.\end{aligned}$$

注意 $\mu(f\neq g)=0$ 当且仅当存在 $\varepsilon_0>0$ 使 $\mu(|f-g|>\varepsilon_0)=0$,而当 $f_n\xrightarrow{\mu}f$ 和 $f_n\xrightarrow{\mu}g$ 时,

$$\begin{aligned}\mu(|f-g|>\varepsilon_0)&\leqslant\mu(|f_n-f|>\varepsilon_0/2)\\&\quad+\mu(|f_n-g|>\varepsilon_0/2)\to0.\end{aligned}$$

23. 注意此时 $\mu\Big(\bigcup_{n=1}^{\infty}\{f_n\neq g_n\}\Big)=0$.

25. 当 μ 是有限测度时,

$$\begin{aligned}f_n\xrightarrow{\text{a.e.}}f&\Leftrightarrow\mu\Big(\bigcup_{n=1}^{\infty}\bigcup_{k=n}^{\infty}\{|f_k-f|>\varepsilon\}\Big)=0,\ \forall\,\varepsilon>0\\&\Leftrightarrow\lim_{n\to\infty}\mu\Big(\bigcup_{k=n}^{\infty}\{|f_k-f|>\varepsilon\}\Big)=0,\ \forall\,\varepsilon>0\\&\Leftrightarrow\lim_{n\to\infty}\mu(\sup_{k\geqslant n}|f_k-f|>\varepsilon)=0,\ \forall\,\varepsilon>0\end{aligned}$$

$$\Longleftrightarrow \sup_{k\geqslant n}|f_k - f| \xrightarrow{\mu} 0$$

26. (2) 反例：令 $X=(0,1)$；$\mathscr{F}=(0,1)\cap\mathscr{B}_{\boldsymbol{R}}$；$P$ 为 Lebesgue 测度. 对每个 $m=1,2,\cdots$和 $k=0,1,\cdots,2^m-1$,取

$$f_{2^m+k}(x)=\begin{cases}2^m, & x\in\left(\dfrac{k}{2^m},\dfrac{k+1}{2^m}\right),\\ 0, & x\notin\left(\dfrac{k}{2^m},\dfrac{k+1}{2^m}\right),\end{cases}$$

及 $f(x)=0$.

27. (1) 对每个 $i=1,2,\cdots$,取正整数 n_i,使 $\mu(\{|f_k-f_l|>2^{-i}\})<2^{-i}$ 对一切 $k,l\geqslant n_i$ 成立而且序列$\{n_i,i=1,2,\cdots\}$还满足 $n_i\uparrow\infty$. 对每个 $i=1,2,\cdots$,再令 $A_i=\{|f_{n_{i+1}}-f_{n_i}|>2^{-i}\}$,则当 $k\to\infty$时,

$$\mu\left(\bigcup_{i=k}^{\infty}A_i\right)\leqslant\sum_{i=k}^{\infty}\mu(A_i)\leqslant 2^{-k+1}\to 0.$$

于是由命题 2.5.2 知 $f_{n_{i+1}}-f_{n_i}\xrightarrow{\text{a.u.}}0$.

(2) 任给 $\varepsilon>0$,对于(1)中的$\{f_{n_i}\}$,取 k_0 充分大使 $\mu\left(\bigcup\limits_{i=k_0}^{\infty}A_i\right)<\varepsilon$.

考虑级数 $f_{n_{k_0}}+\sum\limits_{i=k_0}^{\infty}(f_{n_{i+1}}-f_{n_i})$. 由于对每个 $x\in\bigcap\limits_{i=k_0}^{\infty}A_i^c$ 有

$$\begin{aligned}&\left|f_{n_{k_0}}(x)\right|+\sum_{i=k_0}^{\infty}\left|f_{n_{i+1}}(x)-f_{n_i}(x)\right|\\ &\qquad\leqslant\left|f_{n_{k_0}}(x)\right|+2^{-k_0+1}<\infty,\end{aligned}$$

故该级数在 $\bigcap\limits_{i=k_0}^{\infty}A_i^c$ 上确定了一个可测函数

$$f=f_{n_{k_0}}+\sum_{i=k_0}^{\infty}(f_{n_{i+1}}-f_{n_i}).$$

不难验证 $f_n\xrightarrow{\mu}f$ 成立.

28. 设$\{f_n\}$定义在概率空间$(X,\mathscr{F},P)$上. 利用不等式

$$\begin{aligned}P(f_n\leqslant x-\varepsilon)-P(|g_n|>\varepsilon)&\leqslant P(f_n+g_n\leqslant x)\\ &\leqslant P(f_n\leqslant x+\varepsilon)+P(|g_n|>\varepsilon),\quad\forall\,\varepsilon>0\end{aligned}$$

即可得结论.

32. 对实数 $M<N$,有

$$\sup_{x\in\boldsymbol{R}}|F_n(x)-F(x)|\leqslant I_{n,1}+I_{n,2}+I_{n,3}+I_{n,4}+I_{n,5},\tag{$*$}$$

其中

$$I_{n,1}=\sup_{-\infty<x\leqslant M}F_n(x)=F_n(M),$$

$$I_{n,2}=\sup_{-\infty<x\leqslant M}F(x)=F(M),$$

$$I_{n,3}=\sup_{x\in[M,N]}|F_n(x)-F(x)|,$$

$$I_{n,4}=\sup_{N<x<\infty}[1-F(x)]=1-F(N),$$

$$I_{n,5}=\sup_{N<x<\infty}[1-F_n(x)]=1-F_n(N).$$

对任给 $\varepsilon>0$,取 M 和 N 分别使 $I_{n,2}<\varepsilon$ 和 $I_{n,4}<\varepsilon$. 由于 $F_n\xrightarrow{w}F$ 且 F 在 $\boldsymbol{R}$ 上连续,故又有 $\varlimsup\limits_{n\to\infty}I_{n,1}<\varepsilon$, $\varlimsup\limits_{n\to\infty}I_{n,5}<\varepsilon$ 和 $\lim\limits_{n\to\infty}I_{n,3}=0$. 于是在($*$)中先令 $n\to\infty$,再令 $\varepsilon\to 0$ 即得所要结论.

习　题　3

2. $\int_X|f|\mathrm{d}\mu\geqslant\int_{|f|\geqslant\varepsilon}|f|\mathrm{d}\mu\geqslant\varepsilon\mu(|f|\geqslant\varepsilon)$.

3. 注意 $a\int_X g\mathrm{d}\mu\leqslant\int_X fg\mathrm{d}\mu\leqslant b\int_X g\mathrm{d}\mu$. 如果 $\int_X g\mathrm{d}\mu=0$, 任取 $\alpha\in[a,b]$即可;如果 $\int_X g\mathrm{d}\mu>0$, 则可取 $\alpha=\dfrac{\int_X fg\mathrm{d}\mu}{\int_X g\mathrm{d}\mu}$.

4. 取两两不交的$\{A_n\in\mathscr{F},n=1,2,\cdots\}$使 $\bigcup\limits_{n=1}^{\infty}A_n=X$ 且对每个 $n=1,2,\cdots$有 $\mu(A_n)<\infty$. 为证结论,只需证明 $\mu(A_n\cap\{f=g\})=0$ 对每个 $n=1,2,\cdots$成立. 于是,我们只要在$(X,\mathscr{F},\mu)$是有限测度空间的条件下来给出证明. 用反证法,设 $\mu(f>g)>0$. 由于$\{f>g\}=\bigcup\limits_{n=1}^{\infty}\left\{f>g+\dfrac{1}{n}\right\}$,故存在正整数 m 使 $\mu\left(f>g+\dfrac{1}{m}\right)>0$. 记 $A=\left\{f>g+\dfrac{1}{m}\right\}$,则由定理 3.1.4(2)和定理 3.2.1(2)推出

$$\int_A f\mathrm{d}\mu \geqslant \int_A\left(g+\frac{1}{m}\right)\mathrm{d}\mu = \int_A g\mathrm{d}\mu + \frac{1}{m}\mu(A) > \int_A g\mathrm{d}\mu,$$

矛盾.

5. 表 $A=\{f^+>f^-\}\cup\{f^+<f^-\}$,以下证 $B=\{f^+>f^-\}$有 σ 有限测度. 为此,表 $B=\bigcup_{n=1}^{\infty}B_n$,则只需验证 $B_n\xlongequal{\text{def}}\left\{f^+-f^->\frac{1}{n}\right\}$对每个 $n=1,2,\cdots$为有限测度. 而后者可由如下不等式得到:

$$\frac{1}{n}\mu(B_n)\leqslant\int_{B_n}(f^+-f^-)\mathrm{d}\mu\leqslant\int_X|f|\mathrm{d}\mu<+\infty.$$

类似地可证$\{f^+<f^-\}$有 σ 有限测度.

9. (1) 由于 $f_n\geqslant g$ a.e. $\Longrightarrow f_n^-\leqslant g^-$ a.e. 对每个 $n=1,2,\cdots$成立,故我们有 $f^-=\lim\limits_{n\to\infty}f_n^-\leqslant g^-$ a.e. 这说明 f 的积分存在而且

$$\int_X f_n^-\mathrm{d}\mu \ \downarrow\ \int_X f^-\mathrm{d}\mu<\infty.$$

另一方面,对非负非降函数列$\{f_n^+\}$用单调收敛定理又得

$$\int_X f_n^+\mathrm{d}\mu \ \uparrow\ \int_X f^+\mathrm{d}\mu.$$

两式合并即得结论.

11. 对任给的 $\varepsilon>0$,我们有

$$\mu(|f_n-f|>\varepsilon)\leqslant\frac{1}{\varepsilon}\int_X|f_n-f|\mathrm{d}\mu\to 0,$$

即 $f_n\xrightarrow{\mu}f$. 如果 $\int_X f_n\mathrm{d}\mu-\int_X f\mathrm{d}\mu$ 对每个 $n=1,2,\cdots$有意义,则又有

$$\left|\int_X f_n\mathrm{d}\mu-\int_X f\mathrm{d}\mu\right|=\left|\int_X(f_n-f)\mathrm{d}\mu\right|\leqslant\int_X|f_n-f|\mathrm{d}\mu\to 0,$$

即 $\lim\limits_{n\to\infty}\int_X f_n\mathrm{d}\mu=\int_X f\mathrm{d}\mu$.

12. 由不等式$|f_n-|f_n-f|-f|\leqslant 2|f_n-f|$ a.e. 可见

$$f_n-|f_n-f|\xrightarrow{\mu}f\quad(\text{或 } f_n-|f_n-f|\xrightarrow{\text{a.e.}}f).$$

但是,我们有$|f_n-|f_n-f||\leqslant f$ a.e.,故利用控制收敛定理进而得

$$\lim_{n\to\infty}\int_X f_n\mathrm{d}\mu-\lim_{n\to\infty}\int_X|f_n-f|\mathrm{d}\mu$$

$$= \lim_{n\to\infty}\int_X (f_n - |f_n - f|)\mathrm{d}\mu = \int_X f\mathrm{d}\mu.$$

由此可见 $\lim\limits_{n\to\infty}\int_X |f_n - f|\mathrm{d}\mu = 0$.

18. 反例：考虑概率空间$([0,1),[0,1)\cap\mathscr{B}_{\boldsymbol{R}},\lambda)$. 令 $f(x)=0$,并对每个 $n=0,1,2,\cdots$和每个 $k=0,1,\cdots,2^n-1$,令

$$f_{2^n+k}(x) = \begin{cases} 1, & x\in\left[\dfrac{k}{2^n},\dfrac{k+1}{2^n}\right), \\ 0, & x\in[0,1)\setminus\left[\dfrac{k}{2^n},\dfrac{k+1}{2^n}\right). \end{cases}$$

20. 对每个 $n=1,2,\cdots$,记 $A_n=\{n-1\leqslant|f|<n\}$,则有

$$\begin{aligned}\sum_{k=1}^{\infty}P(|f|\geqslant k) &= \sum_{k=1}^{\infty}P(|f|\geqslant k-1)-1 \\ &= \sum_{k=1}^{\infty}\sum_{n=k}^{\infty}P(A_n)-1 = \sum_{n=1}^{\infty}\sum_{k=1}^{n}P(A_n)-1 \\ &= \sum_{n=1}^{\infty}nP(A_n)-1 \leqslant \sum_{n=1}^{\infty}\int_{A_n}|f|\mathrm{d}\mu \\ &= \int_X|f|\mathrm{d}\mu \leqslant \sum_{n=1}^{\infty}nP(A_n) = \sum_{n=1}^{\infty}P(|f|\geqslant n)+1.\end{aligned}$$

22. (1) 利用函数 $f(x)=\dfrac{x}{1+x}$,$x\geqslant 0$ 的非降性易证 ρ 满足三角不等式.

(2) 利用控制收敛定理易得

$$f_n \xrightarrow{P} f \Rightarrow \frac{|f_n-f|}{1+|f_n-f|}\xrightarrow{P} 0 \Rightarrow \rho(f_n,f)\to 0.$$

反之,在不等式

$$\begin{aligned}\rho(f_n,f) &= E\,\frac{|f_n-f|}{1+|f_n-f|} \\ &\geqslant \frac{\varepsilon}{1+\varepsilon}\mu(|f_n-f|>\varepsilon),\quad \forall\,\varepsilon>0.\end{aligned}$$

两边取极限又得：$\rho(f_n,f)\to 0 \Rightarrow f_n\xrightarrow{P} f$.

23. 如果 p 在区间$(a,b]$上 R-S 可积,则对满足条件 $\max\limits_{1\leqslant i\leqslant n}(x_i-x_{i-1})\to 0$ 的 $a=x_0<x_1<\cdots<x_n=b$,其 R-S 积分为

$$\int_a^b p(x)\mathrm{d}F(x) = \lim_{n\to\infty}\sum_{i=0}^{n}\{\max_{x\in[x_{i-1},x_i]} p(x)\}[F(x_i)-F(x_{i-1})]$$

$$= \lim_{n\to\infty}\sum_{i=0}^{n}\{\min_{x\in[x_{i-1},x_i]} p(x)\}[F(x_i)-F(x_{i-1})].$$

又根据 L-S 积分的性质,对每个 $n=1,2,\cdots$ 有

$$\sum_{i=0}^{n}\{\min_{x\in[x_{i-1},x_i]} p(x)\}[F(x_i)-F(x_{i-1})]$$

$$\leqslant \int_{(a,b]} p\mathrm{d}F = \sum_{i=1}^{n}\int_{(x_{i-1},x_i]} p\mathrm{d}F$$

$$\leqslant \sum_{i=0}^{n}\{\max_{x\in[x_{i-1},x_i]} p(x)\}[F(x_i)-F(x_{i-1})].$$

上式中令 $n\to\infty$ 即知本题的结论成立.

24. $\int_X f\mathrm{d}\mu = \sum_{n=1}^{\infty} p_n f(a_n)$.

25. 记 $K=\sup_{x\in \boldsymbol{R}}|g(x)|$. 对任给 $\varepsilon>0$,取 F 的连续点 $M,N\in\boldsymbol{R}$ 使 $M<N$ 而且 $F(M)<\varepsilon$ 和 $1-F(N)<\varepsilon$,则当 n 充分大时就有 $F_n(M)<\varepsilon$ 和 $1-F_n(N)<\varepsilon$,从而

$$\max\left\{\left|\int_{(-\infty,M)} g\mathrm{d}F\right|,\left|\int_{(-\infty,M)} g\mathrm{d}F_n\right|,\right.$$

$$\left.\left|\int_{(N,\infty)} g\mathrm{d}F\right|,\left|\int_{(N,\infty)} g\mathrm{d}F_n\right|\right\} < K\varepsilon.$$

取 $M=x_0<x_1<\cdots<x_{k-1}<x_k=N$ 使对每个 $i=0,1,\cdots,k$, x_i 都是 F 的连续点,而且

$$\sum_{i=1}^{k} M_i[F(x_i)-F(x_{i-1})]-\varepsilon$$

$$< \int_{[M,N]} g\mathrm{d}F < \sum_{i=1}^{k} m_i[F(x_i)-F(x_{i-1})]+\varepsilon,$$

其中 $M_i=\max_{x\in[x_{i-1},x_i]} g(x)$ 和 $m_i=\min_{x\in[x_{i-1},x_i]} g(x)$. 则当 n 充分大时又有

$$\int_{[M,N]} g\mathrm{d}F_n - \varepsilon < \sum_{i=1}^{k} m_i[F_n(x_i)-F_n(x_{i-1})]$$

$$\leqslant \int_{[M,N]} g\mathrm{d}F_n$$

$$\leqslant \sum_{i=1}^{k} M_i[F_n(x_i) - F_n(x_{i-1})] < \int_{[M,N]} g\mathrm{d}F + \varepsilon.$$

这样,我们就证明了:当 n 充分大时

$$\left|\int_R g\mathrm{d}F_n - \int_R g\mathrm{d}F\right| < (4K+1)\varepsilon.$$

29. 由不等式 $E|f_t|^r I_{\{|f_t|>\lambda\}} \leqslant \dfrac{E|f_t|^s}{\lambda^{s-r}} = \dfrac{\|f_t\|_s^s}{\lambda^{s-r}}$ 立得.

30. 由定理 2.5.8 知:存在概率空间 $(X,\mathscr{F},P)$,在它上面定义的随机变量 $\{g_n,n=1,2,\cdots\}$ 和 g 使

$$g_n \overset{d}{=\!=} f_n,\quad n=1,2,\cdots,\quad g \overset{d}{=\!=} f \qquad (*)$$

且 $g_n \xrightarrow{P} g$. 由 $(*)$ 知 $\{g_n,n=1,2,\cdots\}$ 和 g 都是 L_1 中的非负随机变量且 $Eg_n \to Eg$. 因此 $\{g_n\}$ 一致可积(定理 3.4.5). 再一次用 $(*)$ 即推出 $\{f_n\}$ 一致可积.

习 题 4

1. 不惟一.

4. 设 $A\in\mathscr{F}$. 对任给满足 $B\subset A\subset$ 之 $B\in\mathscr{F}$ 有

$$\varphi(B) = \mu(B) - \nu(B) \leqslant \mu(B) \leqslant \mu(A).$$

因此, $\varphi^+(A) = \varphi^*(A) = \sup\{\varphi(B): B\subset A, B\in\mathscr{F}\} \leqslant \mu(A)$. 这说明了 $\varphi^+\leqslant\mu$. 同理可证 $\varphi^-\leqslant\mu$.

5. 令 $\mu = \sum_{n=1}^{\infty} \dfrac{\mu_n}{2^n\mu_n(X)}$.

6. (1) $\Longleftrightarrow$ (2) $\Longrightarrow$ (3) 显然,故只需证 (3) $\Longrightarrow$ (2). 设 $A\in\mathscr{F}$. 若 $|\phi|(A)=0$,则对任给满足 $B\subset A$ 之 $B\in\mathscr{F}$ 有 $|\phi|(B)=0$,因而由(3)得 $\varphi(B)=0$. 于是

$$\varphi^+(A) = \varphi^*(A) = \sup\{\varphi(B): B\subset A, B\in\mathscr{F}\} = 0.$$

这表明 $\varphi^+ \ll \phi$. 同理可证 $\varphi^- \ll \phi$.

7. 反证法. 如果结论不成立,则存在 $\varepsilon_0>0$ 使对任何 $n=1,2,\cdots$,存在满足 $|\phi|(A_n)<1/2^n$ 之 $A_n\in\mathscr{F}$,使 $|\varphi|(A_n)>\varepsilon_0$. 对此 $\{A_n,n=$

1,2,…}有

$$\begin{aligned}&|\phi|(\limsup_{n\to\infty}A_n)=0\\ &\Longrightarrow|\varphi|(\limsup_{n\to\infty}A_n)=0\quad(\text{因为}\ \varphi\ll\phi)\\ &\Longrightarrow\limsup_{n\to\infty}|\varphi|(A_n)=0\quad(\text{因为}\ \varphi\ \text{是有限的符号测度}),\end{aligned}$$

与 $\liminf_{n\to\infty}|\varphi|(A_n)>\varepsilon_0$ 矛盾.

当 φ 不一定有限时,结论有可能不成立. 反例如下: $X=\{1,2,\cdots\}$; $\mathscr{F}=\{A: A\subset X\}$;对每个 $n=1,2,\cdots,\phi(\{n\})=1/2^n$ 和 $\varphi(\{n\})=1$.

8. 典型方法.

12. "$\Longrightarrow$"部分显然. 只需证"$\Longleftarrow$"部分. 对 $i=1,2$,设集合 N_i 满足 $\mu_i(N_i)=\nu(N_i^c)=0$. 令 $N=N_1\cap N_2$,则

$$(\mu_1+\mu_2)(N)=\nu(N^c)=0.$$

14. 设$\{x_n\in\boldsymbol{R}\}$为 d.f. F 的间断点并记$\{p_n^*=F(x_n)-F(x_n-0)\}$. 如果 $a_d=\sum p_n^*>0$,则令 F_d 为由$\{(x_n,p_n=p_n^*/a_d)\}$决定的离散分布函数. 如果 $a_d=0$,即 d.f. F 连续,则可取 F_d 为任一离散分布函数. 这样取定以后,则 $F_1=F-a_dF_d$ 为一连续的准分布函数. 根据 Lebesgue 分解定理, F_1 对应的 L-S 测度可以惟一地分解为对 L 测度绝对连续的测度 μ 和对 L 测度奇异的测度 ν 之和. 记 $a_c=\mu(R)$和 $a_s=\nu(R)$. 如果 $a_c>0$(或 $a_s>0$),取 F_c(或 F_s)为概率测度 μ/a_c(或 ν/a_s)对应的分布函数;如果 $a_c=0$ (或 $a_s=0$),取 F_c(或 F_s)为任一连续(或奇异)分布函数. 容易验证,这样构造出来的 a_c,a_d,a_s 和 F_c,F_d,F_s 符合要求.

15. $F(x)=\begin{cases}0, & x<0,\\ k/n, & k-1\leqslant x<k\ (k=1,\cdots,n),\\ 1, & x\geqslant n.\end{cases}$

19. $P(A|\mathscr{G})=\sum\limits_n\dfrac{P(A\cap A_n)}{P(A_n)}I_{A_n}$.

22. 对任何 $g\in L_2(X,\mathscr{G},P)$,利用条件期望的性质可得

$$\begin{aligned}&E\{[f-E(f|\mathscr{G})][E(f|\mathscr{G})-g]\}\\ &\quad=E\{E([f-E(f|\mathscr{G})][E(f|\mathscr{G})-g]|\mathscr{G})\}\end{aligned}$$

$$= E\{[E(f|\mathscr{G}) - g]E([f - E(f|\mathscr{G})]|\mathscr{G})\} = 0.$$

因此有不等式

$$E(f-g)^2 = E(f - E(f|\mathscr{G}))^2 + E(E(f|\mathscr{G}) - g)^2 \geqslant E(f - E(f|\mathscr{G}))^2.$$

24. 容易验证 F 非降、$\lim\limits_{x\to-\infty} F(x)=0$ 和 $\lim\limits_{x\to\infty} F(x)=1$,故只需证明其右连续性. 任意给定 $x\in\boldsymbol{R}$,对每个 $n=1,2,\cdots$,表

$$F(x+1/n) = \inf\{G(r): r\in\boldsymbol{Q}; r > x+1/n\} = \inf\{G(r+1/n): r\in\boldsymbol{Q}; r > x\},$$

则可见对任何满足 $r>x$ 的 $r\in\boldsymbol{Q}$,有

$$F(x+1/n) \leqslant G(r+1/n).$$

上式中令 $n\to\infty$,便知 $F(x+0)\leqslant G(r)$ 对每个满足 $r>x$ 的 $r\in\boldsymbol{Q}$ 成立,即

$$F(x+0) \leqslant \inf\{G(r): r\in\boldsymbol{Q}; r > x\} = F(x).$$

F 的右连续性得证.

27. 用定理 4.5.7 和 Hölder 不等式.

习 题 5

3. 参考命题 5.1.1 的证明.

5. 在半环 $\mathscr{Q}_{\boldsymbol{R}^2} = \{(a_1,b_1]\times(a_2,b_2]: a_1\leqslant b_1; a_2\leqslant b_2\}$ 上定义 P 如下:

$$P((a_1,b_1]\times(a_2,b_2]) = F(b_1,b_2) - F(b_1,a_2) - F(a_1,b_2) + F(a_1,a_2).$$

证明 P 是概率测度. 利用测度扩张定理将其扩张到 $(\boldsymbol{R}^2,\mathscr{B}_R^2)$ 上. 最后,证明 P 符合题目要求.

7. 注意 $\int_a^b x^s \mathrm{d}s = \dfrac{x^b - x^a}{\ln x}$ 和函数 $\{x^s: x\in[0,1], s\in[a,b]\}$ 非负,利用 Fubini 定理可得

$$\int_0^1 \frac{x^b - x^a}{\ln x}\mathrm{d}x = \int_0^1 \mathrm{d}x\int_a^b x^s \mathrm{d}x = \int_a^b \mathrm{d}s\int_0^1 x^s \mathrm{d}x = \int_a^b \frac{\mathrm{d}s}{s+1} = \ln\frac{1+b}{1+a}.$$

8. 注意对任何 $c\in\boldsymbol{R}$ 有

$$\int_{\{c\}} F(x)G(\mathrm{d}x) = F(c)[G(c) - G(c-0)],$$

$$\int_{\{c\}} G(x-0)F(\mathrm{d}x) = G(c-0)[F(c) - F(c-0)].$$

于是由推论 5.1.8 推得

$$\begin{aligned}\int_{(a,b)} F(x)G(\mathrm{d}x) &= \int_{(a,b]} F(x)G(\mathrm{d}x) - \int_{\{b\}} F(x)G(\mathrm{d}x) \\ &= FG\Big|_a^b - \int_{(a,b)} G(x-0)F(\mathrm{d}x) \\ &\quad - F(b)[G(b) - G(b-0)] \\ &\quad - G(b-0)[F(b) - F(b-0)] \\ &= F(b-0)G(b-0) - F(a)G(a) \\ &\quad - \int_{(a,b)} G(x-0)F(\mathrm{d}x).\end{aligned}$$

类似可得

$$\int_{[a,b)} F(x)G(x) = F(b-0)G(b-0) - F(a-0)G(a-0) - \int_{[a,b)} G(x-0)F(\mathrm{d}x),$$

$$\int_{[a,b]} F(x)G(x) = F(b)G(b) - F(a-0)G(a-0) - \int_{[a,b]} G(x-0)F(\mathrm{d}x).$$

9. 由有界收敛定理和分部积分公式得

$$\begin{aligned}\int_{\boldsymbol{R}} F(x)F(\mathrm{d}x) &= \lim_{M\to\infty}\int_{(-M,M]} F(x)F(\mathrm{d}x) \\ &= \lim_{M\to\infty}\Big[F^2(M) - F^2(-M) - \int_{(-M,M]} F(x)F(\mathrm{d}x)\Big] \\ &= 1 - \int_R F(x)F(\mathrm{d}x).\end{aligned}$$

可见结论成立.

10. 利用 Fubini 定理和积分变换公式得

$$\int_X f^a(x)\mu(\mathrm{d}x) = \int_X \mu(\mathrm{d}x)\int_{\boldsymbol{R}^+} I_{(0,f^a(x)]}(y)\mathrm{d}y$$

$$= \int_{\mathbf{R}^+} \mathrm{d}y \int_X I_{(y,\infty)}(f^\alpha(x))\mu(\mathrm{d}x)$$

$$= \int_{\mathbf{R}^+} \mu(f^\alpha > y)\lambda(\mathrm{d}y)$$

$$= \int_{\mathbf{R}^+} t^{\alpha-1}\mu(f > t)\mathrm{d}t.$$

11. 先证明如下命题：以 $(X,\widetilde{\mathscr{F}},\widetilde{\mu})$ 记测度空间 $(X,\mathscr{F},\mu)$ 的完全化，则对任何 $\widetilde{\mathscr{F}}$ 可测函数 $\widetilde{f}$，存在 $\mathscr{F}$ 可测函数 f 和 $N\in\mathscr{F}$ 使

$$\mu(N) = 0; \quad f(x) = \widetilde{f}(x),\ \forall\ x \notin N.$$

把该命题用于乘积空间 $(X,\mathscr{F},\mu)$. 再用 Fubini 定理.

13. 对任何 $k=1,2,\cdots$，有

$$P((f_1,\cdots,f_n) = (a_{1,k},\cdots,a_{n,k})) = \prod_{i=1}^n P(f_i = a_{i,k}).$$

14. 以 $p_1,\cdots,p_n$ 分别记 $f_1,\cdots,f_n$ 的密度，对 $\mathbf{R}^n$ 上的 L 测度而言有

$$p(x_1,\cdots,x_n) = p_1(x_1)\cdots p_n(x_n) \text{ a.e.}.$$

15. 令 $(X,\mathscr{F})=(\mathbf{R}^n,\mathscr{B}^n_{\mathbf{R}})$. 定义 $\mathbf{R}^n$ 上的分布函数

$$F(x_1,\cdots,x_n) = \prod_{k=1}^n F_k(x_k), \quad \forall\ x_1,\cdots,x_n \in \mathbf{R}.$$

以 P 记 F 对应的 L-S 测度，则 $(X,\mathscr{F},P)$ 成为概率空间. 对每个 $k=1,\cdots,n$，在这个概率空间上定义随机变量

$$f_k(x_1,\cdots,x_n) = x_k, \quad \forall\ x_1,\cdots,x_n \in \mathbf{R}.$$

验证这样定义出来的 $f_1,\cdots,f_n$ 满足题目要求.

18. 以 μ 记 f 和 g 共同的概率分布，即 $\mu=Pf^{-1}=Pg^{-1}$. 我们有

$$\int_{(f+g)^{-1}A} f\mathrm{d}P = \int_{\{(x,y):\ x+y\in A\}} x[\mu(\mathrm{d}x)\times\mu(\mathrm{d}y)]$$

$$= \int_{\{(x,y):\ x+y\in A\}} y[\mu(\mathrm{d}x)\times\mu(\mathrm{d}y)]$$

$$= \int_{(f+g)^{-1}A} g\mathrm{d}P.$$

由此可见 $E(f|f+g)=E(g|f+g)$. 另一方面，又有

$$E(f|f+g) + E(g|f+g) = E(f+g|f+g) = f+g.$$

因此结论成立.

19. 定义概率测度 $P_1(A)=P(A\times \boldsymbol{R}^{n-1})$. 对每个 $k=1,\cdots,n$,令

$$\pi_k(x_1,\cdots,x_n)=x_k,\quad \forall\ (x_1,\cdots,x_n)\in \boldsymbol{R}^n.$$

再对每个 $k=1,\cdots,n-1$,令 $p_{k+1}(\cdot\ ,.)$为 π_{k+1}关于$(\pi_1,\cdots,\pi_k)$给定值的正则条件分布.这样构造出来的 $p_{k+1}(\cdot\ ,.)$就是满足本题要求的概率转移函数族.

22. 令$(X,\mathscr{F},P)=\left(\boldsymbol{R}^\infty,\mathscr{B}_R^\infty,\prod\limits_{n=1}^{\infty}P_n\right)$,其中对每个 $n=1,2,\cdots$,以 P_n 记 F_n 对应的概率测度.又对每个 $n=1,2,\cdots$,定义$(X,\mathscr{F},P)$上的随机变量:

$$f_n(x_1,x_2,\cdots)=x_n,\quad \forall\ (x_1,x_2,\cdots)\in \boldsymbol{R}^\infty.$$

验证这样定义的$\{f_n,n=1,2,\cdots\}$符合本题要求.

25. 设$\{P_S\colon S\in\mathscr{D}\}$是 T 的有限集上相容的概率测度族.对每个 $n=1,2,\cdots$,每组$\{t_1,\cdots,t_n\}\in\mathscr{D}_n$ 和 $t_1,\cdots,t_n$ 的任何一个排列 $t_{i_1},\cdots,t_{i_n}$,令

$$P_{t_{i_1},\cdots,t_{i_n}}=P_{\{t_1,\cdots,t_n\}},$$

则$\{P_{t_1,\cdots,t_n}\colon t_1,\cdots,t_n\in T;n=1,2,\cdots\}$是相的有限维概率测度族.反之,给定相容的有限维概率测度族$\{P_{t_1,\cdots,t_n}\colon t_1,\cdots,t_n\in T,n=1,2,\cdots\}$.对每个 $n=1,2,\cdots$和每组 $S=\{t_1,\cdots,t_n\}\in\mathscr{D}_n$,令

$$P_{\{t_1,\cdots,t_n\}}=P_{t_{i_1},\cdots,t_{i_n}},$$

其中 $t_{i_1},\cdots,t_{i_n}$是 S 的元素 $t_1,\cdots,t_n$ 的任何一个排列.则这样定义出来的$\{P_S\colon S\in\mathscr{D}\}$是一意的而且形成一个 T 的有限集上相容的概率测度族.

26. 由 Kolmogorov 定理知:存在$(\boldsymbol{R}^T,\mathscr{B}_{\boldsymbol{R}}^T)$上的概率测度 P,使(5.4.8)式对任何 $S=\{t_1,\cdots,t_n\}\in\mathscr{D}$ 成立.在$(\boldsymbol{R}^T,\mathscr{B}_{\boldsymbol{R}}^T,P)$上定义

$$f_t(x)=x_t,\quad \forall\ x=\{x_t,t\in T\}\in \boldsymbol{R}^T,$$

则$\{f_t,t\in T\}$是符合本题要求的随机过程.

27. 对任何满足 $t_1<\cdots<t_n$ 的 $t_1,\cdots,t_n\in T$,以 $P_{t_1,\cdots,t_n}$记 $F_{t_1,\cdots,t_n}$对应的概率测度.对 T 的有限子集$\{t_1,\cdots,t_n\}$的任何排列 $t_1,\cdots,t_n\in T$,令

$$P_{t_1,\cdots,t_n} = P_{t(1),\cdots,t(n)},$$

其中 $t(1)<\cdots<t(n)$ 是 $\{t_1,\cdots,t_n\}$ 按从小到大次序的排列，则

$$\{P_{t_1,\cdots,t_n}: t_1,\cdots,t_n \in T, n = 1,2,\cdots\}$$

构成相容的有限维概率测度族. 于是本题的结论由第 26 题得到.

28. 应用定理 5.4.9，证明方法与第 15 题和第 22 题类似.

习 题 6

1. 对每个 $k=1,2,\cdots$，有

$$\left\{\sum_{n=1}^{\infty} f_n \text{ 收敛}\right\} = \left\{\sum_{n=k}^{\infty} f_n \text{ 收敛}\right\} \in \sigma(f_k, f_{k+1},\cdots).$$

这表明 $\left\{\sum_{n=1}^{\infty} f_n \text{ 收敛}\right\}$ 是尾事件. 同样，对每个 $k=1,2,\cdots$，有

$$\left\{\lim_{n\to\infty}\frac{1}{n}\sum_{i=1}^{n} f_i \text{ 存在}\right\} = \left\{\lim_{n\to\infty}\frac{1}{n}\sum_{i=k}^{n} f_i \text{ 存在}\right\} \in \sigma(f_k, f_{k+1},\cdots),$$

故 $\left\{\lim_{n\to\infty}\frac{1}{n}\sum_{i=1}^{n} f_i \text{ 存在}\right\}$ 也是尾事件.

2. 不是. 反例如下：设 X 是一个非空集合，$A\neq\varnothing$ 是它的真子集并令

$$\mathscr{F} = \{\varnothing, A, A^c, X\}.$$

在可测空间 $(X,\mathscr{F})$ 上定义随机变量序列 $f_1=\cdots=f_n=\cdots=0$ 和随机变量 $f=I_A$，则

$$\left\{\sum_{n=1}^{\infty} f_n = f\right\} = A^c \notin \mathscr{G} = \{\varnothing, X\},$$

而 $\mathscr{G}$ 正是 $\{f_n, n=1,2,\cdots\}$ 的尾 σ 域.

3. 用 Borel-Cantelli 引理和命题 2.5.1.

4. 对每个 $n=1,2,\cdots$，取正数 M_n 使 $P(|f_n|\geqslant M_n)<\frac{1}{2^n}$. 令 $a_n=nM_n$ 和 $b_n=0$，则

$$\sum_{n=1}^{\infty} P\left(\left|\frac{f_n-b_n}{a_n}\right|\geqslant\frac{1}{n}\right) = \sum_{n=1}^{\infty} P(|f_n|\geqslant M_n) < \infty,$$

从而对任给 $\varepsilon>0$ 有

$$\sum_{n=1}^{\infty} P\left(\left|\frac{f_n - b_n}{a_n}\right| \geqslant \varepsilon\right) < \infty.$$

于是由第 3 题结论推得$(f_n - b_n)/a_n \xrightarrow{\text{a.e.}} 0$.

5. 参考命题 6.1.5 之前的说明.

7. 对每个 $n=1,2,\cdots$,记 $f_n^C = f_n I_{\{|f_n| \leqslant C\}}$ 和 $p_n^C = P(|f_n| > C)$,容易算出

$$\mathrm{E}\widetilde{f}_n^C = \mathrm{E}f_n^C + Cp_n^C,$$

$$\mathrm{var}\,\widetilde{f}_n^C = \mathrm{var}f_n^C + C^2 p_n^C (1 - p_n^C) - 2Cp_n^C \mathrm{E}f_n^C.$$

由此可见,在(6.1.5)式即$\sum\limits_{n=1}^{\infty} p_n^C < \infty$之下,$\sum\limits_{n=1}^{\infty} \mathrm{E}\widetilde{f}_n^C$ 收敛等价于(6.1.6)式即 $\sum\limits_{n=1}^{\infty} \mathrm{E}f_n^C$ 收敛;在(6.1.5)以及(6.1.6)式之下,$\sum\limits_{n=1}^{\infty} \mathrm{var}\,\widetilde{f}_n^C < \infty$等价于(6.1.7)式即 $\sum\limits_{n=1}^{\infty} \mathrm{var}f_n^C < \infty$.

8. 验证(6.1.5)、(6.1.6)和(6.1.7)式如下:

(6.1.5):本题的第一个条件给出

$$\sum_{n=1}^{\infty} P(|f_n| > C) \leqslant \frac{1}{C} \sum_{n=1}^{\infty} \mathrm{E}|f_n| I_{\{|f_n| > C\}} < \infty.$$

(6.1.6):由 $\mathrm{E}f_n = 0$ 推知

$$\sum_{n=1}^{\infty} \mathrm{E}f_n I_{\{|f_n| \leqslant C\}} = -\sum_{n=1}^{\infty} \mathrm{E}f_n I_{\{|f_n| > C\}}.$$

但本题的第一个条件表明级数 $\sum\limits_{n=1}^{\infty} \mathrm{E}f_n I_{\{|f_n| > C\}}$绝对收敛.

(6.1.7):由本题的第二个条件可得

$$\sum_{n=1}^{\infty} \mathrm{var}f_n I_{\{|f_n| \leqslant C\}} \leqslant \sum_{n=1}^{\infty} \mathrm{E}f_n^2 I_{\{|f_n| \leqslant C\}} < \infty.$$

9. 由于 $\alpha_n \in [1,2]$,故有

$$\sum_{n=1}^{\infty} \mathrm{E}|f_n| I_{\{|f_n| > 1\}} \leqslant \sum_{n=1}^{\infty} \mathrm{E}|f_n|^{\alpha_n} < \infty,$$

$$\sum_{n=1}^{\infty} \mathrm{E}f_n^2 I_{\{|f_n| \leqslant 1\}} \leqslant \sum_{n=1}^{\infty} \mathrm{E}|f_n|^{\alpha_n} < \infty.$$

根据第 8 题结论,本题得证.

10. 对每个 $n=1,2,\cdots$,记 $p_n=P(f_n=1/n)$. 如果 $\sum_{n=1}^{\infty} f_n$ a.s. 收敛,则对任何 $C>0$, $\sum_{n=1}^{\infty} \mathrm{E} f_n I_{\{|f_n|>C\}}$ 收敛. 这意味着

$$\sum_{n=1}^{\infty} \mathrm{E} f_n = \sum_{n=1}^{\infty} \frac{2p_n-1}{n} \text{ 收敛.} \qquad (*)$$

反之,我们有

$$\sum_{n=1}^{\infty} \mathrm{var} f_n = \sum_{n=1}^{\infty} \mathrm{E} f_n^2 - \sum_{n=1}^{\infty} \mathrm{E} f_n \leqslant \sum_{n=1}^{\infty} \frac{1}{n^2} < \infty,$$

从而 $\sum_{n=1}^{\infty}(f_n-\mathrm{E} f_n)$ a.s. 收敛. 因此当(*)成立时, $\sum_{n=1}^{\infty} f_n$ a.s. 收敛. 所以, $\sum_{n=1}^{\infty} f_n$ a.s. 收敛的充分必要条件为 $\sum_{n=1}^{\infty} \frac{2p_n-1}{n}$ 收敛.

11. 由于$\{f_n\}$非负,故 $\mathrm{E}\left(\sum_{n=1}^{\infty} f_n\right)=\sum_{n=1}^{\infty} \mathrm{E} f_n=\sum_{n=1}^{\infty} \frac{1}{\lambda_n}$. 由此可见: $\sum_{n=1}^{\infty} \frac{1}{\lambda_n}<\infty$ 蕴含 $\sum_{n=1}^{\infty} f_n<\infty$ a.s.. 反之,对每个 $n=1,2,\cdots$ 和每个 $C>0$,有

$$P(|f_n|>C)=\mathrm{e}^{-\lambda_n C}; \quad \mathrm{E} f_n I_{\{|f_n| \leqslant C\}}=\lambda_n^{-1}-(C+\lambda_n^{-1}) \mathrm{e}^{-\lambda_n C}.$$

因此当 $\sum_{n=1}^{\infty} f_n$ a.s. 收敛时必有

$$\sum_{n=1}^{\infty} \mathrm{e}^{-\lambda_n C}<\infty; \quad \sum_{n=1}^{\infty}\left[\lambda_n^{-1}-(C+\lambda_n^{-1}) \mathrm{e}^{-\lambda_n C}\right]<\infty.$$

这表明 $\sum_{n=1}^{\infty} \frac{1}{\lambda_n}<\infty$. 因此 $\sum_{n=1}^{\infty} f_n$ a.s. 收敛的充分必要条件为

$$\sum_{n=1}^{\infty} \frac{1}{\lambda_n}<\infty.$$

15. 例: 设$\{f_n\}$独立同分布,共同的密度函数为

$$p(x)=\begin{cases}2x^{-3}, & x \geqslant 1, \\ 0, & x<1,\end{cases}$$

则 $\mathrm{E} f_n=2$,从而有 $\frac{1}{n} \sum_{i=1}^{n} f_i \xrightarrow{\text{a.s.}} 2$. 但 $\sum_{n=1}^{\infty} \frac{\mathrm{var} f_n}{n^2}=\infty$.

16. 由于 $\sum_{n=1}^{\infty} p_n = \infty$,故

$$\sum_{n=1}^{\infty} \frac{\operatorname{var} f_n}{(\mathrm{E}S_n)^2} = \sum_{n=1}^{\infty} \frac{p_n(1-p_n)}{(p_1+\cdots+p_n)^2}$$

$$\leqslant 1 + \sum_{n=2}^{\infty} \frac{p_n}{(p_1+\cdots+p_{n-1})(p_1+\cdots+p_n)}$$

$$= 1 + \sum_{n=2}^{\infty} \left(\frac{1}{p_1+\cdots+p_{n-1}} - \frac{1}{p_1+\cdots+p_n} \right)$$

$$= 1 + p_1^{-1}.$$

根据命题 6. 1. 5 和 Kronecker 引理,得

$$\frac{S_n}{\mathrm{E}S_n} - 1 = \frac{S_n - \mathrm{E}S_n}{\mathrm{E}S_n} \xrightarrow{\text{a.s.}} 0,$$

可见本题的结论成立.

17. 利用表达式(6. 3. 5),然后类似于命题 6. 3. 2 的证明.

18. 利用不等式(6. 3. 4).

19. 在本题的条件下,对任何 F 的连续点 a,b,有

$$F(b) - F(a) = \frac{1}{2\pi}\int_{\boldsymbol{R}} \frac{\mathrm{e}^{-\mathrm{i}tb} - \mathrm{e}^{-\mathrm{i}ta}}{-\mathrm{i}t}\varphi(t)\mathrm{d}t, \qquad (*)$$

给定 $x\in\boldsymbol{R}$. 对任意的 $\varepsilon>0$,取 F 的连续点 $a<b$ 使 $(a,b)\supset\{x\}$ 且 $b-a<\varepsilon\left[\int_{\boldsymbol{R}} |\varphi(t)|\mathrm{d}t\right]^{-1}$,则

$$F(x) - F(x-0) \leqslant F(b) - F(a)$$

$$\leqslant (b-a)\int_{\boldsymbol{R}} |\varphi(t)|\mathrm{d}t < \varepsilon.$$

由此可见,任意实数均是 F 的连续点,因而(∗)对任意的 $a,b\in\boldsymbol{R}$ 成立. 这样便得到

$$\frac{F(x+\Delta x) - F(x)}{\Delta x} = \frac{1}{2\pi}\int_{\boldsymbol{R}} \frac{\mathrm{e}^{-\mathrm{i}t\Delta x} - 1}{-\mathrm{i}t\Delta x}\mathrm{e}^{-\mathrm{i}tx}\varphi(t)\mathrm{d}t.$$

利用 L 有界收敛定理,在上式中令 $\Delta x\to 0$ 即得本题结论.

20. 设 p 是 F 的密度函数. 取非负简单函数列 $\left\{ p_n = \sum_{k=1}^{N_n} a_{n,k} I_{A_{n,k}} \right\}$ 使诸 $a_{n,k}\in\boldsymbol{R}^+$ 且 $p_n \uparrow p$ a. e. ,则由单调收敛定理推知

$$\int_{\mathbf{R}}|p-p_n|\mathrm{d}\lambda=\int_{\mathbf{R}}p\mathrm{d}\lambda-\int_{\mathbf{R}}p_n\mathrm{d}\lambda$$

$$=1-\sum_{k=1}^{N_n}a_{n,k}\lambda(A_{n,k})\to 0. \qquad (*)$$

易见诸 $A_{n,k}$ 满足 $\lambda(A_{n,k})<\infty$. 利用习题 2 第 20 题之结论又得：对任给 $\varepsilon>0$,存在两两不交的 $\{(c_{n,k}^{(j)},d_{n,k}^{(j)}],\ j=1,\cdots,K_{n,k}\}\subset\mathscr{Q}_{\mathbf{R}}$ 使

$$\lambda\left(A_{n,k}\Delta\left(\bigcup_{j=1}^{K_{n,k}}(c_{n,k}^{(j)},d_{n,k}^{(j)}]\right)\right)<\frac{\varepsilon}{N_n a_{n,k}}.$$

记 $p_n'=\sum_{k=1}^{N_n}a_{n,k}\sum_{j=1}^{K_{n,k}}I_{(c_{n,k}^{(j)},d_{n,k}^{(j)}]}$, 则

$$\int_{\mathbf{R}}|p_n-p_n'|\mathrm{d}\lambda\leqslant\sum_{k=1}^{N_n}a_{n,k}\lambda\left(A_{n,k}\Delta\left(\bigcup_{j=1}^{K_{n,k}}(c_{n,k}^{(j)},d_{n,k}^{(j)}]\right)\right)<\varepsilon.$$

此式与(*)结合在一起便得：对任给 $\varepsilon>0$,存在正整数 n_0,使

$$\int_{\mathbf{R}}|p-p_n'|\mathrm{d}\lambda<2\varepsilon,$$

从而

$$|\phi(t)|=\left|\int_{\mathbf{R}}\mathrm{e}^{\mathrm{i}tx}p(x)\mathrm{d}x\right|\leqslant\int_{\mathbf{R}}|p-p_n'|\mathrm{d}\lambda+\left|\int_{\mathbf{R}}\mathrm{e}^{\mathrm{i}tx}p_n'(x)\mathrm{d}x\right|$$

$$\leqslant 2\varepsilon+\left|\sum_{k=1}^{N_n}a_{n,k}\sum_{i=1}^{K_{n,k}}\int_{(c_{n,k}^{(i)},d_{n,k}^{(i)}]}\mathrm{e}^{\mathrm{i}tx}\mathrm{d}x\right|$$

$$=2\left[\varepsilon+\sum_{k=1}^{N_n}\frac{K_{n,k}a_{n,k}}{|t|}\right].$$

对取定的 $n\geqslant n_0$ 成立. 上式中先令 $|t|\to\infty$,再令 $\varepsilon\to 0$ 即得结论.

21. 以 F 记 f 的分布函数. 由于对任何 $x>F^{\leftarrow}(q)=\inf\{x: F(x)\geqslant q\}$ 均有 $F(x)\geqslant q$,故

$$P(f\leqslant F^{\leftarrow}(q))=F(F^{\leftarrow}(q))=F(F^{\leftarrow}(q)+0)\geqslant q.$$

由于对任何 $x<F^{\leftarrow}(q)$ 均有 $F(x)<q$,故 $F(F^{\leftarrow}(q)-0)\leqslant q$,从而

$$P(f\geqslant F^{\leftarrow}(q))=1-P(f<F^{\leftarrow}(q))$$

$$=1-F(F^{\leftarrow}(q)-0)\geqslant 1-q.$$

这说明 $F^{\leftarrow}(q)$是 f 的 q 分位点. 分位点不惟一的例子：f 的分布函数为

$$F(x)=\begin{cases}0, & x<0,\\ x, & x\in[0,1/3),\\ 1/3, & x\in[1/3,1),\\ 1, & x\geqslant 1.\end{cases}$$

易见区间$[1/3,1)$中的任何一点都是 f 的 $q=1/3$ 分位点.

25. 在本题的条件下，当 n 充分大时有$\{|f_n-\mathrm{E}f_n|>\varepsilon\mathrm{var}S_n\}=\varnothing$，从而 Lindeberg 条件成立.

26. 对每个 $x\in\boldsymbol{R}$，$\{I_{\{f_n\leqslant x\},n=1,2,\cdots}\}$是独立同分布，期望和方差分别为 $F(x)$和 $F(x)(1-F(x))$的两点分布.

27. 由定理 6.5.5 得$\dfrac{S_n-\mathrm{E}S_n}{\sqrt{n\mathrm{var}f_1}}\xrightarrow{d}\Phi$. 另一方面，由定理 6.2.7 又得

$$\frac{\sum_{k=1}^{n}(f_k-\mathrm{E}f_k)^2}{n\mathrm{var}f_1}\xrightarrow{\text{a.s.}}1.$$

两者结合即得本题结论.

名词索引

符 号 索 引

a. e.	几乎处处
a. s.	几乎必然
$\mathscr{B}_{\boldsymbol{R}}$	实数集 $\boldsymbol{R}$ 上的 Borel 集合系
c. f.	特征函数
d. f.	分布函数
Φ	标准正态分布函数
I_A	集合 A 的指示函数
$\#(S)$	集合 S 中元素的个数
r. v.	随机变量
$\boldsymbol{N}$	自然数集
$\boldsymbol{Q}$	有理数集
$\boldsymbol{R}$	实数集
$\boldsymbol{R}^+$	正实数集
$\boldsymbol{R}^-$	负实数集
$\overline{\boldsymbol{R}}$	广义实数集
$\boldsymbol{R}^n$	n 维实向量集
$\boldsymbol{R}^\infty$	实数列集
$\mathscr{F}$	所有可测集组成的集合
$\mathscr{T}$	由一个集合的所有子集组成的集合系
$\uparrow$	单调非降的极限
$\downarrow$	单调非增的极限
$\forall$	对任意的
$\exists$	存在
$\overset{\text{def}}{=\!=}$	定义
$\Longrightarrow$	蕴含

北京大学出版社数学重点教材书目

1. 北京大学数学教学系列丛书

书　　名	编著者	定价(元)
高等代数简明教程(上、下)(北京市精品教材)(教育部"十五"规划教材)	蓝以中	32.00
实变函数与泛函分析(北京市精品教材)	郭懋正	20.00
现代复分析导引(北京市精品教材)	李　忠	18.00
黎曼几何引论(上册)	陈维桓	24.00
黎曼几何引论(下册)	陈维桓	18.00
金融数学引论	吴　岚	18.00
寿险精算基础	杨静平	17.00
二阶抛物型偏微分方程	陈亚浙	16.00
普通统计学(北京市精品教材)	谢衷洁	18.00
数字信号处理(北京市精品教材)	程乾生	20.00
抽样调查(北京市精品教材)	孙山泽	13.50
测度论与概率论基础(北京市精品教材)	程士宏	15.00
应用时间序列分析(北京市精品教材)	何书元	16.00

2. 大学生基础课教材

书　　名	编著者	定价(元)
数学分析新讲(第一册)(第二册)(第三册)	张筑生	44.50
数学分析解题指南	林源渠　方企勤	20.00
高等数学简明教程(第一册)(教育部2002优秀教材一等奖)	李　忠等	13.50
高等数学简明教程(第二册)(获奖同第一册)	李　忠等	15.00
高等数学简明教程(第三册)(获奖同第一册)	李　忠等	14.00
高等数学(物理类)(第一册)	文　丽等	20.00
高等数学(物理类)(第二册)	文　丽等	16.00

书　　名	编著者	定价（元）
高等数学（物理类）（第三册）	文　丽等	14.00
高等数学（生化医农类）上册（修订版）	周建莹等	13.50
高等数学（生化医农类）下册（修订版）	张锦炎等	13.50
高等数学解题指南	周建莹　李正元	25.00
高等数学解题指导——概念、方法与技巧（工科类）	李静主编	19.00
大学文科基础数学（第一册）（第二册）	姚孟臣	27.50
数学的思想、方法和应用（修订版） （北京市精品教材）（教育部"九五"重点教材）	张顺燕	24.00
简明线性代数（理工、师范、财经类）	丘维声	16.00
线性代数解题指南（理工、师范、财经类）	丘维声	15.00
解析几何（第二版）	丘维声	15.00
解析几何（教育部"九五"重点教材）	尤承业	15.00
微分几何初步（95 教育部优秀教材一等奖）	陈维桓	12.00
基础拓扑学讲义	尤承业	13.50
初等数论（第二版）（95 教育部优秀教材二等奖）	潘承洞　潘承彪	25.00
简明数论	潘承洞　潘承彪	14.50
实变函数论（教育部"九五"重点教材）	周民强	16.00
复变函数教程	方企勤	13.50
傅里叶分析及其应用	潘文杰	13.00
泛函分析讲义（上册）（91 国优教材）	张恭庆等	11.00
泛函分析讲义（下册）（91 国优教材）	张恭庆等	12.00
数值线性代数（教育部 2002 优秀教材二等奖）	徐树方等	13.00
现代数值计算方法	肖筱南等	15.00
数学模型讲义（教育部"九五"重点教材，获二等奖）	雷功炎	15.00
新编概率论与数理统计	肖筱南等	19.00
概率论与数理统计解题指导（工科类）	李寿梅等	13.00

邮购说明　读者如购买北京大学出版社出版的数学重点教材，请将书款（另加 15%邮挂费）汇至：北京大学出版社北大书店王艳春同志收，邮政编码：100871，联系电话：(010)62752015，(010)62752019。款到立即用挂号邮书。

北京大学出版社展示厅

2003 年 7 月